Connaître l'Antiquité

Individus, réseaux, stratégies
du XVIIIe au XXIe siècle

Collection « Histoire »

Dirigée par Frédéric Chauvaud, Florian Mazel et Jacqueline Sainclivier

Dernières parutions

Jérôme Bocquet (dir.),
L'enseignement français en Méditerranée. Les missionnaires et l'Alliance israélite universelle, 2010, 324 p.

Gilles Simon,
Plogoff. L'apprentissage de la mobilisation sociale, 2010, 412 p.

Dominique Avon (dir.),
La caricature au risque des autorités politiques et religieuses, 2010, 204 p.

Pascale Barthélémy,
Africaines et diplômées à l'époque coloniale (1918-1957), 2010, 346 p.

Bernard Paillard, Jean-François Simon et Laurent Le Gall (dir.),
En France rurale. Les enquêtes interdisciplinaires depuis les années 1960, 2010, 396 p.

Paula Cossart,
Le meeting politique de la délibération à la manifestation (1868-1939), 2010, 328 p.

Pierre Prétou,
Crime et justice en Gascogne à la fin du Moyen Âge, 2010, 368 p.

Monique Chatenet et Pierre-Gilles Girault,
Fastes de cour. Les enjeux d'un voyage princier à Blois en 1501, 2010, 176 p.

François Rouquet,
« Mon cher Collègue et Ami. » L'épuration des universitaires (1940-1953), 2010, 224 p.

Laurent Bourquin et Philippe Hamon (dir.),
La politisation. Conflits et construction du politique depuis le Moyen Âge, 2010, 192 p.

Hervé Le Goff,
La Ligue en Bretagne. Guerre civile et conflit international (1588-1598), 2010, 576 p.

Mickaël Augeron, Jacques Péret et Thierry Sauzeau (dir.),
Le golfe du Saint-Laurent et le Centre-Ouest français. Histoire d'une relation singulière (XVIIe-XXe siècle), 2010, 364 p.

Patricia Eichel-Lojkine (dir.),
Claude de Seyssel. Écrire l'histoire, penser le politique en France, à l'aube des temps modernes, 2010, 266 p.

Helen Harden Chenut,
Les ouvrières de la République. Les bonnetières de Troyes sous la Troisième République, 2010, 424 p.

David Do Paço, Mathilde Monge et Laurent Tatarenko (dir.),
Des religions dans la ville. Ressorts et stratégies de coexistence dans l'Europe des XVIe-XVIIIe siècles, 2010, 222 p.

Michel Margairaz et Danielle Tartakowsky (dir.),
1968, entre libération et libéralisation. La grande bifurcation, 2010, 352 p.

Jean-Louis Panicacci,
L'Occupation italienne. Sud-Est de la France, juin 1940-septembre 1943, 2010, 440 p.

Joëlle Quaghebeur et Sylvain Soleil (dir.),
Le pouvoir et la foi au Moyen Âge en Bretagne et dans l'Europe de l'Ouest. Mélanges en mémoire du professeur Hubert Guillotel, 2010, 750 p.

Philippe Hamon,
L'or des peintres. L'image de l'argent du XVe au XVIIe siècle, 2010, 424 p.

Sous la direction de
Corinne Bonnet, Véronique Krings
et Catherine Valenti

Connaître l'Antiquité

Individus, réseaux, stratégies du XVIIIe au XXIe siècle

Collection « Histoire »
Presses Universitaires de Rennes
2010

UHB Rennes 2 – Campus de La Harpe
2, rue du doyen Denis-Leroy
35044 Rennes Cedex
www.pur-editions.fr

Mise en page : APEX Création (Corps-Nuds)
pour le compte des PUR

Dépôt légal : 2e semestre 2010
ISBN : 978-2-7535-1193-4
ISSN : 1255-2364

Introduction

Corinne Bonnet, Véronique Krings, Catherine Valenti

« Avoir des amis, c'est avoir du pouvoir »
Thomas Hobbes, *Leviathan* (1651)

En novembre 2005, l'équipe ERASME (« Équipe de recherche sur la réception de l'Antiquité. Sources, mémoire, enjeux », devenue depuis lors PLH-ERASME) de l'université de Toulouse II organisait un colloque sur le thème « S'écrire et écrire sur l'Antiquité », dont les Actes ont paru en 2008[1]. Il visait à explorer l'interaction entre les correspondances savantes et la production du savoir historique dans des livres dont la genèse et la réception restent trop souvent dans l'ombre. À l'occasion de cette réflexion collective sur les modes d'échange des connaissances au sein du monde savant, on avait souligné l'importance cruciale que revêt le tissage des réseaux dans la vie intellectuelle. Une enquête sur cette question s'imposait donc comme une suite logique. Pendant deux années, dans le cadre d'un des axes de recherche de l'équipe PLH-ERASME, coordonné par les trois éditrices de ce volume, et dans la perspective d'une confrontation entre collègues issus d'horizons disciplinaires variés, un séminaire s'est tenu à Toulouse sur le thème « L'Antiquité en réseaux », avec l'ambition d'explorer la « connectivité » savante sous divers angles de vue : intellectuel, socio-professionnel, culturel. On soulignera d'entrée de jeu que le concept de « réseau » n'est pas utilisé ici de manière rhétorique ; il a, au contraire, un sens technique précis, par référence à de récents travaux sur la sociabilité savante[2] et à divers outils mis en place par la sociologie des réseaux, tels qu'ils sont illustrés dans le texte introductif de Gilles Bastin. Outil de régulation et de structuration des rapports sociaux ? Instrument des stratégies professionnelles ? Soutien des mobilités savantes ? Le réseau, tel un filet ou une toile, capte, prolifère, filtre, entrave, voire emprisonne ; il peut être source d'aliénation et soulever des problèmes éthiques dans un monde hyperconnecté. De la plume d'oie

1. C. Bonnet, V. Krings (éd.), *S'écrire et écrire sur l'Antiquité. L'apport des correspondances à l'histoire des travaux scientifiques*, Grenoble, 2008.
2. Voir notamment C. Jacob (éd.), *Lieux de savoir. 1. Espaces et communautés*, Paris, 2007 ; F. Waquet, *Les enfants de Socrate. Filiation intellectuelle et transmission des savoirs. XVIIe-XXIe siècle*, Paris, 2008.

à la souris[3], les réseaux constituent un miroir intéressant des sociétés d'hier et d'aujourd'hui.

Le savoir n'est pas statique. Il est destiné à une circulation plus ou moins large qui structure le monde savant. Le champ intellectuel, en perpétuel mouvement, repose sur un principe modulable de partage et d'échange des connaissances, au sein d'une communauté qui s'auto-représente sous la forme d'une « République des lettres » idéale investissant le champ professionnel de valeurs – comme l'amitié, la confiance, la solidarité – destinées à définir une identité sociale symbolique. Cependant, par delà l'idéalité, il s'agit de comprendre comment, sur le plan pragmatique, les échanges s'organisent, fonctionnent et produisent des savoirs, de la « culture » sous une grande diversité de formes : travaux, revues, corpus, collections, musées, institutions universitaires et para-universitaires, académies, cours, cercles, fouilles, expositions, mais aussi littérature, musique, peinture, etc. Il importe aussi d'évaluer le poids des héritages, des filiations et des ruptures dans la structuration des traditions de savoir autant que des institutions qui les portent. Le monde académique, par le biais des réseaux, inclut ou exclut, lie ou dénoue, défend la tradition ou innove. Notre exploration de l'économie des réseaux se situe ainsi à la croisée de plusieurs approches et disciplines : l'étude des pratiques savantes (ou « sociabilité savante »), l'archéologie des savoirs, l'histoire culturelle et celle des « lieux de savoir », les diverses spécialités composant les Sciences de l'Antiquité, l'épistolographie, la sociologie des réseaux, l'histoire littéraire, etc. dans un va-et-vient constant entre le passé – l'Antiquité –, objet d'étude, d'échanges et de publications, et le présent – du XVIIIe au XXIe siècle – dans lequel les réseaux s'enracinent plus ou moins durablement.

En déterminant un environnement historique précis, on a voulu limiter l'enquête à une certaine « modernité » des échanges, c'est-à-dire à partir du moment où l'imprimerie est largement répandue et où les horizons géographiques se sont dilatés à l'échelle de l'Ancien et du Nouveau Monde, jusqu'à l'ère très contemporaine de l'internaute, tout en explorant les charnières chronologiques au sein de ce vaste arc temporel. Les réseaux, dans leurs paramètres logistiques et mentaux, apparaissent, en effet, comme fortement déterminés par les contextes environnants. C'est l'imbrication, chère à Edward Said, entre « pouvoir » et « savoir ». Ainsi les communautés savantes se pensent-elles souvent à l'aune des découpages politiques, nationaux ou nationalistes, tout en aspirant à une sorte d'« Internationale » scientifique qui transcenderait les clivages linguistiques et idéologiques. La prise en compte de cette tension entre particularisme et universalisme s'est révélée féconde, de même que l'analyse des évolutions, des inflexions et des rup-

3. Cf. V. Paravel, « De la plume d'oie à la souris : la recherche en réseaux », *in* Jacob (éd.), *Lieux de savoir*, p. 1095-1117.

tures que l'Histoire impose aux échanges savants. De grands événements comme la Révolution française, les guerres napoléoniennes, la montée des nationalismes, la Première et la Seconde Guerre mondiales, les totalitarismes, la guerre froide ont largement contribué à modeler ou remodeler les réseaux scientifiques, les rapports entre individus ou entre institutions, sans compter les questions très concrètes de vitesse et d'intégrité des échanges, ou encore de conservation des archives. L'histoire ne sert pas seulement de toile de fond aux réseaux ; elle s'y immisce sans cesse par tous les pores de l'épiderme scientifique. Parler de réseaux, c'est donc aussi envisager la courte et la moyenne durée des rencontres personnelles, des généalogies scientifiques, des héritages partagés ou contestés entre générations, bref c'est une affaire de filiations, de géminations, de bourgeonnement plus ou moins réussi, plus ou moins rapide.

Ce volume a l'ambition d'être davantage qu'un état des lieux, sous la forme de dossiers épistolaires empilés ou de pièces d'archives juxtaposées. Au départ de cas spécifiques – individus, courants de pensée, disciplines, institutions – ordonnés de manière à dessiner un parcours de réflexion, on suit une logique de connexion qui, attentive aux géométries variables des réseaux, se focalise sur les entrelacements, les « tricotages » des liens, mais aussi sur leur mise en veille ou leur échec, toujours dans la perspective de mieux comprendre les conditions de production des savoirs spécialisés portant sur l'Antiquité. Loin de toute approche systématique, les dossiers retenus amènent à s'interroger sur les pratiques professionnelles, les stratégies éditoriales ou académiques, les entreprises scientifiques, les secteurs disciplinaires sollicités, les modalités de communication à l'œuvre dans les sciences de l'Antiquité. Aucune dimension n'est oubliée : individuelle ou collective, privée ou publique, systématique ou occasionnelle, durable ou éphémère, réussie ou avortée, pacifique ou conflictuelle, nationale ou internationale, la mise en réseaux présente une multiplicité de visages et d'enjeux. Des individus y émergent en tant que protagonistes du processus de transmission des savoirs : ils sont comme les synapses d'un immense cerveau culturel, innervé par d'innombrables stimuli. Dans les réseaux savants, le courant passe davantage en certains points qu'en d'autres ; des figures de passeurs se dégagent, qui investissent fortement les espaces partagés et les animent.

Scruter les réseaux d'antiquisants appelle, enfin, une analyse de nature comparative. Ces réseaux spécifiques relèvent-ils d'un *habitus* propre et présentent-ils une ou des spécificités déterminées par les objets que ces savants étudient et/ou par les savoirs qu'ils produisent ? Les antiquisants manifestent-ils, en « tissant » leurs réseaux, une aptitude particulière à s'ouvrir à d'autres disciplines ou spécialités ? En dépit de sa vocation à un certain universalisme, l'Antiquité se trouve au centre, aux XIXe et XXe siècles surtout, de vigoureuses sollicitations nationalistes en tant que substrat d'identités ou d'affinités. Une telle tension entre universalisme et particularisme se reflète-t-elle dans la configuration de réseaux savants, tantôt ouverts, tantôt cloisonnés ? La richesse de l'horizon d'enquête des antiquisants et, parallèlement, le fractionnement grandissant des disciplines qui constituent les Sciences de l'Antiquité (épigraphie, numismatique, papyrologie, etc.) ont-ils généré des stratégies d'échange des informations et de production des savoirs différentes de celles que l'on observe parmi les médiévistes ou les contemporanéistes, ou encore les anthropologues, les économistes, etc. ?

Cet ouvrage collectif trace un parcours de recherche en trois temps, précédés par la présente introduction et par la contribution du sociologue Gilles Bastin ; ce dernier éclaire les usages possibles du concept de « réseaux » comme outil d'enquête sociologique en définissant leurs règles générales de fonctionnement, en déterminant les formes historiques des sociétés de savants, enfin en mettant en évidence des hiérarchies, des formes d'interactivité, mais aussi d'exclusion. Le réseau intellectuel ne fonctionne-t-il pas tout autant comme un élément fédérateur pour ceux qui y adhèrent que comme un instrument d'exclusion pour ceux qui n'en font pas partie, sauf pour eux à constituer un réseau concurrent ?

Dans la foulée de cette approche théorique, les textes présentés s'organisent autour de trois idées-forces. Le réseau est d'abord envisagé comme l'un des lieux essentiels de la production du savoir et de la constitution de disciplines scientifiques. Les quatre premières contributions en constituent autant de cas de figure : l'étude du démotique aurait-elle pu se constituer comme une discipline à part entière, distincte de l'égyptologie, si plusieurs générations successives de spécialistes n'avaient tenté de préserver et d'enrichir leurs découvertes sur l'Égypte gréco-romaine ? Une approche historiographique des ruptures qui, à plusieurs reprises, marquent la chaîne de transmission des savoirs dans les études démotiques amène à réfléchir à la fois sur la construction identitaire d'une discipline – le rôle de maîtres, le poids des traditions nationales – mais aussi sur celui des réseaux scientifiques, garants du développement et du renouvellement dans la continuité du champ des études démotiques (Damien Agut-Labordère). Un deuxième dossier concerne la période de l'entre-deux-guerres et la production de la monumentale *Enciclopedia italiana* qui repose sur la collaboration entre antiquisants italiens et, plus généralement, européens (Philippe Foro). La figure éclectique et surprenante de l'helléniste Jean-Baptiste d'Ansse de Villoison, au XVIIIe siècle permet un retour sur la documentation épistolaire : ses lettres adressées à la duchesse de Saxe-Weimar témoignent du rayonnement de la cour des souverains saxons et permettent de suivre les progrès de ses travaux à l'aune d'un parcours académique foisonnant, en constante construction (Odile Cavalier). L'expansion romaine, enfin, est un objet d'étude complexe qui appelle la confrontation entre des modèles interprétatifs différents. Jusqu'à l'aube de notre XXIe siècle, on les envisage ici dans la perspective de la construction d'un savoir à la fois spécialisé et partagé (Maria-Teresa Schettino).

La question des héritages, des filiations, mais aussi des querelles au sein des réseaux savants est plus particulièrement abordée dans les quatre contributions suivantes. Entre collaborations, solidarités ou compétitions, l'histoire des réseaux est aussi celle des relations entre les individus. Classiquement, la concurrence est bien présente chez des savants souvent écartelés entre plusieurs tissus réticulaires antagonistes, l'appartenance nationale venant souvent – en particulier au XIXe siècle – brouiller les possibilités d'entente au sein d'une « République des lettres » qui n'a plus alors qu'une existence théorique. Il peut ainsi arriver que les polémiques priment sur la science, comme le montre la réception du *Recueil des cachets d'oculistes romains* d'Émile Espérandieu ; dans le contexte de la science archéologique de la fin du XIXe siècle, où l'émulation et les concurrences sont très sensibles, la correspondance passive du savant et les comptes rendus suscités par ses travaux posent la question de la légitimité d'un homme et d'un savoir (Marianne Altit). Si le réseau peut également devenir un refuge en période de crise, une façon de se recentrer sur un savoir scientifique supposé neutre pour fuir les engagements du temps présent, les « Humanités allemandes en guerre » apparaissent comme terriblement impliquées dans le contexte de la Seconde Guerre mondiale (Johann Chapoutot). Parfois, c'est la collaboration qui prime entre savants de disciplines différentes, sinon entre savants étrangers : les hellénistes de l'École française d'Athènes se sont associés, au début des années 1920, avec les indianistes de la Délégation archéologique française, au service d'une meilleure connaissance de l'Asie centrale antique (Annick Fenet). Enfin, des spécialistes peuvent se regrouper dans une perspective de valorisation et de vulgarisation du savoir intellectuel, et l'on voit des antiquisants participer à l'élaboration des connaissances qui seront diffusées auprès des élèves des collèges et lycées. La question de l'équation entre réseaux académiques et réseaux de vulgarisation est une autre manière d'étudier les réseaux de manière dynamique (Aurélie Rodes).

Les quatre dernières contributions traitent plus spécifiquement de l'entrelacement des réseaux personnels et institutionnels, notamment autour d'une institution majeure du paysage archéologique français : l'École française de Rome, étudiée non seulement dans ses jeux d'influence sur le terrain particulier de l'archéologie tunisienne aux XIXe et XXe siècles (Clémentine Gutron), mais aussi envisagée de façon plus large à travers les formes et la portée de son réseau de savants (Sarah Rey). C'est quelquefois un individu isolé qui fédère progressivement autour de lui un véritable réseau intellectuel : la correspondance active et passive de Joseph Déchelette permet à cet égard de reconstituer tout le réseau de savants et d'institutions européens qui gravitaient dans l'orbite de l'entrepreneur roannais devenu archéologue (Sandra Péré-Noguès). Enfin, l'exemple de l'archéologie espagnole, avant et pendant la période franquiste, illustre la récupération de l'archéologie nationale par un pouvoir politique soucieux de l'institutionnaliser pour mieux mettre en valeur le passé national (Grégory Reimond).

Entre recherche savante et compétition parfois féroce, entre émulation scientifique et récupération politique, réseaux, hommes et institutions se relaient comme acteurs de la production d'un savoir sur l'Antiquité qui n'échappe pas toujours à l'instrumentalisation, mais contribue pourtant à une meilleure connaissance du passé. Au final, ce sont donc bien les contours d'un espace intellectuel européen que dessine chacune des contributions de cet ouvrage.

Notes sur l'usage des réseaux dans les sciences sociales

Gilles Bastin

L'analyse de réseaux a connu dans les années récentes une très importante diffusion dans de nombreuses disciplines des sciences sociales. Alors qu'elle était cantonnée, il y a peu, aux spécialistes de la méthodologie et à des objets d'étude bien particuliers comme les marchés du travail ou les relations familiales, elle s'est à la fois largement « démocratisée » (du point de vue de l'accès aux méthodes et aux outils informatiques qui la rendent possible) et étendue dans ses objets[1]. Un important travail d'élaboration conceptuelle mené par les utilisateurs de ce type d'analyse a par ailleurs permis que la notion même de réseau – dont la légitimité dans les sciences sociales est inférieure à celle de classe, de groupe ou de profession par exemple – soit plus largement utilisée, même si, comme on essaiera de le montrer, elle reste finalement peu définie.

L'objectif des notes qui suivent est de fournir à un public de non spécialistes de l'analyse des réseaux quelques clés permettant de comprendre comment cette notion s'est imposée dans les sciences sociales à partir de premiers usages que l'on situera dans la sociologie américaine. Il est aussi de fournir des points de repère méthodologiques permettant à des historiens de juger de l'intérêt de mettre en œuvre des techniques, certes accessibles aujourd'hui à tout possesseur d'un ordinateur, mais cependant encore assez complexes[2]. Pour cette raison, les exemples mobilisés le seront autant que

1. Les méthodes sur lesquelles elle se fonde peuvent apparaitre au profane comme très éloignées de celles qui forment le socle commun des sciences sociales et particulièrement de la sociologie. Celle-ci définit en effet le plus souvent les liens qui existent entre deux individus de façon indirecte, par le biais de corrélations entre des variables (de comportement, de position sociale, etc.). Elle s'intéresse paradoxalement moins souvent aux liens réels et plus visibles entre ces individus (X connaît Y ; Y s'est marié avec Z) qu'aux structures sous-jacentes qu'ils révèlent et dont l'observation passe par celle de variables de comportement ou d'attitudes qui deviennent du coup le centre de l'analyse.
2. Ces notes ont été rédigées à l'occasion d'une séance du séminaire « L'Antiquité en réseaux » du laboratoire PLH-ERASME (université de Toulouse II Le Mirail) le 1er février 2008. Corinne Bonnet m'avait demandé d'exposer, lors de cette séance, un point de vue de sociologue sur la notion de réseaux et les méthodes afférentes. N'étant en rien compétent en histoire ancienne et, finalement, que fort peu en sociologie des réseaux, je n'avais pas répondu sans craintes à cette invitation. Je remercie Corinne Bonnet et tous les participants à cette séance de séminaire d'avoir su apaiser ces craintes. Je les remercie aussi de la très intéressante discussion qui a suivi l'exposé. Ce séminaire me donna en effet l'occasion passionnante de vérifier, comme le proclament depuis longtemps Jean-

possible dans des champs proches de ceux qu'explore l'historien de l'Antiquité et celui des correspondances savantes[3].

Ces notes sont organisées en trois parties distinctes. Dans la première c'est à la généalogie de la notion de « réseaux » dans les sciences sociales qu'elles seront consacrées (je prendrai la liberté de parler alors d'usages **archaïques** de la notion); dans la seconde partie, ce sont les approches dites « structurales » de la notion qui seront au centre de l'exposé (je parlerai alors d'usages **méthodologiques**); enfin, dans la troisième partie, ce sont ses usages **métaphoriques** dans des travaux récents de sociologie qui seront particulièrement analysés.

Les origines archaïques de la sociologie des réseaux

C'est dans les années 1960 que la notion de « réseau » fit son apparition, de façon massive, dans la production des sciences sociales. L'anthropologue britannique John Barnes, un représentant de l'École de Manchester, est souvent crédité de cette innovation pour avoir cherché dès les années 1950 à décrire finement, dans des communautés insulaires, les réseaux de coopération entre individus, qu'il assimilait à un véritable « système de classes » (Barnes, 1954). Une consultation rapide des sommaires des deux principales revues de sociologie aux États-Unis, l'*American Journal of Sociology*, fondé en 1895, et l'*American Sociological Review*, fondé en 1936, montre cependant que seuls 40 articles portent le terme dans leur titre depuis la fin du XIXe siècle et que le premier a été publié en 1967 seulement (Beshers et Laumann, 1967). Cette relative invisibilité dans les lieux de publications les plus prestigieux signale donc la faible institutionnalisation de la sociologie des réseaux en tant que telle, mais aussi son développement autonome comme une spécialité relevant de lieux de publication qui lui sont propres comme la revue *Social Networks* publiée par Elsevier et qui a commencé à paraître en 1978.

Si l'on s'intéresse à la généalogie du terme, il est cependant aisé de constater que celui-ci joue un rôle important dans deux corpus théoriques antérieurs aux années 1960. Il s'agit d'un côté de la théorie sociologique interactionniste qui se développe à Chicago au tournant du siècle et qui en fait usage dans une tradition inspirée de G. Simmel ; de l'autre de la sociologie critique des années 1950.

Claude Passeron et Paul Veyne, dans la droite lignée de Max Weber, que l'histoire et la sociologie partagent le même sort. Celui de devoir toujours fonder leurs concepts sur des contextes et pourtant de ne connaître ces contextes que par le biais des concepts qu'elles élaborent.

3. Il n'est pas anodin de noter que ce sont d'ailleurs souvent des historiens qui se sont faits les promoteurs de l'analyse de réseaux en France. Les travaux de Claire Lemercier, Claire Zalc et Maurizio Gribaudi cités en bibliographie en attestent de façon éloquente. Il n'est pas dans mon propos d'expliquer ce fait mais, à l'évidence, sans doute parce qu'elle relève d'une statistique descriptive plus qu'explicative, parce qu'elle respecte les individualités et ne les fait pas disparaître au profit de « variables », en un mot parce qu'elle vise souvent à décrire des configurations historiques plus qu'à expliquer des phénomènes sociaux ou des corrélations entre phénomènes, l'analyse de réseau a particulièrement séduit les historiens dans les années récentes.

« *Réseau* » *et* « *association* » *chez les interactionnistes chicagoans*

Les sociologues que l'on a pris l'habitude de regrouper sous l'appellation de « première école de Chicago » partagèrent tous le même intérêt pour l'analyse des formes urbaines de la socialisation, des façons de communiquer et d'interagir dans une ville moderne. Ils furent par ailleurs moins influencés par la tradition positiviste et « holiste » de la sociologie européenne – française notamment – et davantage par la sociologie de la culture allemande, par Simmel notamment[4].

Albion Small, le fondateur de l'École de Chicago, emploie par exemple le terme de « réseau » (*network*) dans un article de 1900 dans lequel il cherche à décrire la société comme « association » et la sociologie comme science de l'observation des régularités (ou des « incidents » dans ce texte) qui marquent ces associations. Le terme de réseau est alors employé dans un sens très abstrait qui permet à Small de réfuter l'idée d'un contrôle mécanique sur le corps social et de garder la trace, dans son vocabulaire, de la complexité de l'organisation sociale elle-même :

> « There is articulation of parts, there is interlacing of structure, there is intercommunication of persons and of products between activities that proceed within an association. All this complexity is due to various correlating principles, the study of which is perhaps both the "immediate" and the "paramount" task of sociology. [...] Without wishing to raise any of the mooted questions about the terms which will best apply to the facts here in view, we have to note that what men do industrially, for instance, is not merely conditioned by what they do artistically, scientifically, politically, and religiously; but it is controlled by a network of interrelations that are a part of association. Social coordination is not like a mechanical coordination of grains of sand dumped in a heap; it is the operation of interacting spiritual energies and material devices, as consistent and constant after their kind as the principles of military tactics. » (p. 349-350.)

Le réseau comme principe structurant invisible de la société de masse

Cette idée du réseau comme principe reliant des individus d'une façon non mécanique, en deçà des processus formels d'organisation mais au-delà de la simple interaction de face-à-face, dans des associations « spirituelles » et « matérielles » à la fois ayant plus à voir avec l'interaction concrète qu'avec des attributs sociaux comme la classe par exemple, gagna en influence lorsque se développa l'idée selon laquelle la société de masse bouleversait les modes d'organisation et de circulation de l'information dans une société.

4. Le sociologue allemand Georg Simmel (1858-1918) a lui-même utilisé la notion de réseau dans la conclusion de son texte « Comment la société est-elle possible ? » (« Wie ist Gesellschaft möglich ? ») dans sa *Soziologie*, traduite par Small dans l'*American Journal of Sociology* en 1910. Georg Simmel, qui s'intéressait à la façon dont, dans une société, des interactions peuvent se solidifier en institutions et en « formes » qui contraignent ensuite le comportement humain, publia par exemple des travaux sur l'influence de la taille des groupes sur leur structure.

Dans les années 1950-1960, le terme de réseau fut donc employé pour décrire les mécanismes invisibles structurant la société de masse dans laquelle les relations de classe semblaient moins importantes et en réaction à l'idée selon laquelle la question sociale serait devenue de façon dominante un problème d'obéissance à la règle plutôt que de structure sociale[5]. On peut observer ce type de recours à la notion de « réseaux » pour décrire le fonctionnement des deux pôles de la société de masse que sont d'un côté les élites et de l'autre les parties les plus marginalisées de la société (mendiants, déviants, etc.).

À l'encontre de la thèse pluraliste et libérale selon laquelle les élites seraient composées d'individus ayant excellé dans un domaine de compétences, C.W. Mills montra dès 1956 dans *The Power Elite* que c'est justement en mettant en relations et en réseau des individus appartenant à l'élite politique, économique et militaire que se reproduit une seule et même « élite du pouvoir » ou, pour reprendre des termes postérieurs, un « réseau national d'élite » (Moore, 1979).

De même, la notion de réseau offrit une alternative à l'idée simpliste selon laquelle la modernité et la massification ne pourraient que désorganiser les groupes d'appartenance traditionnels (famille, classe, groupes de pairs, etc.) et laisser les individus les moins aptes dans un état de désorganisation totale. Le taudis lui-même, et les gangs qu'il abrite, sont « organisés » comme le montra par exemple W. Whyte. La « clique » et le « réseau » jouent un grand rôle dans cette organisation (Whyte, 1941, 1943). Ainsi des institutions politiques régulatrices de la société qui sont liées au clientélisme local : « The informal ties of the corner gang provide a network of personal relations and mutual obligations upon which these larger organizations are based[6]. »

---

5. C'est notamment le cas dans la sociologie fonctionnaliste de Talcott Parsons. Dans l'importation des concepts durkheimiens à laquelle s'est livré Parsons, la notion de « régulation » (obéissance à la règle et croyance dans l'institution) a pris beaucoup plus d'importance que celle d'« intégration » (participation à des groupes et densité des relations sociales). La réintroduction de la notion de « réseau » aux États-Unis dans les années 1950 par les auteurs que nous allons mentionner maintenant peut donc être vue comme une tentative de rééquilibrage entre ces deux notions ; une façon aussi de contester le modèle de la société de masse présumée destructrice de toutes les appartenances sociales des individus et aliénante par le seul fait de la propagande à laquelle elle se livre, sans plus aucun obstacle entre elle et la « foule solitaire » pour reprendre le thème classique de D. Riesman (1950).
6. W. Whyte cartographie notamment des « cliques » dans son article consacré aux jeunes désœuvrés vivant dans la rue, les « corner boys » (Whyte, 1943). On peut noter que l'usage du terme de réseau n'est pas exactement le même selon que l'on se place à l'une ou l'autre extrémité de la société. Dans le cas des élites, le réseau est ce qui permet de circuler d'un espace à un autre et de cumuler les avantages sociaux de cette circulation ; dans le cas des « corner boys » ou des populations marginalisées, le réseau maintient au contraire la cohésion interne des groupes, c'est une forme de sociabilité du proche. Ce type d'asymétries est sans doute intéressant pour des historiens. Dans de nombreux travaux il semble en effet que l'accent ait été mis sur les réseaux d'élites, intellectuelles et politiques notamment. Le réseau apparaît ainsi, par opposition au groupe primaire ou aux groupes fermés tels les ordres, comme un cas de figure de « sociabilité démocratique » pour reprendre l'expression popularisée par Louis Dumont. Il s'agit peut-être là d'un effet de sélection lié à la disponibilité des sources. Mais il semble que l'analyse de réseau ait été largement utilisée en histoire pour relativiser l'idée selon laquelle les individus appartiendraient à des groupes fermés pour toute leur vie (cf. plus loin l'analyse de la correspondance de Cicéron, celle des relations entre les officiers d'Anne de Montmorency [Rentet, 2003] ou les travaux sur la sociabilité franc-maçonne au xviiie siècle

Les réseaux comme outils méthodologiques de description du social

Une des façons les plus simples de prendre en compte les « réseaux » dans la description du fonctionnement de la société consiste à les considérer comme des attributs des individus. Dans ce sens on peut par exemple dire de quelqu'un qu'il « a » un réseau développé. La notion de « capital social » qui a été largement utilisée et par des auteurs très variés comme Pierre Bourdieu (1980) ou Robert Putnam (2000) repose ainsi sur la notion de réseau[7]. Cette acception du terme est cependant limitée ; elle conduit à s'intéresser avant tout à la taille du réseau d'un individu (pour quantifier en quelque sorte son capital social) mais pas à sa forme (nature des relations entretenues entre ego et les membres de son réseau, mais aussi entre ces personnes indépendamment d'ego, etc.). Plusieurs tentatives ont cependant été faites dans ce sens avant même que se développe, dans les années 1960, ce que l'on appellera par la suite la « sociologie structurale des réseaux ».

La sociométrie et les « sociogrammes »

Le psychosociologue Jacob Moreno fut un des premiers à s'intéresser de près à la structure réticulaire des relations sociales dans de petites communautés et à utiliser des méthodes graphiques de représentation de ces réseaux, ou de ce qu'il appelait la « géographie psychologique » des relations entre membres d'une communauté. Dans l'ouvrage qui fonda la « sociométrie », une enquête consacrée à un institut de rééducation pour jeunes femmes près de New York, il proposa de représenter « les structures sociales à la lumière des attractions et des répulsions qui se manifestent au sein d'un groupe » (Moreno, 1934)[8].

[Beaurepaire, 2003]) ou encore pour mettre en évidence l'existence, dans les sociétés modernes, de groupe « intermédiaires » ou « seconds » (sur ce point, cf. Rentet, 2008, p. 4).

7. Voir les définitions de Bourdieu (« Le capital social est l'ensemble des ressources actuelles ou potentielles qui sont liées à la possession d'un réseau durable de relations plus ou moins institutionnalisées d'interconnaissance et d'interreconnaissance ») et Putnam (« [social capital] refers to the collective value of all "social networks" and the inclinations that arise from these networks to do things for each other »). Robert Putnam a particulièrement développé l'idée que l'augmentation du stock de capital social dans une société, donc la mise en réseau des individus, participe à sa bonne régulation. Pour ce qui est de Pierre Bourdieu, son usage plus critique du terme semble avoir été moins important à partir des années 1980. Les effets du capital social sont moindres dans la théorie bourdieusienne que ceux du capital économique et du capital culturel.
8. Jacob Moreno est une figure atypique que l'on aurait du mal à positionner aujourd'hui dans l'espace des sciences sociales. Ses travaux ont notamment une dimension clinique forte puisqu'il s'agit pour lui de garantir la meilleure « survie » de tous dans une société sur des bases rationnelles, grâce au « sociogramme » (représentation des relations d'attirance et de répulsion dans un groupe) et au « psychodrame » dont il fut l'inventeur. Moreno était notamment persuadé que les structures sociales utopiques comme le phalanstère de Fourier auraient pu fonctionner si ces deux outils y avaient été mis en œuvre. Du fait de cet engagement clinique le travail de Moreno est entaché de défauts importants. C'est lui qui inventa par exemple l'idée que tout réseau connaît un « point de saturation » quand des éléments étrangers y pénètrent. Il mobilisa notamment cette idée pour expliquer le sort des Juifs en Allemagne.

Les graphiques de Moreno sont largement arbitraires dans la mesure où les relations qu'ils représentent existent bien mais la position des individus et la longueur des traits est en revanche choisie uniquement pour faciliter la lecture du graphe (ce qui focalise l'attention du lecteur sur les liens et pas sur les non-liens qui sont pourtant porteurs d'information eux aussi). Ils mesurent mal les relations asymétriques comme le pouvoir et l'influence et ne sont adaptés que pour de petites communautés et des réseaux de petite taille et peu denses[9].

Par ailleurs, la sociométrie de Moreno repose sur deux réductionnismes qui conduisent le plus souvent à des formes d'aporie dans le raisonnement. Le premier est un réductionnisme psychologique qui conduit à tout analyser au prisme du schéma attirance/répulsion et donc à une espèce de darwinisme réticulaire dont la présence est visible dans la formule de la « loi de gravitation sociale » de cet auteur : « Toutes choses égales par ailleurs, la structure sociométrique se développe par concentration sur les individus à statut sociométrique élevé ». Le second est un réductionnisme informationnel qui se traduit dans la « Loi de Bavelas » (SCHÜTZENBERGER, 1972) : « Les informations circulent mieux, plus vite et avec moins d'altération dans la ligne des canaux sociométriques simples[10]. »

L'analyse des réseaux egocentrés

L'expression de « réseaux égocentrés » ou de « réseaux personnels » permet de désigner les premières formulations de la sociologie des réseaux sociaux dans la lignée de l'école de Manchester. La méthode, très utilisée par des anthropologues soucieux de relativiser l'*a priori* holiste et statique de l'anthropologie structurale[11], a été théorisée par Barnes (1972). Elle consiste à définir dans un premier temps le réseau d'un individu, le plus souvent en l'interrogeant sur ses contacts récurrents. C'est ce que Barnes appelle « l'étoile » parce que par définition ce réseau est centré sur *ego.* Dans un deuxième temps, il s'agit de compléter l'étoile en essayant de mesurer les liens entre les membres de l'étoile les uns avec les autres (soit en inter-

9. Ces limites sont une des raisons qui ont poussé les sociologues des réseaux à développer par la suite des indicateurs chiffrés permettant d'objectiver la forme d'un réseau et la position qu'y occupent les individus (cf. plus loin). Ceux-ci permettent de donner un sens précis à des notions comme celle de « prestige », « popularité », « isolement », etc. Il s'agit là, cependant, d'un problème général à toute représentation graphique. La représentation des liens familiaux par le biais des classiques arbres généalogiques pose, par exemple, au moins autant de problèmes en naturalisant les liens de filiation (LEMERCIER, 2005). On sait depuis les travaux de Jacques Bertin et sa « sémiologie graphique » (BERTIN, 1967) qu'il y a de très nombreuses façons d'induire en erreur un lecteur avec des représentations graphiques différentes des mêmes données. Ce problème a été illustré dans le cas des analyses de réseau par MCGRATH, BLYTHE et KRACKHARDT (1997).
10. Ce type de jugements posés sur le mode de l'évidence sera battu en brèche par l'analyse structurale des réseaux qui tend justement à montrer que les réseaux les plus « efficaces » en matière de circulation de l'information ne sont pas les plus « simples » (cf. Granovetter plus loin).
11. Les travaux de l'école de Manchester ont par exemple porté sur l'observation des individus en situation de mobilité géographique vers les métropoles africaines et mobilisant pour ce faire plusieurs types de réseaux – familiaux, professionnels, amicaux, etc.

rogeant *ego*, soit en interrogeant les membres de l'étoile, ce qui est plus complexe). Barnes parle alors de « zone ».

L'analyse des réseaux egocentrés est celle qui est le plus souvent utilisée par les historiens[12]. Elle consiste à explorer de façon approfondie l'ensemble des liens entre un individu choisi par le sociologue ou l'historien et tous ses contacts. Elle est en général **multidimensionnelle** (elle prend en compte plusieurs types de liens : économiques, familiaux, religieux, etc.) Par ailleurs, elle ne se donne **pas de limite *a priori* quant à l'extension des réseaux analysés** (l'étoile peut être très vaste). Ce type d'analyse étant fondé sur l'exploration intensive du réseau d'une personne (ou d'un groupe de personnes), il permet aussi de recourir à des analyses complémentaires comme l'entretien ou l'exploration d'archives pour comprendre comment les individus **se représentent** leur réseau. Il est en effet important de qualifier la démarche des individus car les analyses de réseau ont tendance à favoriser des explications utilitaristes et individualistes de ce que font les individus quand ils accumulent des liens dans un réseau[13].

Ce type d'analyse est cependant coûteux en termes de ressources à mobiliser si l'on veut dépasser l'analyse du réseau d'un individu ; il faut en effet dupliquer le processus d'enquête pour chaque *ego* dont on essaiera de connaître le réseau. Par ailleurs, la richesse introduite par la possibilité de bien « connaître » *ego*, ses motivations ou ses appréciations sur ses connaissances (que ce soit par entretiens ou par d'autres démarches de type qualitatif) peut aussi introduire des biais préjudiciables. *Ego* ne connaît en effet pas nécessairement tous les liens qui relient ses amis[14].

Il est aussi difficile, dans ce type d'analyses, de dépasser le niveau de « l'étoile », surtout quand on travaille sur des individus morts qui ne peuvent plus être sollicités pour les besoins d'une enquête. L'analyse des correspondances épistolaires a cependant produit des moyens originaux d'y arriver. Dans le cas de la correspondance de Cicéron analysée par Alexander et Danowski (1990), l'hypothèse selon laquelle Cicéron aurait pu s'affranchir du clivage prédominant à son époque entre *knights* (*equites*) et *senators* est validée par une analyse de réseau repérant, dans les 280 lettres écrites entre 68 et 50 avant notre ère, toutes les occurrences mentionnant un contact entre deux personnes (éventuellement Cicéron lui-même et un autre). Les lettres les plus banales dans lesquelles Cicéron raconte par exemple à X qu'il

12. Cf. pour une défense de cette approche l'introduction de M. Gribaudi à *Espaces, temporalités stratifications* (1998).

13. Cf. à ce sujet l'article de Michaël Eve dans le collectif dirigé par Gribaudi sur les réseaux à Turin (Gribaudi, 1998) : celui-ci montre que les individus ont du mal à se représenter leur réseau en termes de chaînes de relations et que, pour expliquer la présence d'individus dans ce réseau, ils font intervenir des institutions intermédiaires qui créent des « cercles » de relations plus que des chaînes (par exemple quand on demande comment on a connu telle personne, la réponse typique sera de dire que c'était par l'école, le travail ou l'église et pas par X qui la connaissait par Y...).

14. Les spécialistes d'analyse des réseaux citent souvent le cas du mari trompé qui ne connaît pas le lien existant entre son épouse et son meilleur ami.

a vu Z deviennent un moyen de décrire plus que le réseau de Cicéron, le « monde romain vu depuis la tête de Cicéron[15] ».

L'analyse structurale des réseaux

L'analyse structurale des réseaux s'est développée aux États-Unis dans les années 1970 chez des disciples du sociologue Harrisson White. L'accent y est mis sur les aspects systémiques des réseaux et non pas sur les individus qui les composent. La méthode repose en général sur l'étude d'une institution ou d'un groupe donnés pour lequel il est possible de connaître l'ensemble des liens d'un certain type entre tous ses membres (tous les mariages dans une ville donnée, toutes les relations contractuelles entre des marchands, toutes les relations professionnelles entre salariés d'une même entreprise, etc.). Pour cette raison, l'analyse structurale porte sur ce que l'on appelle des « réseaux complets ». Grâce aux développements de la théorie des graphes et de la géométrie algébrique, il est possible non seulement de représenter ces réseaux, mais aussi de calculer des indicateurs permettant de les caractériser[16].

L'une des principales découvertes de la sociologie structurale des réseaux est un mécanisme contre-intuitif que le sociologue Mark Granovetter a dénommé « force des liens faibles » mais que l'on peut retrouver sous une forme proche derrière les appellations de « trous structuraux » (Burt, 1995) ou de modèle du « troisième larron » (Caplow, 1968)[17]. La thèse de Granovetter prend appui sur son étude des marchés du travail des cols blancs de la côte est des États-Unis. Dans cette étude, le sociologue avait démontré que le marché du travail était une fiction et que la plupart des individus trouvent en fait leur emploi par le biais de réseaux de relations (près de 60 % des individus déclarent dans cette enquête avoir trouvé leur emploi par contacts personnels ; par ailleurs ils ne cherchaient souvent pas de travail quand ils en ont trouvé et l'emploi en question n'existait souvent pas au moment où ils l'ont obtenu). Granovetter ajoutait que les contacts les plus souvent utiles pour trouver un emploi ne sont pas des « liens forts » des individus (c'est-à-dire des personnes avec qui ego est en relation suivie

15. Le travail de Z. Moutoukias (2003) sur la correspondance d'un commerçant d'origine gênoise de la seconde moitié du XVIIIe siècle ayant émigré à Buenos Aires utilise la correspondance dans un sens très proche (380 lettres de sa correspondance passive ont été saisies puis analysées pour en extraire toutes les mentions de personnes). Dans le même ouvrage collectif, la démarche de V. Castagnet sur la « commensalité provinciale restreinte » d'un curé béarnais mérite aussi d'être mentionnée bien qu'elle soit à l'intersection de l'analyse de réseaux et d'une analyse sémantique sur le contenu des lettres elles-mêmes (Castagnet, 2003).

16. La « densité » du réseau est le rapport entre le nombre de liens dans le réseau et le nombre total de liens théoriques possibles (qui dépend du nombre de pôles dans ce réseau). On dit que le réseau est une clique si sa densité est égale à 1 ; le « degré de centralité » d'un des pôles du réseau mesure la place d'un individu dans le réseau (en général la centralité d'un acteur se mesure à son nombre de lien avec les autres rapporté à l'ensemble des liens possibles) ; la « connexité » du réseau mesure l'importance des liens entre les paires de pôles du réseau. Pour une bonne introduction à cet aspect un peu technique de la sociologie des réseaux, cf. Mercklé (2004).

17. Caplow s'inspire en partie des travaux de G. Simmel (1908) sur le troisième larron ou *tertius gaudens*, celui qui, dans une relation triadique, tire profit de la dissension entre les deux autres.

comme des collègues de travail ou sa famille proche) mais des « liens faibles » (des personnes qu'*ego* a perdues de vue depuis un certain temps par exemple). Granovetter explique cette « force des liens faibles » d'une part par des mécanismes psychologiques (comme la réticence que l'on peut avoir à faire circuler parmi ses amis les informations que l'on détient sur un emploi à pourvoir dans son entreprise, de peur de mélanger amitié et travail)[18]. Mais il fait aussi intervenir un mécanisme purement structural qui tient à la forme des réseaux eux-mêmes et à la façon qu'a l'information d'y circuler.

De fait, dans un réseau, la plupart des liens sont « transitifs ». Autrement dit, si je connais X et que X connaît Y, il y a de fortes chances que je connaisse aussi Y. Pour le dire autrement, les liens sont très souvent redondants dans les réseaux sociaux. De ce fait, un individu placé en position de « trou structural » (Burt) ou encore de « troisième larron » dans un réseau (c'est-à-dire un individu reliant plusieurs « cliques » ou « sous-réseaux ») acquiert une importance considérable dans ce réseau ; il peut faire passer de l'une à l'autre partie de ce réseau des informations qui sans lui ne passeraient pas.

L'étude très fameuse menée par Padgett et Ansell (1993) sur les Médicis démontre assez clairement l'utilité d'une telle approche. Au moyen d'analyses de réseau répétées dans le temps, ces deux auteurs démontrent que la supériorité des premiers Médicis sur les autres familles de Florence tient à leur capacité à se positionner en intermédiaires entre les autres familles par des stratégies d'alliance matrimoniale et à cloisonner leurs réseaux économique d'un côté et familial de l'autre[19].

Une application de la théorie des réseaux : la scientométrie

L'analyse de réseaux a été utilisée dans une optique scientométrique par l'historien des sciences Derek de Solla Price. Dans un article intitulé « Networks of Scientific Papers » (1965), celui-ci a avancé l'idée selon laquelle la science est pour partie le fruit du travail de « collèges invisibles » d'individus se citant mutuellement. Ce sont ces collèges invisibles qui produisent ce que Price appelle des « fronts de la recherche » traversés d'oppositions entre cliques d'individus se citant fréquemment.

Ce domaine de la recherche a évidemment connu un très grand essor avec la production de bases de données de co-citations[20] permettant par

18. Dans la sociologie des sciences ce mécanisme est parfois utilisé pour expliquer que certains scientifiques peuvent préférer des collaborations avec des collègues étrangers plutôt qu'avec leurs collègues nationaux qui sont aussi des concurrents plus directs.

19. Les deux auteurs partent du paradoxe suivant : contrairement à ce qu'en dit Machiavel, Cosme de Médicis n'était pas un acteur à la virtuosité décidée, gouverné par l'action intéressée. Ses contemporains le décrivent plutôt comme effacé et agissant en général par des intermédiaires. Comment, dès lors, a-t-il pu affirmer sa puissance et installer sa famille au pouvoir pour trois siècles ?

20. La constitution de réseaux de citations pose des problèmes méthodologiques importants. Si les pôles des réseaux sont alors constitués d'articles et les liens de citations, il est parfois difficile de définir précisément ces deux notions (les articles de vulgarisation d'un auteur doivent-ils figurer dans le réseau ? N'y a-t-il pas différentes manières de citer un autre article ?, etc.).

exemple à l'Institute of Scientific Information (ISI) de constituer des atlas indiquant les lieux dans lesquels naissent les « souches » des innovations scientifiques et, plus tard, une véritable toile du savoir (« web of knowledge »). De nombreuses recherches sont aujourd'hui menées sur ces bases de données ; elles permettent de mesurer les relations entre disciplines et entre sous-champs de ces disciplines (GARFIELD, 1998).

White et Gilman (1988) ont par exemple utilisé l'analyse de réseau, avec une perspective dynamique, dans le cas des grandes évolutions de la chimie moderne au XVIIIe siècle. Claire Lemercier s'est quant à elle livrée à une analyse structurale des pratiques de collaboration et de citation dans un laboratoire scientifique entre 1974 et 1978, le Centre de recherches historiques de l'EHESS. Elle a montré que si les trois personnes les plus « centrales » dans ce laboratoire (celles qui ont le plus de liens avec les autres) sont un chef de travaux et deux techniciennes contractuelles, les trois personnes les plus « intermédiaires » (qui relient entre elles le plus grand nombre de cliques distinctes) sont le directeur du laboratoire et deux maîtres-assistants membres des instances de direction[21].

Les usages métaphoriques de la notion de réseau

La notion de réseau n'a pas été utilisée que dans un sens méthodologique. Elle a aussi un contenu métaphorique que l'on peut retrouver dans de nombreux travaux contemporains. Penser en termes de réseaux, en effet, c'est avant tout penser que la société fonctionne *comme* un réseau et exploiter les différents sens que cette métaphore peut recouvrir.

Le monde comme réseau

Les travaux de Manuel Castells illustrent parfaitement cet usage métaphorique. Comme ceux des interactionnistes de Chicago, ils trouvent leur origine dans la sociologie urbaine (CASTELLS, 1972) et se sont développés par la suite dans le domaine de la communication et de la circulation de l'information. Le premier volume de la trilogie intitulée *L'ère de l'information : Société, économie et culture* publiée entre 1996 et 1998 s'intitule par exemple *La société en réseaux* (CASTELLS, 1996). Le sociologue – comme C. Cooley, R. Park ou G. Tarde avant lui – utilise la notion de réseau dans un sens à la fois technique et social ; son analyse du rôle de l'internet dans les relations sociales en atteste : la montée de formes d'organisation sociale en réseau, rendue possible en grande partie par internet se complète pour

21. Plus généralement, les analyses de réseaux sont assez facilement applicables aux univers sociaux dans lesquels les individus se citent fréquemment. C'est par exemple le cas des juges de la Cour Suprême aux États-Unis (FOWLER *et al.*, 2007).

lui du développement de pratiques de réaffirmation des identités individuelles et de la subjectivité[22].

Ce type d'analyse est évidemment réfutable dans le détail mais son développement a sans aucun doute à voir avec le fait que les sociétés contemporaines aiment à se représenter elles-mêmes sous la forme de réseaux, comme en atteste la popularisation de ce thème dans la sociologie spontanée du débat public et des médias[23].

La théorie de l'acteur-réseau

La notion de réseau a joué un rôle très important dans le programme de sociologie des sciences développé en France dans les années 1980 par Bruno Latour (Latour, 1984). Ce programme, dit parfois « symétrique » ou « fort » du fait de son ambition épistémologique consistant à appréhender les grandes controverses scientifiques sans considération particulière pour la « véracité » des thèses en présence, est le plus souvent décrit au moyen de l'acronyme ANT (« Actor-Network Theory »). En effet, ce programme est à la fois réaliste (il considère que le succès d'une entreprise scientifique repose sur des techniques et des objets autant que sur des humains et leurs idées[24]) et relationniste. Il considère en effet que le succès des uns et des autres dépend de leur capacité à relier dans un même réseau (le laboratoire en étant une forme) des « actants » très nombreux : des chercheurs, des hommes politiques, des industriels, des microbes, des instruments, etc. Cette capacité passe par un processus de « traduction » permanente des intérêts des uns et des autres dans un langage commun susceptible de garantir la pérennité du réseau lui-même et sa transformation en une « boîte noire » qui prendra bientôt la forme d'une loi scientifique que plus personne ne remettra en cause[25].

---

22. On trouvera des analyses assez proches, quoi que davantage centrées sur l'évolution de l'organisation économique contemporaine dans les thèses de L. Boltanski et E. Chiapello sur le « nouvel esprit du capitalisme », son usage du réseau contre la bureaucratie notamment (Boltanski et Chiapello, 1999).

23. Les sites relationnels ou « réseaux sociaux » comme Facebook ou MySpace en sont une manifestation, tout comme la prégnance de la notion de réseau dans les médias : les « réseaux politiques » des uns et des autres chers aux magazines et supposés recéler le pouvoir que l'on peine à trouver ailleurs ; les « réseaux migratoires » et leurs passeurs, etc.

24. Selon le mot de Pasteur : « Donnez-moi un laboratoire et je changerai le monde ! » Dans *Les microbes : guerre et paix*, B. Latour s'est intéressé à la découverte des microbes par Pasteur et à la controverse qui opposa celui-ci à Pouchet, défenseur d'une théorie de la génération spontanée de la maladie. Pour une étude assez proche dans son principe, mettant en évidence les « réseaux hybrides » de la découverte scientifique, cf. Callon (1986) et plus généralement encore l'ouvrage collectif dirigé par le Centre de sociologie de l'innovation (1992).

25. « L'autre jour à l'Institut Pasteur, je rencontre un chercheur qui me serre la main et se présente à moi en disant : "Bonjour, je suis le coordinateur du chromosome 11 de la levure de bière." Ne chassons pas cette phrase paradoxale d'un revers de main. Ne commençons pas à mettre de côté l'individu singulier qui dit "je", l'organisation européenne capable de coordonner les équipes de biologistes moléculaires, et, enfin, la séquence d'ADN du chromosome de *Saccharomyces cerevisiae*, bientôt connue. Ce rangement commode, nous pourrons l'opérer plus tard, à froid, lorsque la recherche sera terminée. Pour l'instant, je serre bien la main à ce bel hybride : un individu-organisation-séquence d'ADN. Impossible d'accéder directement au chromosome 11, sans comprendre l'organisation astucieuse qu'il a fallu mettre en place afin de coordonner l'action de tous les

Cette perspective, limitée dans les années 1980 à la logique de l'innovation scientifique, a depuis été appliquée par Latour à l'ensemble des arrangements qui permettent d'expliquer « la façon dont la société se maintient comme telle » (Latour, 2006).

Conclusion

La notion de réseau est une notion complexe qui charrie avec elle tout un ensemble de significations. Dans la production courante, il est évident que son usage « métaphorique » l'emporte sur l'usage « scientifique » qu'ont tenté d'imposer les tenants de l'analyse structurale. Certains peuvent le regretter mais ce fait signale sans doute qu'une part de la valeur heuristique de cette notion réside dans le flou qu'elle permet plus que dans la clarté qui est parfois attendue des concepts scientifiques.

De fait, même chez ceux qui ont utilisé les réseaux dans un sens méthodologique et se sont appliqués à mettre en œuvre des techniques de description et d'analyse de ces réseaux, la portée de cet outil prête à discussion. Alors que pour Burt et Minor par exemple, dans la tradition de l'analyse structurale, le réseau est un véritable « moteur causal », susceptible d'expliquer des phénomènes sociaux complexes (Burt et Minor, 1983), les anthropologues et les historiens semblent avoir utilisé cette notion dans un sens très différent. Pour eux, la notion de réseau a permis de battre en brèche une conception justement trop structuraliste du social, déduisant les comportements individuels de grands systèmes de normes. M. Gribaudi a sans aucun doute résumé cette position en évoquant l'« antistructuralisme » de l'approche en termes de réseaux. Pour lui, cette approche ne vise pas à une explication du comportement individuel dans son ensemble ; elle redonne au contraire de la liberté aux individus étudiés et appréhende les structures sociales comme des effets émergents des comportements individuels, dans des contextes historiques donnés.

Il faut donc considérer le « réseau » dans les sciences sociales comme une boîte à outils susceptible de multiples utilisations. Une boîte à outils particulièrement adaptée pour comprendre des phénomènes de « moyenne portée » sociologique dans lesquels les interactions entre un nombre limité d'individus prévalent sur le comportement individuel et sur les normes

"levuristes" européens. Sans les programmes d'ordinateurs, le courrier électronique, les bases de données, les subsides de la CEE, ce chromosome n'aurait pu se dévider tout entier avant trente ans. Mais impossible également de comprendre ce réseau de chercheurs, sans cette personne individuelle qui s'est identifiée à ce point à la levure que d'infimes modifications dans ses neurones vont permettre de découvrir les pièces manquantes dans le puzzle de la séquence. Impossible, enfin, de comprendre l'originalité de ce chercheur et celle de son organisation, sans prendre en compte cette levure agissant depuis des millénaires dans les tonneaux et les foudres et dont la fermentation se mélange depuis toujours à celle des humains. Comme les médiums étudiés par les ethnographes, mon ami levuriste est un *shape-changer* : il devient le chromosome 11, qui devient une portion de l'Institut Pasteur, lequel devient un réseau européen. Ce petit exemple montre assez que les sciences ne tirent pas leur beauté de la séparation, enfin totale, entre le monde des sujets et celui des objets. Au contraire, les sciences ne sont si belles que parce qu'elles servent d'échangeur à de tels carrefours d'individus, d'institutions et de choses. » (Latour, 1993.)

sociales. Une boîte à outils limitée, à l'évidence, par la difficulté qu'elle a à prendre en compte les attributs classiques du raisonnement sociologique (comme le sexe, l'âge ou la classe sociale) et le fil diachronique du raisonnement historique (dans la mesure où le réseau est une coupe dans la continuité historique). Une boîte à outils cependant utile pour appréhender des configurations socio-historiques à partir de leurs acteurs et pas de ce qu'il en reste dans les archives officielles et la statistique publique. Pour retracer, en somme, les « discontinuités du social » (Gribaudi, 1995).

BIBLIOGRAPHIE

Alexander Michael, Danowski James, « Analysis of an ancient network : Personal communication and the study of social structure in a past society », *Social Networks*, 12(4), 1990, p. 313-335.

Barnes John, « Class and Committees in a Norwegian Island Parish », *Human Relations*, 7, 1954.

Barnes John, *Social Networks*, Addison-Wesley, 1972.

Beaurepaire Pierre-Yves, *L'espace des francs-maçons. Une sociabilité européenne au xviiie siècle*, Presses universitaires de Rennes, 2003.

Beaurepaire Pierre-Yves, Taurisson Dominique, *Les ego-documents à l'heure de l'électronique. Nouvelles approches des espaces et des réseaux relationnels*, PU de Montpellier, 2003.

Bertin Jacques, *Sémiologie graphique. Les diagrammes, les réseaux, les cartes*, Paris, La Haye, Mouton, Gauthier-Villars, 1967.

Beshers James, Laumann Edward, « Social Distance : a Network Approach », *American Sociological Review*, 32(2), 1967, p. 225-236.

Boltanski Luc, Chiapello Ève, *Le Nouvel Esprit du capitalisme*, Paris, Gallimard, 1999.

Bourdieu Pierre, « Le capital social. Notes provisoires », *Actes de la recherche en sciences sociales*, 31, janvier 1980, p. 2-3.

Burt R.S., Minor M.J, *Applied network analysis*, Beverley Hills, Sage, 1983.

Burt Ronald, « Le capital social, les trous structuraux et l'entrepreneur », *Revue française de sociologie*, 36(4), 1995.

Callon Michel, « Éléments pour une sociologie de la traduction. La domestication des coquilles Saint-Jacques dans la baie de Saint-Brieuc », dans *L'Année sociologique*, 36, 1986.

Callon Michel, Courtial Jean-Pierre, Penant Hervé, *La scientométrie*, Paris, PUF, 1995.

Caplow T., *Deux contre un. Les coalitions dans les triades*, Paris, Armand Colin, 1971 (éd. angl. 1968).

Castagnet Véronique, « Apport de la lexicologie quantitative à l'étude des ego-documents : étude de la correspondance d'un curé béarnais, ancien secrétaire du cardinal Dubois », *in* Beaurepaire Pierre-Yves, Taurisson Dominique, *Les ego-documents à l'heure de l'électronique*, p. 119-135.

Castells Manuel, *La Question urbaine*, Paris, Maspero, 1972.

Castells Manuel, *The Information Age. Economy, Society and Culture*. Vol. I : *The Rise of the Network Society*. Oxford ; Malden, MA : Blackwell, 1996.

Castells Manuel, « Toward a Sociology of the Network Society », *Contemporary Sociology*, 29(5), 2000, p. 693-699.

Centre de Sociologie de l'Innovation (éd.), *Ces réseaux que la raison ignore*, Paris, L'Harmattan, 1992.

Degenne Alain, Forsé Michel, *Les réseaux sociaux, Une approche structurale en sociologie*, Paris, Armand Colin, 1994.

Erickson Bonnie H., « Social networks and history. A review essay », *Historical Methods*, 30(3), 1997, p. 149-157.

Eve Michael, « Deux traditions dans l'analyse des réseaux », *Réseaux*, 115, 2002.

Fowler James, Johnson Timothy, Spriggs James, Sangick Jeon, Wahlbeck Paul, « Network Analysis and the Law : Measuring the Legal Importance of Precedents at the US Supreme Court », *Political Analysis*, 15(3), 2007, p. 324-346.

Garfield Eugene, « Mapping the World of Science », conférence de l'AAAS, 1998 [http://www.garfield.library.upenn.edu/papers/mapsciworld.html].

Granovetter Mark, « The strength of weak ties », *American Journal of Sociology*, 78, 1973, p. 1360-1380.

Gribaudi Maurizio, Blum Alain, « Des catégories aux liens individuels. L'analyse statistique de l'espace social », *Annales ESC*, 45(6), 1990, p. 1365-1402.

Gribaudi Maurizio *et alii*, *Espaces, Temporalités, Stratifications. Exercices sur les réseaux sociaux*, Paris, Éditions de l'EHESS, 1998.

Gribaudi Maurizio, « Les discontinuités du social. Un modèle configurationnel », *in* Lepetit Bernard (dir.), *Les formes de l'expérience. Une autre histoire sociale*, Paris, Albin Michel, 1995.

Latour Bruno, *Les microbes, guerre et paix*, Paris, Métailié, 1984.

Latour Bruno, *La clé de Berlin. Petites leçons de sociologie des sciences*, Paris, La Découverte, 1993.

Latour Bruno, *Changer de société, refaire de la sociologie*, Paris, La Découverte, 2006.

Lemercier Claire, « Le Centre de Recherches Historiques comme "structure fédérative" ? Réseaux de collaboration et thèmes de recherche (1974-1995) », *Cahiers du CRH*, oct. 20005, p. 297-327 [analyse des coopérations scientifiques dans un laboratoire de recherche].

Lemercier Claire, « Analyse de réseaux et histoire », *Revue d'histoire moderne et contemporaine*, 52(2), 2005, p. 88-112.

Lemercier Claire, Zalc Claire, *Méthodes quantitatives pour l'historien*, Paris, Repères, La Découverte, 2008 (la publication de l'ouvrage est accompagnée par la mise en ligne de ressources à l'adresse : http://www.quanti.ihmc.ens.fr/index.php).

McGrath Cathleen, Blythe Jim, Krackhardt David, « The effect of spatial arrangement on judgements and errors in interpreting graphs », *Social Networks* 19, 1997, p. 223-242.

Mercklé Pierre, *Sociologie des réseaux sociaux*, Paris, Repères, La Découverte, 2004.

Mills C. Wright, *The Power Elite*, Oxford UP, New York, 1956.

Moore Gwen, « The structure of a national elite network », *American Sociological Review*, 44(5), 1979, p. 673-692.

Moreno Jacob L., *Who shall survive ? Foundations of sociometry, group psychotherapy and psychodrama*, Beacon House, New York, 1953.

MOUTOUKIAS Zacarias, « Réseaux de négociants ou réseaux ego centrés : une approche méthodologique », *in* BEAUREPAIRE Pierre-Yves, TAURISSON Dominique, *Les ego-documents à l'heure de l'électronique,* p. 447-467.

PADGETT John, ANSELL Christopher, « Robust Action and the rise of the Medici, 1400-1434 », *American Journal of Sociology*, 98(6), 1993, p. 1259-1319.

PRICE Derek, « Networks of scientific papers », *Science*, 149, 1965, p. 510-515.

PUTNAM Robert, *Bowling Alone*, Simon & Schuster, New York, 2000.

RENTET Thierry, « Network mapping : ties of fidelity and dependency among the major domestic officers of Anne de Montmorency », *French History*, 17(2), 2003, p. 109-126.

RENTET Thierry, « L'analyse de réseau en histoire moderne, esquisse bibliographique et cas concret », Journée d'étude du CRESC, université Paris 13, mars 2008 (http://www.univ-paris13.fr/cresc/images/stories/PDF%20JE%202008-03-14/t._rentet. pdf).

RIESMAN David, *The Lonely Crowd*, Doubleday, 1950.

SCHÜTZENBERGER Anne, *La sociométrie*, Paris, Éditions universitaires, 1972.

SIMMEL Georg, *Sociologie. Études sur les formes de la socialisation*, Paris, PUF, coll. « Sociologies », trad. de l'allemand par Lilyane Deroche-Gurcel, première édition allemande 1908.

SMALL Albion, « The Scope of Sociology. VI. Some Incidents of Association », *American Journal of Sociology*, 1900.

WHITE D., GILMAN MCCANN H., « Cites and fights : material entailment analysis of the Eighteenth-Century chemical revolution », *in* WELLMAN Barry, BERKOWITZ Steven, *Social Structures : a Network Approach*, Cambridge UP, 1988, p. 380-399.

WHYTE William Foote, « Corner Boys : A Study of Clique Behavior », *American Journal of Sociology*, 1941.

WHYTE William Foote, « Social Organization in the Slums », *American Sociological Review*, 8/1 (Feb. 1943), p. 34-39.

Première partie

Réseaux et archéologie des savoirs

« L'enquêteur d'Homère » dans l'Athènes du Nord. Les lettres de Jean-Baptiste d'Ansse de Villoison (1750-1805) à la duchesse de Saxe-Weimar*

Odile Cavalier

Depuis quelques années, les travaux historiographiques mettent bien en évidence la part essentielle jouée par la correspondance au sein de la République des Lettres, lieu de « sociabilités intellectuelles [1] ». Les lettres faisant l'objet de cette étude s'inscrivent dans cette mouvance. Elles émanent d'un helléniste français qui sort peu à peu de l'oubli où il avait totalement sombré grâce aux travaux de Georges Tolias et d'Étienne Famerie pour citer deux études fondamentales récentes [2].

Repères biographiques

Jean-Baptiste d'Ansse de Villoison (fig. 1) qui, si on en croit certains de ses biographes, présentait une ressemblance marquée avec Louis XVI [3], naquit le 5 mars 1750 à Saint-Martin de Corbeil d'une famille aristocratique venue en France dans la suite d'Anne d'Autriche. Le nom s'écrivait alors Ansso. Villoison demeura toujours attaché à ses lointaines origines hispaniques comme en témoigne une lettre au baron de Knebel du 8 décem-

* Nous remercions pour leur obligeance les collègues et institutions qui nous ont adressé des photocopies et des photographies, en premier lieu, Olaf Mokansky pour sa compréhension, M. Th. Quintilla, I. Krupp, P. Ehrhardt, A. Chassagne, Dr N.V. Ikas, M. Pastoureau, P. Loesch, I. Mangou. Nous avons une dette particulière envers notre collègue, Émilienne Molina, conservateur en chef à la bibliothèque municipale d'Avignon qui nous a communiqué maints documents utiles à notre recherche. Au musée, nous remercions notre collègue Chantal Dell'Era-Brizon, pour sa patience et son inestimable concours ainsi que Joël Antoine, assistant qui a accompli pour nous de nombreuses recherches biographiques, Victoire Autajon, responsable de la documentation, qui a fait venir pour nous beaucoup de livres, Alban Rudelin, infographiste, qui a réalisé nombre des photographies.

1. D. Roche, *Les Républicains des Lettres. Gens de culture et Lumières au* XVIIIe *siècle,* Paris, 1988, p. 222.
2. G. Tolias, *La médaille et la rouille. L'image de la Grèce moderne dans la presse littéraire parisienne (1794-1815),* Paris-Athènes, 1997 et p. 125-160, É. Famerie (éd.), *Jean-Baptiste-Gaspard d'Ansse de Villoison. De l'Hellade à la Grèce. Voyage en Grèce et au Levant (1784-1786),* Hildesheim-Zurich-New York, 2006. Cf. également sur Villoison, R. Lavagnini, « Villoison in Grecia. Note di viaggio (1784-1786) », *Quaderni dell'Istituto siciliano di studi bizantini e neoellenici* 9 (1974), p. 28-88.
3. É. Quatremère, *Nouvelle Biographie générale,* t. xiii, 1855, *s.v.* « Dansse ou D'Ansse de Villoison », col. 3-18 et p. 12.

bre 1775 : « En cela [la constance de son amitié pour Knebel] comme en peut-être beaucoup d'autres choses, je me fais l'honneur de n'être point français. Premièrement, observez de grâce que je suis plutôt Espagnol que Français, secondement que j'ai des goûts tels que ceux de l'érudition et des études qui sont tout à fait étrangers à la France[4] (!) » Les dons de Villoison pour les langues anciennes se manifestèrent très précocement et suscitèrent l'enthousiasme du grand Orientaliste suédois, Jacob-Jonas Björnståhl (1731-1779), le précepteur du baron de Ruhnken qu'il accompagna lors de son Grand Tour. À Paris, Björnståhl assista à la distribution des prix de l'Université : « Il a à peine 19 ans et déjà, il a lu tous les classiques latins... Il a fait dans le grec des progrès tels qu'il peut traduire dans cette langue et sans hésiter tout livre français ou latin qu'on lui présente[5]... » En outre, tous ses biographes s'accordent à le reconnaître, sa mémoire tenait du prodige. Parallèlement à ses études classiques, Villoison suivit les cours d'arabe au Collège de France, se mit à l'hébreu avec Björnståhl et se lança seul dans l'apprentissage du syriaque. En revanche, s'il soutient dans une de ses lettres à la duchesse que « l'allemand est la langue des plus grands poètes et des meilleurs princes de l'Univers », il ne prit jamais la peine de l'étudier. Il est vrai que cette langue ne devait présenter à ses yeux aucun intérêt, scientifique – le latin caractérisant encore nombre de publications savantes – ou mondain, le français s'imposant alors dans les élites européennes comme l'idiome propice aux échanges sociaux et au commerce littéraire.

Sa première œuvre d'érudition porta sur l'édition d'un manuscrit de la bibliothèque de Saint-Germain, un recueil inédit du sophiste Apollonios du lexique grec sur Homère, le seul que l'on connût mais dont « l'écriture archaïque et les scholies obscures avaient entravé l'édition[6] ». L'ouvrage ne parut qu'en 1773 à Venise, mais, dès 1770, suivant un funeste penchant (*infra*), il en claironnait la parution dans le *Journal des Savants*. L'*Apollonius* établit d'emblée sa réputation d'éditeur et de scholiaste en France et à l'étranger. Voici en quels termes Mgr de Saint-Simon Sandricourt, évêque d'Agde (1727-1794), fin bibliophile qui suivit pas à pas les progrès de la carrière académique de Villoison et le rencontra à Paris en 1775, commente cette entreprise dans une lettre à l'épigraphiste et collectionneur nîmois Jean-François Séguier (1703-1784) : « J'ai reçu le *Lexicon* d'Apollonius... J'en suis, on ne peut plus édifié. Tels ouvrages faits à 22 ans me feraient croire à la métempsychose. C'est en effet l'âme et la science d'un vieillard qui paraissent avoir passé dans le corps de ce jeune homme[7]. » Dès cette date, Villoison entreprit de bâtir un gigantesque réseau de correspondants

4. Lettre du 8 décembre 1775 citée dans la monumentale biographie de Ch. Joret, *D'Ansse de Villoison et l'hellénisme en France pendant le dernier tiers du XVIIIe siècle*, Paris, 1910, p. 72.
5. S. Chardon de la Rochette, « Notice sur la vie et les principaux ouvrages de Jean-Baptiste Gaspard d'Ansse de Villoison », *Mélanges de critique et de philologie*, t. III, Paris, 1812, p. 1-61 et p. 4.
6. Sur cette publication, cf. Tolias, *La médaille et la rouille*, p. 126.
7. X. Azema, E. de Saint-Simon (éd.), *Lettres de Charles-François-Siméon de Saint-Simon Sandricourt à Jean-François Séguier de Nîmes et au docteur Esprit Calvet d'Avignon*, Montpellier, 1987, p. 119 (lettre du 25 novembre 1773).

dont les ramifications s'étendaient à l'Europe toute entière : Angleterre, Allemagne, « pays des élites de culture », Espagne, Italie, Pays-Bas, « pays des grands centres universitaires et éditoriaux [8] », Suède. Or, le rôle de la correspondance dans la circulation des idées, la diffusion de l'information scientifique constitue un des *topoi* de la République lettrée. Cette stratégie, finement décryptée par Dacier, un de ses biographes [9], permit à Villoison de propager largement ses travaux et de s'assurer des appuis dans les milieux lettrés et/ou aristocratiques.

De fait, son cercle ne comptait pas seulement des érudits, entre autres, Björnståhl, Johan-Jacob Reiske (1716-1774), éditeur de Plutarque, Daniel-Albert Wyttenbach (1746-1820), professeur à Leyde, éditeur de Platon, le pasteur anglais Jonathan Toup (1713-1785), éditeur de Longin, Antonio-Maria Zanetti (1703-1778), custode de la Marcienne, Jacopo Morelli (1745-1819), son successeur, mais des diplomates et des nobles titrés, Lord Stormont, ambassadeur de Grande-Bretagne, le prince Youssoupov, des ecclésiastiques de haut rang, Mgr de Saint-Simon Sandricourt, des antiquaires et des curieux. Dans le midi de la France, parmi ses correspondants occasionnels ou attitrés, citons les noms du médecin et antiquaire Esprit Calvet (1728-1810) à Avignon, du marchand lettré et collectionneur Pierre-Augustin Guys (1721-1799) (*infra*) à Marseille, du Président de Saint-Vincens à Aix-en-Provence (1750-1819) [10]. Grâce à une rare puissance de travail, – dans une lettre à son ami Jérémie-Jacques Oberlin (1735-1806), érudit strasbourgeois, éditeur d'Horace, de César, il se vante « d'être levé le premier, à cinq heures du matin et couché le dernier à minuit [11] » – Villoison pouvait consacrer de nombreuses heures, matinales ou tardives, à l'entretien de ce fabuleux réseau. En 1776, son mariage avec Hélène-Caroline de Neufcarre, ne ralentit ni la densité de ses échanges épistolaires ni son ardeur à l'étude démentant les craintes de son ami Sainte-Croix : « Vous savez, écrit ce dernier à Oberlin, que notre ami Villoison se marie. Je l'avais toujours dissuadé de prendre ce parti qui ne convient guère à un homme de lettres de la capitale [12]. » En outre, suivant Chardon de la Rochette, biographe de Villoison et ami fidèle, « cette remarquable jeune femme trouva le moyen,

8. Ce jugement sur l'Allemagne et les Pays-Bas est celui de Roche, *Républicains des Lettres,* chap. xi, Correspondance et voyage au xviiie siècle : le réseau des sociabilités d'un académicien provincial, Séguier de Nîmes, p. 263-280 et p. 271. Sur la correspondance de Villoison, cf. Joret, *D'Ansse de Villoison, L'hellénisme*, chap. iv, Les correspondants français et étrangers de Villoison (1775-1776), p. 92-123.

9. M. (pour Monsieur) Dacier, Secrétaire perpétuel de la classe, *Notice historique sur la vie et les ouvrages de M. de Villoison, membre de la Classe d'histoire et de littérature ancienne de l'Institut national, lu dans la séance publique du vendredi 11 avril 1806,* Paris, 1806, p. 2-33 et p. 7.

10. Sur la correspondance avec P. A. Guys, cf. Ch. Joret, *L'helléniste d'Ansse de Villoison et la Provence,* Paris, 1906. Sur ses liens avec le Président de Saint-Vincens, cf. O. Cavalier, avec la coll. de S. Montecalvo, *La Grèce des Provençaux au xviiie siècle,* Avignon, 2007 et p. 101-102. Pour les lettres de Villoison à Calvet, cf. ABM, *Ms. 2367*, fos 229 à 236.

11. BnF, *Ms. all. 192, Correspondance d'Oberlin*, fos 92-156, Lettres de Villoison, voir lettre du 8 mars 1774, f. 78-79. Dans la lettre du 25 octobre 1779, il enfonce le clou : « Tout le monde est à la campagne. Moi seul, je reste à Paris sur un tas de mss grecs… Je ne prends jamais de vacances. »

12. BnF, *Ms. all. 201. Papiers de Sainte-Croix.* Lettre à Oberlin du 11 janvier 1777.

par ses économies, d'augmenter de 40 000 livres de bons de rente les revenus de son mari pendant qu'il voyageait loin d'elle [13] ». Enfin, Villoison consolida sa notoriété grâce à sa large participation à la vie académique, institutions qui relayaient le progrès du savoir et des connaissances scientifiques au sein de la République lettrée. En 1778, à l'âge de 23 ans et grâce à une dispense d'âge, il fut élu à l'Académie des inscriptions et belles-lettres. En 1774, grâce à l'appui de son ami P. A. Guys, il fut agrégé à l'Académie de Marseille [14]. La même année, d'Alembert avec lequel il était très lié, sollicita pour lui une place à l'Académie de Berlin. Frédéric II agréa cette demande. Entre 1773 et 1777, il devint membre des compagnies de Cortone, Londres, Madrid, Rome, Manheim (grâce à l'intervention d'Oberlin), Göttingen, Upsala. À cette date, seul l'astronome Joseph-Jérôme Lefrançois de Lalande (1732-1807) pouvait s'enorgueillir de compter parmi les membres de trois académies germaniques [15]. Son crédit reposait donc sur des bases solides en Allemagne. Or, le 8 novembre 1774, Charles-Auguste de Saxe-Weimar, âgé alors de 17 ans, accomplit suivant les vœux de sa mère, un long voyage en France. Rappelons qu'au XVIIIe siècle, le voyage en Europe de l'Ouest constituait une norme en matière de formation et d'éducation des gentilshommes. Mais peu à peu, la France avait supplanté l'Italie, engouement justifié par « la prépondérance militaire et diplomatique de la France, l'exemplarité de l'étiquette et de la culture aristocratique française, la progression de la langue française dans la diplomatie et dans la pratique des cours [16] ». Charles-Auguste, du reste, avait reçu une solide culture française et parlait couramment le français. Pour autant, ce petit-neveu de Frédéric II aimait la langue germanique et nourrissait le sentiment profond d'être allemand à la différence du roi de Prusse qui, rapporte Marc Fumaroli, réservait sa langue maternelle à ses chevaux et à ses palefreniers [17]. Pour ce périple, le jeune prince était accompagné du comte de Görtz, son gouverneur, du baron de Stein, grand écuyer, l'époux de la belle Charlotte von Schardt, aristocrate à laquelle Goethe voua des sentiments très profonds, du conseiller Engelhardt, son médecin, de son frère cadet, Constantin et du gouverneur de ce dernier, le baron de Knebel (1744-1834), homme profondément cultivé, traducteur de Properce et de Lucrèce, esprit fin et tolérant, venu à Weimar par admiration pour Wieland. Cette suite paraît réduite, comparée à celle d'autres princes allemands, tel le fils du landgrave de Hesse-Darmstadt qui se rendit en France en 1740 avec une escorte de dix-neuf personnes.

13. Chardon de la Rochette, *Notice*, p. 16.
14. Ch. Joret, « Villoison et l'Académie de Marseille », *Mémoires de l'Académie des sciences, lettres et beaux-arts de Marseille*, 1904-1905 (1906), p. 199-216.
15. J. Voss, « Deutsche in Französischen Akademien und Franzosen in Deutschen Akademien (1700-1800) », *in* J. Mondot, J.M. Valentin, J. Voss (éd.), *Deutsche in Frankreich (1715-1789). Franzosen in Deutschland (1715-1789). Allemands en France. Français en Allemagne (1715-1789)*, Sigmaringen, 1992, p. 39-52 et p. 49.
16. Sur ce point, cf. Th. Grosser, « Les voyageurs allemands en France. Études de cas et perspectives d'analyses », *in* Mondot, Valentin, Voss, *Deutschen in Frankreich*, p. 209-237 et p. 211.
17. M. Fumaroli, *Quand l'Europe parlait français*, Paris, 2001, p. 19.

Mais la cour de Saxe-Weimar était modeste puisqu'elle n'employait, vers 1780 que deux cent soixante-dix personnes. Pour la noblesse germanique, rappelle Thomas Grosser, le voyage en France revêtait une valeur symbolique, la confortant dans son statut[18]. Une audience à la Cour de Versailles en constituait l'apothéose. Nous ignorons ce qu'il en fut pour Charles-Auguste. Durant leur séjour, les princes se frottèrent à la vie culturelle parisienne. Ils rendirent visite au graveur et dessinateur Johann Georg Wille (1715-1808), membre de l'Académie royale de peinture, graveur du roi, qui fut l'ambassadeur de la culture germanique en France[19]. À l'instigation de Diderot, très proche de Knebel, ils visitèrent l'atelier d'Houdon. Or, le sculpteur avait travaillé à la Cour de Gotha et exécuté, à la demande d'Ernest II, le monument d'Anne-Dorothée, sa mère. Charles-Auguste acheta à l'artiste le buste de Gluck et le plaça, à son retour, dans la bibliothèque de Weimar. La correspondance de Villoison avec le prince recèle une lettre d'Houdon dans laquelle le sculpteur fixe la somme de quatre louis pour l'achat de cette œuvre[20]. Un certain flou entoure la date exacte à laquelle Villoison fit la connaissance de Knebel et de ses protégés mais la rencontre se déroula, d'après une lettre de l'helléniste au baron, dans le cabinet des pierres gravées du duc d'Orléans. L'abbé de Lachau, garde du cabinet, présenta « l'ami des Allemands », ainsi que se baptise Villoison, au trio[21]. Avide d'asseoir son crédit mondain, Villoison « se mit aux ordres » du prince suivant ses propres termes. Il pilota les deux frères et leur mentor dans les salons parisiens dont celui de Madame Chénier, née Élisabeth Santi-Lhomaca (vers 1729-1808), épouse de Louis Chénier (1722-1795), représentant de la Nation française à Constantinople jusqu'en 1765 et mère du poète André-Marie Chénier. Le musée des Beaux-Arts de Carcassonne abrite un portrait de cette belle Grecque (fig. 2). Son vêtement est typique du costume urbain porté par la femme de la bonne société hellène au XVIIIe siècle : une chemise de dentelle, une robe de brocart et de soie et le *macramas*, un châle de soie jaune entortillé autour de la tête et retombant de part et d'autre des épaules[22]. Élisabeth Chénier méritait de passer à la

18. GROSSER, « Voyageurs allemands en France », p. 230 : « Pour un noble allemand, étaler une relation personnelle avec la société aristocratique française entraînait presque automatiquement un gain en terme de statut à l'intérieur de son propre groupe social. »
19. M. WERNER, « Des artistes allemands en France au XVIIIe siècle : le cas Wille », MONDOT, VALENTIN, VOSS, *Deutschen in Frankreich*, p. 169-177.
20. Sur la visite de l'atelier de Houdon, cf. Ch. JORET, « Houdon et le duc de Weimar, Charles-Auguste », *Bulletin de la Société de l'Histoire de Paris et de l'Île de France* 23 (1896), p. 61-64. Sur la lettre de Houdon, cf. BnF, *Suppl. Grec 943. Papiers de Villoison*, lettre du 12 septembre 1775. Le foliotage n'est pas visible sur les photocopies du microfilm que nous avons consultées mais cette note se situe immédiatement après le f° 61.
21. JORET, *D'Ansse de Villoison et l'hellénisme*, p. 65 et n. 3. Lettre à Knebel du 29 mai 1775.
22. Sur le portrait de Madame Chénier, cf. M.-N. MAYNARD, *Peintures de l'École française (XVIIe et XVIIIe siècles). Musée des Beaux-Arts de Carcassonne*, Nîmes, 2004, n° 28, p. 31. Sur le costume grec, pour des parallèles, cf. I. PAPANTONIOU, *Greek Dress from Ancient Times to the Early 20th Century*, Athènes, 2000, voir p. 157 pour le *macramas* et fig. 187-190 pour des exemples de costumes grecs du XVIIIe siècle. Nous remercions vivement Ioanna Papantoniou, présidente de la *Peloponnesian Folklore Foundation* pour les renseignements apportés et pour la communication de son magnifique ouvrage sur le costume grec, ainsi que M.-N. Maynard.

postérité car cette femme très cultivée, profondément attachée à ses origines, rédigea une dissertation sur les danses grecques, publiée en 1783 par P. A. Guys dans la troisième édition du *Voyage littéraire de la Grèce ou Lettres sur les Grecs anciens et modernes avec un parallèle de leurs mœurs*, paru pour la première fois en 1771. Dans sa correspondance avec Charles-Auguste, Villoison loue les qualités de cet ouvrage, « aussi savant qu'agréable » et qui, le premier, rompit avec les préjugés attachés au nom des Hellènes[23]. Charles-Auguste apprécia à leur juste valeur les efforts déployés par le philologue. Dans une lettre à Björnståhl du 22 septembre 1775, publiée par Chardon de la Rochette dans sa notice biographique, Villoison le met en évidence : « Son Altesse m'a comblé de bontés pendant son séjour à Paris et m'a prodigué, si j'ose dire, les plus grandes marques d'amitié malgré la distance du rang et l'inégalité qui nous séparent[24]. » De retour à Weimar – il avait quitté Paris le 15 mai 1775 – Charles-Auguste adressa à Villoison son portrait gravé et fit de lui l'année suivante, son « correspondant littéraire », charge décevante aux yeux de Villoison qui n'ambitionnait pas moins que d'être nommé ministre de la cour de Saxe-Weimar à l'exemple de Frédéric-Melchior Grimm (1723-1807), devenu en 1775, ministre de la cour de Gotha à Paris. Néanmoins, il s'acquitta avec sérieux de cette sinécure[25] qui l'occupa jusqu'en 1777. Après cette date, il s'employa à maintenir des liens avec le duché. En octobre 1775, il composa un épithalame en vers latins à l'occasion du mariage du jeune prince. En 1778, il dédia à Charles-Auguste son édition de Longus. En retour, c'est grâce à l'intervention du prince auprès du sénat de Hambourg qu'il put obtenir en 1780 la copie d'un manuscrit utile à ses recherches sur l'*Iliade*. Enfin, si on en croit un des biographes de Villoison, les souverains saxons avaient engagé l'helléniste à résider auprès d'eux[26]. Villoison s'y détermina à son retour d'Italie où il avait passé quatre années de 1778 à 1782, principalement à Venise.

Le contexte historique de la correspondance

À l'époque du début de son séjour en Thuringe, la cour du minuscule État composé de cinq territoires (le duché de Saxe-Weimar proprement dit auquel s'étaient ajoutés en 1690 celui d'Iéna, en 1741, celui d'Eisenach et au Nord le petit baillage d'Allstedt [ancienne propriété d'Iéna]), apparaît comme une des plus coruscantes d'Europe, par la qualité de son climat intellectuel et artistique. Surnommée « l'Athènes du Nord » dans les lettres à Anna-Amalia ou « l'Athènes saxonne », dans la dédicace des

23. Sur l'ouvrage de Guys, cf. en dernier lieu Cavalier, *Grèce des Provençaux*, p. 65-68. Voir aussi BnF, *Ms. all. 192*. Correspondance d'Oberlin, la lettre de Villoison du 3 mars 1776, f° 105.
24. Chardon de la Rochette, *Notice*, p. 53, n. 1.
25. Sur les lettres à Charles-Auguste, voir BnF, *Suppl. grec 943. Papiers de Villoison*, f°s 58-108. Sur ce point, Joret, *Villoison et l'hellénisme*, p. 477-503. Signalons que Villoison connaissait Grimm. Une lettre à Oberlin du 8 mars 1774 mentionne que ce dernier « lui a refait l'honneur de venir le voir ». BnF, *Ms. all.* 192, f° 78.
26. Dacier, *Notice historique*, p. 16.

Epistolae vinariensis (*infra*), la cité de Weimar qui comptait en 1785 six mille deux cent vingt-cinq âmes (le duché en totalisait soixante trois mille trois cent soixante) était devenue un des plus grands centres littéraires allemands, le berceau du classicisme germanique, « le foyer de toutes les lumières d'Allemagne » estime Villoison dans sa troisième lettre à la duchesse. Cette suprématie devait beaucoup à la personnalité et à l'action de la mère de Charles-Auguste, la duchesse Anna-Amalia (1739-1807), fille du duc de Brünswick-Wolfenbüttel, nièce de Frédéric II et du roi de Suède, femme très lettrée et bienveillante (*fig. 3*). Tout en gouvernant son petit duché suivant les principes du despotisme éclairé, Anna-Amalia qui s'était retrouvée veuve à l'âge de 21 ans, réforma en profondeur la vie artistique et littéraire du duché[27]. Dans ce domaine, son plus grand succès fut de s'attacher durablement Christoph-Martin Wieland (1733-1813), poète, romancier, dramaturge, traducteur, un des représentants les plus emblématiques de l'*Auflklärung* et un des deux grands publicistes de la Weimar classique, souligne Geneviève Espagne[28]. Devenu en 1772, le précepteur de Charles-Auguste, il joua à ce titre un rôle déterminant auprès du prince comme éducateur et « intermédiaire culturel ». Wieland fonda en 1773 *Le Mercure allemand*, gazette qui allait devenir un des principaux organes de la vie littéraire germanique. En 1775, l'accession au trône de Charles-Auguste (1757-1828) marqua le début d'une période encore plus faste, « la décennie glorieuse », qualificatif qui lui fut décerné par la génération suivante. L'année 1775 coïncide en effet avec l'arrivée – le 7 novembre – de Goethe, devenu en 1776, membre du Conseil secret, c'est-à-dire ministre du Gouvernement du duché, honneur inouï pour « ce parvenu », aux yeux de certains membres de l'entourage du duc, souligne Jean Delinière[29]. La même année, à l'instigation du poète, s'installa à Weimar et ce pour 27 ans, un autre « Géant », suivant le mot de Schiller, Johann-Gottfried Herder (1744-1803), théologien, philosophe de l'histoire, pédagogue, ami et correspondant de Lessing. Charles-Auguste nomma Herder prédicateur de la Cour et surintendant[30].

Néanmoins, la duchesse douairière continua à patronner la vie littéraire et artistique, invitant à Weimar le peintre Adam-Friedrich Oeser

27. Sur ces questions, cf. l'ouvrage fondamental de J. Delinière, *Weimar à l'époque de Goethe*, Paris, 2004. Cf. aussi Madame de Staël, *De l'Allemagne*, t. I, Chronologie et introduction par S. Balayé, Paris, 1968, p. 125.
28. Sur Wieland, outre l'étude essentielle de J. Delinière, *Weimar*. Cf. Madame de Staël, *De l'Allemagne*, t. i, chap. iv, p. 173-175 ; aussi A. Loeve-Veimars et Saint-Maurice, *Mélanges littéraires, politiques et morceaux inédits de C. M. Wieland, précédés d'un essai sur la vie et les ouvrages de cet écrivain*, Paris, 1824, p. 1-27. Cf. enfin G. Espagne, « De Wieland à de Villers : *le Magasin encyclopédique* entre sensualisme et préromantisme », *in* G. Espagne, B. Savoy (éd.), *Aubin-Louis Millin et l'Allemagne. Le magasin encyclopédique. Les lettres à Karl-August Böttiger*, Hildesheim-Zurich-New York, 2005, p. 233-252.
29. Delinière, *Weimar*, p. 54.
30. Sur Herder, les travaux sont légion, cf. Delinière, *Weimar*, p. 67-79. Cf. aussi J. Le Rider, A. Penisson, N. Waszek, *Herder et les Lumières européennes. L'Europe de la pluralité culturelle et linguistique. Actes du Colloque des 6-7 mars 2003*, Paris, 2003.

(1717-1799), directeur de l'Académie de Leipzig, Martin Klauer (1742-1801) qui devint le sculpteur attitré de la Cour. Depuis l'avènement du nouveau duc – le 3 septembre 1775 – Anna-Amalia s'était installée au palais Wittum, en réalité un hôtel particulier. Elle y tenait un salon littéraire qui, faisant fi des barrières de classe, privilégiait l'esprit et le talent. Le vendredi, dans les appartements de la duchesse, se déroulaient dans le cadre de la *Freitagsgesellschaft* (les réunions du vendredi) des séances où l'on discutait de littérature, d'art, de glyptique par exemple[31]. À la fameuse table ronde (en réalité rectangulaire) immortalisée par une aquarelle de Georg-Melchior Kraus (1737-1806) (fig. 4), des aristocrates côtoyaient des artistes, des étrangers. Sur le tableau de Kraus, on reconnaît Charles Gore, un riche armateur britannique que la duchesse avait rencontré en Italie et qui vint s'installer à Weimar en 1751. Les étrangers étaient en effet bien accueillis à Weimar. L'abbé Raynal, François Cacault y passèrent avant Villoison. Ce dernier fit son entrée dans la ville le 7 mai 1782. L'accueil qui lui fut réservé était digne d'un invité de marque. Le duc envoya à sa rencontre le maréchal de cour pour le conduire au château. On lui adjoignit les services d'un chasseur parlant français. Un appartement lui fut attribué dans la résidence ducale, vraisemblablement au second étage du *Fürstenhaus*, le bâtiment destiné à l'origine aux réunions des États du duché. Ce pseudo-palais remplaça pendant presque trente ans le château ancestral, le *Wilhelmsburg* qui avait partiellement brûlé en 1774. Par ailleurs, Villoison fut admis tous les jours à la table princière, privilège rare qui fait l'admiration de Mgr de Saint-Simon dans une lettre à Séguier. En effet, même si la cour n'était pas fastueuse, et peut-être pour ces raisons-mêmes, la duchesse Louise (1757-1830), fille du landgrave de Hesse-Darmstadt, ne tolérait aucun laxisme en matière d'étiquette. À titre d'exemple, jusqu'à son anoblissement, Goethe fut relégué à la table présidée par le maréchal de cour. La duchesse douairière conviait également l'helléniste à ses déjeuners du jeudi au Palais Wittum ou à Tiefurt, sa résidence d'été, à l'Est de Weimar. Villoison, dans ses lettres à Anna-Amalia, évoque avec émotion « le gazouillement de l'Ilm », la rivière qui baigne Weimar et Tiefurt, « le délicieux séjour de Tiefurt… que je préférerais », ne craint-il pas d'alléguer, « à tous les temples de la Grèce ». Sa correspondance éclaire non seulement le rôle qu'il joua auprès de la duchesse mais manifeste les enjeux de son séjour à la cour de Saxe-Weimar qu'il n'hésite pas à mettre en parallèle avec celles d'Alexandre ou des Médicis[32].

31. Sur ces réunions, cf. Delinière, *Weimar*, p. 75-90. Cf. aussi R. Sternke, « L'archéologue Millin, modèle de l'archéologue Böttiger », *in* Espagne, Savoy (éd.), *Aubin-Louis Millin et l'Allemagne*, p. 79-93 et p. 80.

32. Sur ce point, voir la troisième lettre à la duchesse, *Briefe an Boettiger*, vol. 2, n° 44, f° 50 : « Moi qui ai trouvé le bonheur dans votre savante cour, foyer de toutes les lumières qui éclairent l'Allemagne… je la comparerais à celle d'Alexandre ou des Médicis… si Votre Altesse n'avait eu soin de lui communiquer (à son fils) son austère probité, sa vertu, sa justice et les qualités de cœur dont ces princes ne se piquaient guère. »

Les succès d'un *philogermanos*. Les rapports de Villoison avec la « déesse de Weimar » et la Cour

Les lettres abritées à la bibliothèque de Dresde sont au nombre de onze mais frappent pour la plupart par leur extrême longueur[33]. La correspondance s'étale de 1782 (sans doute juin 1782) au 26 août 1802, marquée par une interruption de plusieurs années entre 1785 et 1802. En effet, sous la Terreur, Villoison s'exila à Orléans où il demeura de 1793 à 1799. Durant ces années sombres, il mit un frein considérable à toutes ses activités, notamment à son commerce littéraire. Les lettres à Anna-Amalia sont adressées de Weimar, d'Eisenach, de Paris – il quitta Weimar début mars 1783 – de Grèce puis de Paris à nouveau. Nous centrerons notre étude sur l'analyse des dix premières lettres, l'avant-dernière marquant un changement fondamental dans la position de Villoison vis à vis des souverains de Saxe-Weimar, le chevalier de Pougens (1755-1833), peintre puis traducteur et libraire, étant devenu correspondant littéraire du duc. Très souvent, dans ses lettres, Villoison néglige de mentionner la date, indifférence aux usages, caractérisant, hélas, la quasi-totalité de sa correspondance. En revanche, il affectionne, non sans afféterie, de préciser l'heure, surtout lorsqu'elle est matinale. L'écriture peu élégante, aux grosses lettres rondes pourvues de jambages épais (fig. 5), reconnaissable entre toutes, s'avère souvent irrégulière et négligée, signes traduisant bien le caractère du scripteur, vif, impétueux, toujours en proie à une agitation perpétuelle. De même, la mise en page manque de soin. Les lignes, parfois, se chevauchent. Sur une lettre, de plus de quatre pages il est vrai, un « gros pâté » fait même son apparition ! Villoison invoqua la lenteur du courrier pour « ne pas jeter au feu » son épître : « La poste part dans un moment et ne repartira de Salonique que dans 15 jours, bien après mon départ[34]. » Au demeurant, l'évocation des difficultés matérielles présidant à l'acheminement et à la réception du courrier sont un trait commun à bien des correspondances privées au XVIIIe siècle. L'instauration d'un commerce épistolaire entre une souveraine et un savant, fût-il d'extraction aristocratique, n'offre aucun caractère d'exception comme en témoigne la « Correspondance littéraire » de Grimm. Dans la période 1700-1770, ce type de rapports pérennise dans l'Europe littéraire « l'idée d'une communion des élites de l'esprit et du pouvoir[35] ». À en juger par le

33. Les lettres sont abritées à la Sächsische Landesbibliothek-Staats-und Universitätsbibliothek Dresden (Bibliothèque nationale et universitaire de Dresde), sous la cote *Mscr. Dresd. H 37, Bd 2 (2°) Nº 40-50* (ancienne cote : *Briefe an Boettiger*, Mss 2 n° 44 fos 40-50). Pour plus de commodité, nous utiliserons l'ancienne dénomination *Briefe an Boettiger*, suivie du folio. Sur les lettres à la duchesse, cf. la publication ancienne de Ch. Joret, « J.B. Gaspard d'Ansse de Villoison et la cour de Weimar », *Revue d'histoire littéraire de la France,* 3e année, n° 3, 15 juillet 1896, p. 346-375. Joret ne publia pas la première lettre dans cet article. Il la cite dans *Villoison et l'hellénisme*, p. 364-365, n. 4. Il n'a pas vu l'original mais en donne copie d'après l'ouvrage de Duntzer, *Zur deutschen Literatur*, t. I, p. 97-100.

34. *Briefe an Boettiger*, Mss. 2, n° 44, f° 49 (lettre du 7 avril 1785). Ce pâté est en effet bien visible sur la feuille !

35. J. Schlobach, « Grimm in Paris. Ein Kulturvermittler zwischen Deutschland und Frankreich in der zweiten Hälfte des 18 Jahrhunderts », *in* Mondot, Valentin, Voss, *Deutsche in Frankreich*, p. 179-189 et p. 189.

contenu des lettres, la duchesse prit l'initiative de cette correspondance qui valorisait certes le récipiendaire mais en retour jetait un jour favorable sur l'action de la souveraine, son image de protectrice des arts et des lettres. Presque toutes les lettres de Villoison sont des réponses à sa royale hôtesse vis à vis de laquelle il se positionna d'emblée en courtisan zélé. Le ton adopté est celui de l'hyperbole. Dans la plupart des lettres, il déverse sur la tête de la duchesse douairière un torrent d'éloges, exprimant sa vénération pour les qualités intellectuelles et l'action de la souveraine à grand renfort de références littéraires et mythologiques (*infra*), la dépeignant comme « la déesse qui fait l'ornement de cette délicieuse demeure » (le palais Wittum)[36]. Cette rhétorique, replacée dans le contexte historique du temps, n'offre rien de surprenant. Voltaire, dans ses lettres à Frédéric II, use d'accents analogues, comparant tour à tour le souverain prussien au « Salomon du Nord », au « Marc-Aurèle de ce siècle[37] ». En revanche, à la différence de Voltaire, le ton de Villoison n'évite pas les « bassesses honteuses de la flatterie » (Bossuet) et confine, parfois, à la servilité. Ainsi, il n'hésite pas à opposer « la candeur vraiment germanique et la modestie de l'intéressant M. Hase » (Karl-Benedikt [1780-1864], éditeur du manuscrit de Lydus) à l'arrogance et à la fatuité françaises : « Si un jeune Français avait le quart de ses connaissances », assure-t-il dans une lettre qui doit dater de 1802, « il se rendrait insupportable par sa vanité et par ses prétentions[38] ». Au demeurant, cet attachement pour l'Allemagne et le caractère germanique reposait sur des bases sincères. Dans l'Allemagne littéraire, « il admire et aime plus que personne au monde », assure-t-il à Oberlin, « l'érudition immense et profonde, la saine critique, le goût des études sérieuses, la candeur et la simplicité de mœurs ». Dans ses lettres, du reste, Oberlin le surnomme *philogermanos,* titre revendiqué par Villoison[39]. En revanche, lorsqu'il assure : « Nous autres Français, nous adorons nos rois, que serait-ce donc si ces divinités invisibles avaient la centième partie de votre affabilité, de votre bonté, de vos talents[40] ? », ce n'est pas, à notre sens, simple flagornerie mais l'écho d'un sentiment profondément ancré en lui, homme d'Ancien Régime. En effet, le caractère sacré de la personne du roi « s'enracine dans l'histoire et les mythes fondateurs de la nation[41] ». Au demeurant, ce style ampoulé, ces manières obséquieuses, ces accents comiques bref, tout ce

36. *Epistolae Vinariensis,* p. 28, cf. Joret, « Villoison à Weimar », p. 358.
37. Voltaire, *Mémoires pour servir à la vie de M. de Voltaire écrits par lui-même et suivis de lettres à Frédéric II,* Paris, 1988 (réédition). Voir la lettre du 26 mai 1742, p. 112 : « Le Salomon du Nord est aussi l'Alexandre. »
38. Joret, *Correspondance de l'helléniste,* p. 155. Cette lettre ne figure pas dans le recueil de la bibliothèque de Dresde mais dans les archives de Weimar. Lettre du 26 août 1802.
39. BnF, *Ms all.* 192. Voir f. 82, lettre de « ce dernier jour de mars » 1774. Voir dans le même sens, f. 134-135, lettre non datée : « Vous avez bien raison… de m'appeler philogermanos. C'est un titre dont je me glorifierai toujours et que je conserverai jusqu'au dernier soupir. Si je n'étais pas lié par mon bien à Paris, j'irais m'établir en Allemagne pour pouvoir suivre avec plus de liberté mon goût pour les lettres… »
40. *Briefe an Boettiger 2,* n° 44, f° 43, lettre non datée, écrite « ce mercredi, à 9 heures », sans doute en juin 1782.
41. Sur ce point, cf. M. Antoine, *Louis XV,* Paris, 1989, p. 122.

« fatras villoisonnesque » n'abusait nullement l'intelligente duchesse[42]. Afin de se concilier les bonnes grâces d'Anna-Amalia et d'instaurer entre eux un courant de sympathie, Villoison n'hésita pas à écrire à la duchesse durant son séjour à Weimar-même ou lors de ses pérégrinations dans d'autres villes allemandes. L'analyse des lettres révèle qu'il s'attacha à cultiver la compagnie des membres directs de l'entourage de la douairière, au premier chef, sa demoiselle d'honneur, la spirituelle Louise von Göchhausen et le baron de Knebel. Le nom de ce dernier revient dans presque toutes les lettres et Villoison nourrissait une affection passionnée pour le gouverneur du prince Constantin[43], ami intime de Wieland. Vingt ans après son séjour dans l'Athènes saxonne, la mémoire de l'helléniste est telle qu'il peut dans une lettre à Anna-Amalia énumérer les noms, les fonctions, les traits particuliers d'un nombre impressionnant de dignitaires. Faisant feu de tout bois, il saisit le prétexte de son séjour à Eisenach pour solliciter du duc l'autorisation d'écrire à son épouse et de donner à cette dernière « des nouvelles de la santé de son frère », le *Landgrave* de Hesse-Darmstadt. La correspondance révèle qu'il se tenait également soigneusement au courant de tous les événements touchant la vie des princes.

À Paris, ses lettres le montrent « faisant la cour aux princesses de Hesse-Darmstadt », rédigeant un « compliment de condoléances » à la mort de la fille de Charles-Auguste, la princesse Louisa Augusta-Amalia, disparue en 1784 à l'âge de cinq ans, félicitant la duchesse que son fils Constantin « ait pris le parti du militaire » ou « faisant sa cour au Grand Gustave », Gustave III, roi de Suède, venu à Paris en 1784 pour signer un traité d'alliance avec la France et qui assista à une séance de l'Académie. Plus concrètement, ses lettres témoignent de ses efforts pour procurer à la douairière une brochure scientifique, lui envoyer gazettes et brochures littéraires. Enfin, avec un sens aigu de sa propre publicité, Villoison mit sa plume au service d'Anna-Amalia et de la Cour des Muses. Ainsi il composa des vers pour accompagner l'érection du buste de Mademoiselle Göchhausen, dans le parc de Tiefurt, d'autres pour louer la naissance, tant attendue, du prince héritier, survenue le 13 mars 1783, fêter l'anniversaire de l'astronome Lalande. Plus habilement encore, il chante dans ses lettres la gloire de la cour « où résident le bonheur, la paix, la vertu et le génie » et exploita sans coup férir une initiative

42. Cf. une de ses lettres à Johann-Heinrich Merck (1741-1791), fondateur des *Annonces savantes de Francfort*, l'ami, le conseiller et le bienfaiteur de Goethe mais aussi lié à Herder et à Wieland : « Un fin limier comme vous, cher Merck, flairera quelque chose en lui (Villoison) ; c'est l'homme le meilleur et le plus bienveillant du monde, et qui possède, dit-on, de vastes connaissances, surtout dans la littérature grecque mais c'est un Français. Si vous ne nous connaissez pas encore bien, il vous parlera de nous, comme des premiers venus de la terre de Dieu. Il voit les hommes à travers un prisme dont les plus belles couleurs se reflètent sans cesse dans son imagination. Heureux mortel, qui ne connaît point la gêne ! », cité par JORET, « Villoison à Weimar », p. 370.

43. Voir la correspondance de Villoison. BnF, *Suppl. Grec 943*, p. 113, lettre non datée, f. 113 : « Ah, quelle joie j'aurai de vous serrer dans mes bras à Weimar... oui je ne peux vous le cacher, je n'ai jamais tant aimé personne et aussi personne ne m'a jamais donné, même parmi les Allemands, cette nation pleine de franchise, les marques de confiance et d'amitié que vous avez prodiguées à un jeune homme que vous ne connaissiez aucunement... En vérité, il faut que nos âmes soient faites l'une pour l'autre puisqu'elles ont cherché à se réunir et à se confondre dès le premier instant. »

d'Anna-Amalia : « Il faut que vous sachiez », écrit la duchesse à Knebel « que j'ai fait mettre les bustes de nos trois grands hommes » (Goethe, Herder, Wieland) « dans le petit bois attenant au parc de Tiefurt. Villoison m'a demandé d'en faire les inscriptions mais comme sa plume, une fois en train, court sans qu'on puisse l'arrêter, j'en ai reçu une demi-douzaine[44] ». La première lettre de Villoison, écrite à sept heures – et non à cinq heures comme l'estime Joret –, le 10 juin 1782 énumère en effet les quatrains en vers latins que le bouillant helléniste composa « dans le premier feu[45] ».

Les rapports entre Villoison et les « Géants » de Weimar

Goethe n'apparaît que dans une lettre, non datée, mais qui doit se situer, d'après Joret, vers juin 1782[46]. De son côté, Goethe fait quelques allusions à l'helléniste dans sa correspondance et émet sur lui ce jugement, bref mais élogieux : « C'est un homme bon, agréable, heureux[47]. »

Le nom de Herder se lit dans une seule lettre qui se veut une douce réminiscence du passé, du bonheur trouvé « dans cette cour qui est la réunion des plus grands hommes, des Goethe, des Wieland, des Herder, des Seckendorf [le baron Friedrich Siegmund, chambellan de la Cour], etc. ». En revanche, dans un message à Knebel, Villoison analyse avec finesse la personnalité du théologien : « J'ai eu l'honneur de faire souvent des dîners délicieux avec Mme la Duchesse mère, avec l'immortel M. Wieland. Quelquefois, il s'y trouve le sublime Herder dont la physionomie porte l'empreinte du génie qui le dévore[48]. » Du reste, il est permis de penser que ses rapports avec l'austère pasteur ont dû demeurer insignifiants. En effet, Th. Grosser, rappelle que Herder, à l'instar d'autres membres de la bourgeoisie, rejetait la francophilie des aristocrates germaniques et portait un jugement dévalorisant, quoique convenu, sur les Français considérés comme prétentieux, superficiels et ignorants ! Cette critique du caractère français perdure au début du XIXe siècle comme en témoignent les lettres de l'artiste Thérèse-Émilie-Henriette aus dem Winckel à Böttiger[49]. Villoison

44. Joret, « Villoison à Weimar », p. 350.
45. *Briefe an Boettiger*, f° 40. Nous citerons seulement les vers pour Goethe : « Chéri d'Auguste et des Muses, il a traité avec le même génie les amours fatals d'un infortuné jeune homme, les grandes actions des anciens héros de l'Allemagne et les affaires d'État qui lui ont été confiées de [*sic*] la cour de Weimar. Il est tout à la fois le Mécène et le Virgile » (de la cour), et pour Herder : « Ses traits, son style élevé, tout annonce un prophète sublime, un homme inspiré, son éloquence se précipite et entraîne comme un torrent de feu. Non, son langage n'est point celui d'un faible mortel. Regardez son image : vous y verrez étinceler les rayons de la divinité dont il est plein. »
46. *Briefe an Boettiger*, f° 41 : « J'ai passé hier une soirée délicieuse avec M. Goethe. Une seule de ses paroles et de ses réflexions suffit pour confirmer la grande réputation dont il jouit à juste titre et la haute idée que je m'en étais formée. Si l'immortel [l'adjectif a été rajouté au-dessus de la ligne, Villoison a laissé subsister le début d'un autre mot] m'avait averti qu'il irait à Tiefurt, j'aurais eu l'honneur de l'y suivre et de vous faire ma cour. »
47. Joret, « Villoison à Weimar », p. 349. Lettre à Knebel du 13 mai 1782, écrite de Cabourg.
48. Joret, *Villoison et l'hellénisme*, p. 227. Lettre du 22 mai 1782.
49. Voir la lettre à Böttiger du 3 mars 1808 où l'artiste décrit ainsi la France : « Nation plate, sans cœur, froide, maniérée... » Cf. sur ce point, Sternke, « L'archéologue Millin, modèle de l'archéologue Böttiger », p. 79-93 et p. 86.

lui-même, non seulement accréditait cette vision mais va même jusqu'à soutenir dans une lettre que les « Allemands nous [= les Français] surpassent en délicatesse, en grâce et en finesse ». Au demeurant, chez Herder, le rejet de la langue française et des Français devait être d'autant plus virulent qu'à ses yeux le sentiment national reposait sur l'enracinement linguistique des peuples [50].

En revanche, le nom de Wieland revient quasiment dans toutes les lettres et, toujours précédé du superlatif « l'immortel », M. Wieland. Dans une lettre à Knebel, il ajoute qu'il « aime l'écrivain autant qu'il l'admire » et il manifeste sans doute là le fonds de sa pensée. Certes, la profonde estime que la duchesse portait à Wieland ne pouvait qu'engager Villoison à courtiser le grand écrivain, dont *L'Histoire d'Agathon* fut le premier roman en langue allemande à être traduit en français. Mais l'helléniste, toujours dominant en lui, respectait en Wieland le savant qui, marque-t-il à Knebel, « sait son Lucien et son Platon par cœur et qui possède le grec comme sa langue maternelle [51] ». Dans une lettre à la duchesse, non datée, mais qui doit être postérieure à son départ de Weimar, il fait l'apologie d'un ouvrage du « Lucien de l'Allemagne » ainsi que le surnomme Aubin-Louis Millin dans une lettre au publiciste et antiquaire Karl-August Böttiger (1760-1835), qui dirigea le gymnase de Weimar de 1791 à 1804. Il s'agit du livre intitulé *Les Grâces*, « plein d'atticisme et qui aurait fait honneur à la Grèce dans les beaux jours de Périclès [52] ». Précisons, toutefois, qu'il s'agit de la traduction en français et non du texte original. Il est d'autant plus regrettable que Villoison n'ait jamais fait l'effort d'apprendre l'allemand que Wieland, estime Madame de Staël, « a donné, dans les vers, à sa langue féconde, mais rude, une flexibilité musicale et gracieuse [53] ». Pour preuve de la profondeur des sentiments qu'il portait à Wieland, Villoison lui dédia une lettre de ses *Epistolae Vinariensis* (*infra*).

De son côté, celui-ci porta d'emblée un jugement très positif sur l'helléniste :

> « Ce Villoison est un vrai prodige de philologie, de connaissances linguistiques, de lecture, de littérature grecque, orientale et italienne, avec cela un des hommes les plus vifs que j'aie vus, très accommodant, gai et enjoué, sans un trait du visage qui puisse seulement faire supposer qu'il a sué et gelé pendant trois ans et demi dans une bibliothèque de Venise, occupé à copier de vieux commentateurs d'Homère et à faire des extraits de manuscrits grecs, hébreux et arabes [54]. »

50. Grosser, « Les voyageurs allemands en France », p. 234.
51. BnF, *Suppl. grec 943. Correspondance de Villoison*. Lettres à Knebel. f. 114.
52. *Briefe an Boettiger*, f. 44. Villoison laisse penser à tort qu'il entendait un peu l'allemand car il déprécie, dans une lettre du 9 juillet 1784, « les œuvres dures, rocailleuses de Klopstock ». Il s'agit de Friedrich-Gottlieb (1724-1803), poète allemand, considéré par Madame de Staël comme « le patriarche de la littérature allemande », cf. *De l'Allemagne*, t. i, p. 177-182 et p. 182.
53. Madame de Staël, *De l'Allemagne*, t. i, chap. iv, p. 173-175 et p. 175.
54. Joret, *Villoison et l'hellénisme*, p. 221, lettre à Gleim du 15 mai 1782.

Wieland poursuivit son commerce avec Villoison longtemps après le départ de « l'enquêteur d'Homère[55] » et lorsque son amie Sophie de la Roche songea à se rendre à Paris, il lui recommanda de rencontrer son ami français.

Répandre les Lumières : Villoison pédagogue

En revanche, seul un tempérament aussi enthousiaste, ardent et primesautier que Villoison pouvait inspirer à une souveraine le désir d'apprendre le grec. Certes, Anna-Amalia avait peut-être initialement accepté cette proposition dans un mouvement où la condescendance le disputait à la curiosité. Mais très vite, la sagace duchesse se piqua au jeu comme le dévoilent ses lettres à Knebel[56] et la correspondance avec Villoison. Dans une lettre non datée, mais qui doit se situer en 1783-1784, à son retour à Paris, Villoison congratule sa royale élève : « Je félicite Votre Altesse des progrès qu'elle fait dans le grec et l'exhorte à prendre M. Schütz [Christian-Gottfried Schütz, éditeur d'Eschyle et d'Aristophane, 1747-1832] ou, à son défaut, M. Weber [pasteur à Iéna, éminent Orientaliste], savant de premier mérite pour s'y perfectionner[57]. » Une lettre, écrite à son retour à Paris, révèle que l'avancement de la duchesse lui permettait alors de se lancer dans la lecture d'Aristophane, choix désapprouvé par Villoison, qui dévoile dans cette lettre sa profonde et subtile connaissance de l'œuvre du comique athénien[58] : « Je suis ravi de voir que Votre Altesse cultive toujours le grec, dont Aristophane est bien propre à la dégoûter par ses difficultés souvent insurmontables, et toujours intraduisibles ; c'est le dernier auteur dont je conseillerais la lecture, qui suppose beaucoup de connaissances du gouvernement, du barreau et de la vie privée des Athéniens. Ce poète fait allusion à beaucoup d'anecdotes ignorées, à plusieurs vers et tragédies perdus d'Euripide, d'Eschyle, notamment dans sa farce ingénieuse des *Grenouilles*. Le *Plutus* et les *Nuées* auraient été plus faciles, et le plan des *Oiseaux* rappelle la découverte de M. de Mongolfier. » Villoison ne déploya pas tant d'efforts en vain. Outre, le don d'un portrait gravé, d'une montre, présent accueilli avec transport, Anna-Amalia gratifia Villoison d'une faveur qui lui permettrait de continuer à vivre dans la mémoire des hommes par delà les années et commanda au sculpteur de la cour, Klauer, le buste de l'helléniste. La lettre où Villoison aborde ce sujet, en dépit de la modestie ostentatoire du ton, laisse percer sa jubilation : « Votre Altesse exige donc que je fasse à l'obéis-

55. Cette expression dédaigneuse figure dans une lettre d'August von Kalb auf Kalbsrieth, président de la chambre, c'est-à-dire ministre des Finances qui, rappelle Jean Delinière, fut congédié en 1782, s'étant enrichi au dépens du trésor public ! Sur sa lettre à Knebel du 24 juin 1782, cf. Joret, *Villoison et l'hellénisme*, p. 220-221.

56. Joret, *Villoison et l'hellénisme,* p. 223 : « Depuis que Villoison est ici, je me suis mise au grec. Me voici en état de lire et de comprendre sept odes d'Anacréon : je suis aussi une princesse pleine de génie. Qu'en dites-vous, Knebel ? Si vous étiez ici, nous parlerions la langue des dieux. Cette occupation du reste me cause un plaisir infini et me fait passer bien des heures agréables. »

57. *Briefe an Boettiger*, f° 44.

58. *Briefe an Boettiger*, f° 45.

sance le sacrifice de mon amour-propre et que je donne ma tête au sculpteur pour qu'il éternise ma laideur. Votre Altesse conviendra qu'il y a de ma part du courage et de l'héroïsme à me laisser sculpter[59]. » Dans un message à son ami Morelli, Villoison précise que, pour ce buste, il « a posé sans perruque et frisé en rond comme un abbé[60] ». En outre, Charles-Auguste fit installer cette œuvre, insigne honneur, dans la bibliothèque ducale de Weimar où elle figure toujours (fig. 6)[61]. Naturellement, Villoison s'empressa de composer une épigraphe pour ce portrait. Il en donne la primeur à la duchesse dans une lettre qui se situe peut-être vers juillet 1782 : « Ô buste trop heureux, si on daigne t'honorer d'un regard favorable, va te placer et rester à jamais dans l'endroit où j'ai laissé mon cœur[62]. » Que ce soit pour la montre offerte par la duchesse ou pour le buste de Klauer, Villoison sollicita l'entremise de la duchesse pour engager « son [mon] immortel ami M. Wieland à publier dans le Mercure allemand les vers qu'il avait composés », assurant ainsi un large retentissement aux faveurs dont il avait été l'objet mais démontrant également que son séjour en Allemagne n'obéissait pas seulement à des ambitions frivoles et mondaines.

Les enjeux de la correspondance. La *peregrinatio academica*

Un des buts de Villoison en arrivant en Allemagne était en effet de réactiver et/ou d'élargir ses relations au sein de la communauté savante, fidèle en cela à la *peregrinatio academica*, pratique courante en Europe au XVIIIe siècle, pour les étudiants et les savants. Durant son séjour à la cour ducale, Villoison se rendit à Leipzig qui était à ses yeux « l'Alexandrie de l'Allemagne » puis à Iéna. Dans cette ville « savante et délicieuse », réputée pour son université fondée en 1558, il fit la connaissance de Schütz (*supra*), de l'Orientaliste Döderlin. Une des lettres les plus instructives de la correspondance, rédigée d'Eisenach, relate la visite faite par Villoison à son « ancien ami, M. Stroth, recteur illustre du gymnase à Gotha » et la soirée passée chez ce dernier. Villoison, avec beaucoup d'alacrité au demeurant, brocarde l'échange, bon enfant, de marques de tendresse entre fiancés et d'accolades entre convives ou encore l'usage de marque-places, pratique, alors, inconnue à Paris : « En se mettant à table, j'ai cru qu'on allait nous faire tirer à la milice : le billet et le nom de chacun étaient sur son assiette[63] ! » Or, à cette date, en Allemagne, les barrières entre l'aristocratie et la bourgeoisie étaient infiniment plus tranchées qu'en France. Mais, au-delà de la critique d'un code sociétal en vigueur dans un milieu qui lui était étranger, Villoison introduit une subtile

59. *Briefe an Boettiger*, f° 41.
60. JORET, *Villoison et l'hellénisme*, p. 226, lettre du 1er août 1782.
61. Sur les œuvres de Klauer à Weimar, DELINIÈRE, *Weimar*, p. 102-104.
62. *Briefe an Boettiger*, f° 50.
63. *Briefe an Boettiger*, f° 43 : « À Gotha, c'est l'usage, du moins chez le recteur du gymnase illustre, j'ignore si c'est de même dans les autres maisons, de s'embrasser à souper alternativement à la ronde ; j'ai été forcé quoiqu'étranger, pour me conformer aux bons usages du pays, d'embrasser au moins dix fois mes deux voisines : tous les convives en faisaient autant, chacun avec sa chacune. »

dichotomie entre érudition et galanterie : « Ce souper, poursuit-il, quoique chez un recteur, un savant, mais cependant homme d'esprit et aimable, a été fort agréable. » Or, alors même qu'« il s'est voué entièrement aux Muses grecques », sa vie durant, Villoison ne craignait pas d'affirmer dans une lettre : « Ce n'est pas que j'attache la moindre prétention à mes ouvrages. Je jouis d'un bien honnête et n'ai besoin de personne. Je cultive les lettres uniquement pour mon amusement[64]. » Cette pratique désintéressée des disciplines de l'esprit (l'*otium*) reflète un idéal aristocratique auquel adhérait sans réserve le comte de Caylus. Au demeurant, si l'on en croit le témoignage de ses contemporains, parfois empreint de malveillance, il est vrai, l'allure, les manières de Villoison pouvaient s'écarter radicalement du bon ton et des règles de civilité en usage dans le monde galant[65]. Peut-être, en raison de sa position éminente au sein de la République lettrée, se croyait-il affranchi du respect de ces codes ? Il est difficile de trancher la question. Quoi qu'il en soit, toute la vie et l'œuvre de Villoison paraissent pétries de ces tiraillements entre des aspirations, parfois, contradictoires. Au demeurant, l'évocation de ses travaux personnels constitue un des aspects les plus passionnants de sa correspondance avec Anna-Amalia.

Les travaux de Villoison : un érudit visionnaire

À l'époque de son séjour en Allemagne, Villoison continuait à bénéficier du versement de la pension de 2000 écus que le roi, en véritable protecteur du monde des arts et des lettres, lui avait octroyé lors de son voyage en Italie de 1778 à 1782. En effet, il avait su vanter auprès du comte de Vergennes, alors ministre des Affaires étrangères, l'intérêt d'une mission visant à explorer les bibliothèques allemandes et à en exploiter les richesses. Or, la « riche et importante bibliothèque ducale », suivant les termes de Villoison, comptait plus de 60 000 volumes. Villoison résuma le fruit de ses investigations à Weimar et à l'université de Iéna dans un ouvrage intitulé *Epistolae vinarienses*, conçu sous la forme de trois lettres, paru en 1783, dans un volume in-4° de 120 pages, imprimé à Zurich. Dans la première lettre, il consigna les notes et corrections sur le texte des *Dionysiaques* qu'il avait exhumées

64. Joret, *Villoison et l'hellénisme*, p. 181. Lettre du 1er juin 1780 à David Ruhnken (1723-1798), professeur de grec à l'université de Leyde, ami de Kant.

65. Böttiger ne rencontra pas Villoison lors du séjour de ce dernier à Weimar, mais il écrit qu'« il négligeait son costume et son linge et puait comme une huppe » (!) (Joret, *Villoison et l'hellénisme*, p. 221, n. 2). Sur l'importance de Böttiger dans la vie culturelle allemande, cf. Sternke, « L'archéologue Millin, modèle de l'archéologue Böttiger », p. 79-91. De son côté, Charles-Auguste épingle la désinvolture de l'helléniste, confinant à la goujaterie dans une lettre à Knebel du 11 juin 1782, *in* Joret, *Villoison et l'hellénisme*, p. 222 : « Villoison reste ici, à ce que j'apprends, jusqu'à la Saint-Michel ; il se conduit parfois d'une drôle de façon. Avant-hier il était avec nous, à Erfurt, à la fête du Saint-Sacrement, où force nobles se trouvaient. L'après-midi la garnison de Mayence a tiré sous les fenêtres du palais du gouvernement ; tu peux te faire une idée du tapage ; mais Villoison, dont les nerfs de critique et de bibliothécaire sont également émoussés contre les impressions délicates et grossières, s'est tout bonnement assis dans l'embrasure d'une fenêtre ; là, il s'est endormi et s'est mis à ronfler au milieu des détonations, aussi tranquillement que s'il eût été couché dans son lit. »

dans un exemplaire in-8° de l'édition parue à Francfort en 1605. Dans la troisième lettre à la duchesse, non datée mais qui doit prendre place vers le milieu de l'année 1782, il dégage bien la spécificité et l'intérêt profond du texte de Nonnos. « Ce dernier », estime-t-il, « a écrit avec une audace plutôt dithyrambique, qui paraît toujours possédé de la fureur des Bacchantes, et plein du dieu du vin qu'il chante, mais qui, malgré ses défauts de goût et son enflure, étincelle de grandes beautés, et contient des faits fort importants pour la mythologie et la connaissance de l'Antiquité, ce qui le rend plus précieux aux savants qu'aux littérateurs ». Sacrifiant à la stratégie de la *captatio benevolentiae*[66], il dédia cette étude à la duchesse, justifiant son envoi dans une envolée lyrique :

> « Votre Altesse est née comme ce dieu, parmi les foudres de la guerre, élevée à l'ombre domestique des lauriers qui ceignent la tête des vainqueurs, elle n'a vu que des triomphes dans le palais de ses pères, et de quel côté qu'elle y portât ses regards, soit sur ses ancêtres, soit sur ses frères, ou sur son oncle, les héros de Brünswick, ou sur l'autre oncle qui est tout à la fois l'Achille, l'Homère, le Solon et le roi de la Prusse, l'image de la victoire s'est toujours présentée à ses yeux[67]. »

Dacier, dans sa notice biographique, ne manqua pas de tourner en dérision cette initiative et les termes du panygérique : « On fut un peu étonné de voir dans le XVIIIe siècle, un Français, adresser comme un hommage flatteur à une jeune princesse... une longue épître latine, remplie de textes, de citations, de discussions antiques et consacrée toute entière à l'examen des Dionysiaques... dont l'objet ne lui était pas moins étranger que la langue[68]... » Sur ce dernier point, nous l'avons vu, il avait tort. La deuxième lettre était adressée à Wieland et contenait des variantes précieuses sur l'*Odyssée* trouvées dans les marges d'un exemplaire d'une édition de 1524. La troisième lettre était dédiée au duc régnant « sous l'ombre duquel sont nées ces réflexions philologiques », marque-t-il à la duchesse dans une lettre où il n'hésite pas à comparer le duc à un « nouvel Auguste » et lui-même à Virgile !

Dans sa correspondance avec Anna-Amalia, Villoison fait allusion à trois autres ouvrages, *Anecdota graeca*, dans lequel de manière visionnaire, il ramenait l'attention sur les auteurs byzantins notamment l'*Iônia*, une compilation d'antiquités datant du XIe siècle, transmise sous le nom de l'impératrice Eudoxie, une édition commentée de l'*Iliade* et celle d'une partie de la Bible grecque. « L'ensemble », juge Georges Tolias, « démontre dans tout leur éclat l'étendue de son érudition mais aussi les vastes possibilités de sa critique savante et de son art souvent unique de traiter des textes[69] ». Les lettres roulent à plusieurs reprises sur le différend qui opposa Villoison

66. Sur cette notion, cf. E. CHAPRON, *L'Europe à Nîmes : les carnets de Jean-François Séguier (1732-1783)*, Avignon, 2008, p. 17.
67. *Briefe an Boettiger*, f° 50.
68. DACIER, « Notice historique », p. 17.
69. TOLIAS, *La médaille et la rouille*, p. 127. Le titre complet était *Homeri Ilias ad veteris codicis Veneti fidem recensita. Scholia in eam antiquissima, ex eodem codice aliisque nunc primum edidit cum asteris-*

au libraire de Gotha, Ettinger, qui avait pris les *Anecdota graeca* en dépôt et refusait de régler la totalité de la somme due aux imprimeurs vénitiens, les frères Coletti installés « à côté du pont San Moïse » précise-t-il à Oberlin. Son ami, M. Stroth, « n'ayant pas eu la force en main pour réparer cette terrible injustice », Villoison en appela judicieusement à la souveraine dans une lettre du 6 mars 1783 « la suppliant de faire terminer cette affaire qui est une injustice cruelle ».

Dans une lettre du 9 juillet 1784, Villoison évoque la rédaction de l'ouvrage dans lequel il étudiait le *Marcianus gr. 254* dit *Venetiis A* de l'*Iliade*, manuscrit du xe siècle, accompagné d'abondantes scholies qui, du reste, contrairement aux assertions de Villoison, était connu depuis le xviie siècle. « Votre Altesse », s'avance-t-il imprudemment, « recevra bientôt mon Homère dont l'édition avance fort à Venise sous les yeux des savants correcteurs qui envoyeront aussi deux exemplaires de ma part à M. Wieland. Le tribut de l'Homère lui est bien dû[70] ». Avec une légèreté inconcevable chez un érudit de sa force, Villoison avait donc préféré accepter l'invitation du duc de Saxe-Weimar plutôt que de se consacrer à la surveillance des épreuves de son *Homère*! De fait, l'impression de l'ensemble tarda beaucoup et le livre ne parut qu'en 1788. Quoi qu'il en soit, cette édition qui éclipsait tous les travaux antérieurs, « véritable Homerus variorum antiquorum » aux yeux de Mgr de Saint-Simon, qui reprenait là une expression employée par Villoison dans une lettre à Oberlin, suscita une admiration unanime dans l'Europe savante. En revanche, les interminables Prolégomènes furent assimilés à de la compilation verbeuse, « une mer d'érudition », déplore Chardon de la Rochette, « dans laquelle on court le risque de se noyer parce qu'on y vogue sans boussole faute d'Index[71] ». Pourtant, Villoison y développait des réflexions très fouillées sur l'histoire de la langue grecque mais suivant sa fâcheuse habitude, tous ces précieux matériaux n'étaient pas hiérarchisés et voisinaient pêle-mêle avec une foule d'anecdotes. En même temps qu'il anticipait la parution de son étude de l'*Iliade*, Villoison annonçait celle de la Bible grecque. Le 7 avril 1785, il revient sur le sujet : « J'espère que Votre Altesse aura reçu ma Bible grecque [imprimée en 1784 à Strasbourg] où j'ai rendu justice à l'université d'Iéna[72]. » Le recueil regroupait des fragments des livres de l'Ecclésiaste, du Cantique des Cantiques, du Livre de Daniel, du Pentateuque. Comme le souligne Mgr de Saint-Simon, cette « nouvelle Bible grecque faite par des Juifs savants pour l'usage de leur synagogue, était toute différente de celle des Septante d'Aquila[73] ». En revanche, la dernière œuvre d'érudition signalée dans une lettre à la duchesse est le fruit d'une

cis, obeliscis, aliisque signis criticis, Venise, 1788 (l'ouvrage totalisait 60 pages pour les prolégomènes, 120 pour le texte et 532 pour les scholies !).

70. *Briefe an Boettiger*, f° 48, lettre du 9 juillet 1784.
71. Chardon de la Rochette, *Notice*, p. 45-46.
72. *Briefe an Boettiger*, f° 48. Villoison avait en effet découvert dans la bibliothèque d'Iéna des corrections à *Les Travaux et les Jours*.
73. Azema, Saint-Simon, *Lettres à Jean-François Séguier*, p. 183, lettre du 23 juillet 1784.

indélicatesse de la part de Villoison, un « délit littéraire », suivant les mots mêmes de celui qui en fut la victime[74].

Résumons les faits. Le 19 avril 1784, Villoison annonce à Anna-Amalia : « Votre Altesse recevra sous peu une lettre que j'ai pris la peine de lui écrire et qui est jointe à un exemplaire de l'ouvrage de M. le baron de Sainte-Croix sur les mystères des Anciens. Je me suis empressé de lui faire l'hommage d'un ouvrage où il est parlé de Weimar à chaque page. » Or, durant un de ses séjours à l'étranger, Guillaume-Emmanuel-Joseph-Guilhem de Clermont-Lodève (1746-1809) (fig. 7), l'auteur des *Examens critiques des anciens historiens d'Alexandre* avait chargé son ami et confrère à l'Académie des inscriptions et belles-lettres – le baron avait été élu membre étranger associé en 1777 – de veiller à l'impression de son ouvrage intitulé *Mémoires pour servir à l'histoire de la religion récente des Anciens ou Recherches historiques sur les mystères du paganisme*[75]. Hélas, négligeant les devoirs incombant à un éditeur et les obligations dictées par la délicatesse vis à vis de celui qu'il décrit comme « un ami intime » dans une lettre à Oberlin de 1774, Villoison ne put résister, avec la désinvolture qui constitue un des traits les plus déplaisants de son caractère, à « retoucher le texte, y faire des coupures, des interpolations, semer dans les notes et surtout dans les éclaircissements une érudition qui paraîtra un peu verbeuse. Le nom de Villoison se lit en cent endroits du texte », tempête Chardon[76]. Enfin, comble de malhonnêteté intellectuelle, l'helléniste inséra au beau milieu du livre, écrit en français, une dissertation latine où il « tâchait de déposer ses vrais sentiments pour l'Allemagne » mais où il soutenait, qui plus est, des thèses opposées à celles défendues par Sainte-Croix ! L'année suivante, en 1785, le baron adressa au *Journal des Savants*, une lettre mordante dans laquelle il protestait contre ce mauvais procédé mais Villoison n'en eut cure car, à cette date, il était déjà passé en Grèce.

Un membre de l'école française de Constantinople

Ce périple fait l'objet de plusieurs lettres à la duchesse et constitue un des thèmes les plus riches de cette correspondance, tout en abordant un autre genre littéraire, le journal de voyage. Villoison nourrissait ce projet depuis plusieurs années et il en entretenait régulièrement Michel Hennin, premier commis au ministère des Affaires étrangères, se vantant de posséder « les compétences éprouvées pour cette entreprise » à la différence de deux de ses prédécesseurs, « l'abbé Fourmont qui ignorait le grec » et « Sévin qui est resté tranquillement à Constantinople, faisant faire ses recherches par

74. BnF. *Ms all.* 201. *Correspondance d'Oberlin.* Voir lettre de Sainte-Croix du 14 juillet 1787 : « M. de Villoison a passé un mois chez moi à son retour de Grèce. J'ai bien voulu recevoir ses excuses sur le délit littéraire qu'il avait commis à son égard. Il a avoué tous ses torts et a fait de grandes protestations sur lesquelles, je le dis entre nous, je ne compte guère... »

75. Sur Sainte-Croix, cf. S. Montecalvo, « Sainte-Croix et les sources pour l'étude du monde grec », *in* Cavalier, *La Grèce des Provençaux*, p. 38-45. Cette universitaire italienne prépare une monographie sur Sainte-Croix.

76. Chardon de la Rochette, *Notice*, p. 44-45.

des courtisans ou des négociants dénués de tout savoir[77] (!) ». Pourtant, dès 1778, Villoison remit sans cesse son départ. Or cette entreprise servait la gloire du roi et travaillait au rayonnement de la France. Michel Hennin s'employa donc à ranimer le zèle de l'helléniste[78]. À nouveau « plein d'ardeur », Villoison se proposait « de s'enfoncer dans les bibliothèques du Mont Athos » et d'en rapporter de précieux manuscrits pour les collections royales, pronostiquait-il dans une lettre à Oberlin. De même, une lettre à la duchesse de juillet 1782 prouve que ce projet prenait forme dans l'esprit du philologue : « Votre Altesse a bien voulu me permettre de lui dédier quelques-uns des ouvrages que je trouverais au mont Athos. Je n'y vais qu'au printemps qui vient. » Tablant non sans présomption sur le succès de ses investigations, il poursuit : « En attendant ma moisson littéraire sur cette sainte montagne, je me permets de lui dédier quelques notes[79] [les *Dionysiaques* de Nonnos]. »

En 1783, notre savant obtint du roi une allocation de voyage substantielle qui se montait à 14 000 livres, générosité démontrant, si besoin était, les réels espoirs fondés sur l'expédition villoisonnesque. Le fringant helléniste recueillit en outre des lettres pour les consuls dans le Levant de la part du marquis de Castries, ministre de la Marine, et une recommandation auprès du comte de Saint-Priest, ambassadeur à la Porte. Pourtant, une lettre à Anna-Amalia du 1er juin 1783 révèle qu'une fois encore son départ avait été ajourné en raison du risque de conflit entre la Porte et la Russie occasionné par la pression russe en mer Noire, troubles dont Villoison grossissait à l'envi les risques[80] :

> « Enfin, je suis débarrassé du poids du mont Athos et délivré des inquiétudes qu'il me causait. J'ai prié le Ministère qui l'avait fort à cœur de m'en dispenser, et j'ai remis au Roi l'argent que j'en avais reçu pour cette entreprise très périlleuse à la veille d'une guerre presque inévitable, ou du moins de troubles, de séditions, de révoltes dans l'empire ottoman qui court à sa perte. Tous mes amis m'ont engagé à prendre ce parti, et j'espère que votre Altesse Sérénissime l'approuvera ; qu'aurais-je fait seul entre trois armées, exposé à la perfidie des Grecs, à la barbarie des Russes, et à la fureur des Turcs, qui peuvent chercher à se réfugier dans les vingt-deux monastères et forteresses du mont Athos… »

À travers ces lignes notons que se décèlent déjà des sentiments très ambivalents vis à vis des Grecs modernes. Toutefois, le 8 janvier 1784, le sultan reconnut l'annexion de la Crimée par la signature du traité d'Aynalï-Kavak[81]. Pour autant, Villoison ne se décida pas à rallier la Grèce. Il n'y consentit que dans des conditions fort avantageuses et prestigieuses

77. Joret, *Villoison et l'hellénisme*, p. 258 (lettre à Hennin du 29 juillet 1778). Sur l'importance réelle de la mission des deux Jésuites, exécutée entre 1728 et 1732, cf. H. Omont, *Missions archéologiques françaises en Orient aux* XVIIe *et* XVIIIe *siècles*, t. I-II, Paris, 1902.
78. Sur ce point, cf. Joret, *Villoison et l'hellénisme*, p. 256-264.
79. *Briefe an Boettiger*, f° 50.
80. *Briefe an Boettiger*, f° 44.
81. Sur ce point, cf. R. Mantran (dir.), *Histoire de l'empire ottoman*, Paris, 1989, p. 424-425.

pour lui, démontrant une fois de plus, si besoin était, l'opportunisme de l'helléniste. Une lettre à la duchesse du 4 avril 1784 livre les clés de son revirement[82] :

> « Au commencement de juin, je pars avec le comte de Choiseul-Gouffier, notre savant confrère à l'Académie, et nouvel ambassadeur pour Constantinople, où je passerai l'hiver chez lui. Il tâchera de me lier étroitement avec le Patriarche des Grecs, me donnera un moine même du mont Athos pour me conduire dans ce labyrinthe monacal, des janissaires, etc. ; de là, je parcourrai toute la Grèce, nous séjournerons en allant à Naples, Palerme..., dans les différentes îles de l'Archipel... »

Nous ignorons à quelle date et dans quelles circonstances exactes Villoison entra en relation avec Choiseul mais il avait sollicité par l'intermédiaire du comte de Vergennes la faveur de faire partie de l'escorte qui accompagnait le nouvel ambassadeur auprès de la Porte. Le 9 juillet 1784, Villoison revient sur le sujet et vante les qualités de son protecteur[83] :

> « Je lui donnerai des nouvelles de la Grèce, que je vais parcourir avec un ambassadeur, un savant et un artiste, qui l'a déjà vue et l'a peinte en homme de génie. Il y a dans son Voyage pittoresque qu'a Mme la Duchesse régnante, un morceau de notre confrère M. l'abbé Barthélemy, qui est aussi agréable que le Temple de Cnide et qui est écrit avec plus de sagesse et de correction de goût, et sans aucun concetti. C'est une Description des fêtes de Délos. J'exhorte Votre Altesse à la lire, elle y trouvera un peu de cette fraîcheur, de ce moelleux qui embellit les grâces de M. Wieland. »

Marie-Gabriel-Auguste-Florent de Choiseul-Gouffier (1752-1817) (fig. 8), fut, souligne Numa Broc, « le véritable artisan du renouveau des études helléniques en France[84] ». *Le Voyage pittoresque de la Grèce* dont le premier tome parut en 1782, le second, première partie en 1809 et le second, deuxième partie, à titre posthume, en 1822, représente en effet le modèle du voyage encyclopédique et antiquisant et résume les trouvailles accomplies par Choiseul et ses collaborateurs, « l'école de Constantinople » suivant Numa Broc. L'abbé Jean-Jacques Barthélemy (1716-1795) reprit la dissertation sur les danses grecques, évoquée dans cette lettre, dans le *Voyage du jeune Anacharsis.* Cet ouvrage dont la première édition date de 1788 demeure, rappelle A. Michel, un des derniers voyages imaginaires de la Grèce[85]. Naturellement, Villoison avait largement diffusé la nouvelle de son voyage auprès des membres de son réseau et tous les amoureux de

82. *Briefe an Boettiger*, f° 47.
83. *Briefe an Boettiger*, f° 48.
84. N. Broc, *La Géographie des philosophes. Géographes et voyageurs français au XVIIIe siècle*, Lille, 1972, p. 362.
85. A. Michel, « Le voyage du jeune Anacharsis ou la découverte du bonheur », *in* J. Pigeaud, J.-P. Barbe, *La Redécouverte de la Grèce et de l'Égypte au XVIIIe siècle et au début du XIXe siècle*, Entretiens de la Garenne Lemot, Actes du colloque du 18 au 25 mai 1995, Paris-Nantes, 1997, p. 9-16 et p. 14. Sur le voyage en Grèce de Choiseul, cf. en dernier lieu, G. Koutzakiotis, « À la recherche du royaume antique. Les investigations de Choiseul-Gouffier et de ses collaborateurs en Macédoine (1792-1797) », *O Eranistès* 25 (2005), p. 119-155 ; F. Queyrel, « Un nouveau document sur la collection Choiseul-Gouffier », *Comptes-rendus de l'Académie des inscriptions et belles-lettres*, 2007, avril-juin, p. 1143-1159.

« nos amis les Grecs » fondaient de grands espoirs sur sa mission au mont Athos. Une lettre de Mgr de Saint-Simon Sandricourt du 23 juillet 1784 résume cette attente :

> « Le Roi a chargé le Sieur de Villoison d'aller au mont Athos, visiter les vingt deux bibliothèques qu'on dit qui y sont dans vingt deux grands monastères qui n'ont jamais été pillés [*sic*]. M. de Choiseul Gouffier, nouvel ambassadeur de France à Rome, a beaucoup d'amitié pour Villoison. Ils partent l'un, et l'autre dans le présent mois de juillet pour Constantinople où ils passeront l'hiver. Il est impossible d'avoir plus d'esprit que cet ambassadeur, et d'amour pour les arts. Il a ci-devant voyagé en Grèce pour son compte, et à très grands frais. Vous connaissez sûrement la relation de son voyage… Il donne à Villoison un appartement chez lui, et sa table. De plus il lui a promis de le lier intimement avec le Patriarche de Constantinople qui a toute autorité sur les vingt deux monastères du Mont Athos. Dieu, veuille bénir cette belle entreprise. Villoison ira ensuite parcourir le reste de la Grèce. Il m'écrira, je vous ferai part de tout[86]. »

La lettre de Villoison à Anna-Amalia du 7 avril 1785, expédiée de Salonique, le montre prêt à rallier la « Montagne sacrée » : « J'ai un sac de lettres de recommandation pour ces moines et je sais d'ailleurs la manière de les prendre. J'ai déjà passé des semaines entières, logé dans les fameux couvents d'Amorgos et de Patmos près de la grotte où Saint-Jean fit son Apocalypse ; d'ailleurs, je commence à parler le grec vulgaire assez couramment[87]. » Cette lettre est la dernière où Villoison fait état de son expédition. Rétrospectivement, son silence se justifie car sa mission se solda par un cinglant échec. Pourtant, parmi « son sac de lettres de recommandation », en figurait une du métropolite Jacob. En outre, il avait acheté à prix d'argent l'accès aux vingt deux bibliothèques du mont Athos et son exceptionnelle connaissance du grec moderne aurait dû faciliter singulièrement ses échanges avec les moines. Villoison passa presque un mois du 13 avril au 7 mai, « enfermé », s'apitoye-t-il dans sa lettre à Anna-Amalia du 9 juillet 1784, « tel un Grec errant, un pauvre ermite » à compulser, suivant Joret, plusieurs milliers de manuscrits. Pourtant, à ses yeux, déplore-t-il dans une lettre à Hennin, ceux-ci ne contenaient rien d'intéressant, « uniquement des bibles…, évangiles… », jugement surprenant s'il en est[88]. Mais davantage que son manque d'acribie, il convient d'incriminer son comportement vis à vis des religieux qu'il taxait à tort d'obscurantisme et d'ignorance. En effet, rappelle G. Tolias, non seulement la plupart des monastères possédaient une bibliothèque mais les religieux se servaient de manuscrits très anciens pour le chœur. De plus, le grec ancien était enseigné à Patmos[89]. Mais bien qu'il se vantât auprès de la duchesse de « savoir prendre les moines », Choiseul jugea exactement du contraire et dans la première partie du

86. Azema, Saint-Simon, *Lettres à Jean-François Séguier*, p. 183.
87. *Briefe an Boettiger*, f° 49.
88. Joret, *Villoison et l'hellénisme*, p. 283 rétablit la vérité des faits.
89. Tolias, *La médaille et la rouille*, p. 209-210.

tome II du *Voyage pittoresque*, il stigmatise « le zèle plus ardent que bien dirigé de M. de Villoison ».

> « Cet académicien, poursuit-il, qui m'avait accompagné en 1784 à Constantinople fit, l'année suivante, un assez long séjour au mont Athos. Il s'y rendit muni de toutes les recommandations qui devaient le faire accueillir dans les monastères et lui ouvrir les portes de leurs bibliothèques. Mais il ne suffisait pas d'y porter cette même passion du travail qui lui avait valu presque au sortir de l'enfance une grande renommée : il fallait encore y joindre l'art non moins précieux de ne pas effaroucher la confiance, de ne pas laisser voir ses préventions contre les Grecs actuels jusque dans le sanctuaire de leurs croyances. Comment a-t-il pu paraître pénible au si savant helléniste de montrer quelque bienveillance pour les enfants de ceux dont les écrits faisaient les délices de sa gloire[90] ? »

La sentence est sévère mais fondée et le mépris de Villoison pour les Grecs modernes entraîna la rupture de ses liens avec Adamantios Coray (1748-1833), le grand helléniste originaire de Smyrne pour lequel il éprouvait pourtant une estime profonde[91].

Le projet de la *Relation de voyage en Grèce* et d'*Histoire de la Grèce*

Dans la lettre du 19 avril 1785 écrite de Salonique qui revêt la forme d'un journal de voyage et d'une longueur considérable, Villoison détaille les étapes de son expédition : « Depuis mon départ de Constantinople où je n'ai resté [*sic*] que sept semaines, j'ai mené une vie errante d'îles en îles. » Dans ce document, il énumère les sites visités : Smyrne, Santorin, Gallipoli, les Dardanelles. « J'ai examiné dans le plus grand détail », poursuit-il, « les îles de Tine, Mycone, la grande et la petite Délos, Paros, Naxie, Cos, Léros, Amargos, Patmos, Chios, Metelin, (l'ancienne Lesbos), Tenédos... » Cette expédition conduisit également Villoison en Attique et en Grèce du Nord et s'acheva le 13 octobre 1786. Il ne détaille pas ses trouvailles épigraphiques dans cette épître à la duchesse mais y livre des matériaux passionnants, complétant, parfois, ceux fournis dans l'article paru dans les *Mémoires de l'Académie*, sur les risques du voyage en mer, les dangers présentés par la piraterie, fléau endémique en Méditerranée. Il s'attarde particulièrement sur les difficultés matérielles de l'expédition, vantant à dessein son endurance. Un des passages les plus savoureux concerne son séjour « à la fameuse Délos » où « il manqua mourir de soif sur un tas d'inscriptions grecques »

90. Comte de Choiseul-Gouffier, *Voyage pittoresque de la Grèce*, t. II, 1re partie, Paris, 1809, p. 145.
91. Cf. Ch. Joret, « Trois lettres inédites de Villoison à Fr. A. Wolf », *Revue des études grecques* 19 (1906), p. 394-409. Voir la première lettre du 22 juillet 1790 où il évoque Coray en termes flatteurs : « C'est un des plus habiles hommes qui aient jamais existé dans la langue grecque et un des plus grands critiques. » Cf. aussi BnF, *Ms. all.* 192. Papiers de Villoison, voir lettre du 21 juin 1790 à Oberlin : « M. Coray... l'un des plus habiles hommes qui aient jamais existé dans la littérature grecque... nous prépare d'excellentes remarques sur Hippocrate dont il sera le restaurateur. » Sur l'antipathie de Coray vis-à-vis de Villoison, cf. Tolias, *La médaille et la rouille*, p. 435-436.

et devait « disputer l'eau de pluie aux corbeaux » ! Enfin, il conclut par une candide allusion à sa force d'âme face au péril : « Ma traversée, fort longue, puisqu'elle fut de 12 jours, tandis qu'il n'en faut ordinairement que trois, fut moins malheureuse ; j'en fus quitte pour de violents coups de mer et de fortes tempêtes qui me mirent souvent au moment de périr ; heureusement que la mer ne me fait ni mal, ni peur. Au plus fort de la bourrasque, j'assujettis mon carnet, et je m'amuse à rédiger mes observations, à mettre au net les inscriptions que j'ai copiées. La composition m'étourdit sur le danger[92]. » Durant cette expédition, Villoison consacra beaucoup de temps et de soin à l'étude des mœurs des Grecs modernes. Il se proposait de systématiser ces questions dans un récit de voyage. Il en informe la duchesse dans la même lettre du 7 avril 1785 : « J'avais d'abord projeté d'envoyer à Votre Altesse Sérénissime la description des pays que j'ai parcourus mais il m'aurait fallu écrire un volume in folio. Je compte y suppléer en faisant passer à Votre Altesse la relation de mon voyage que je pourrai bien publier. » Plus loin, il énumère les thèmes qu'il envisageait d'approfondir : « J'ai recueilli dans ma route une foule d'inscriptions grecques, dont plusieurs sont doriques. J'ai aussi ramassé un très grand nombre d'observations sur la langue, les mœurs, les usages, les coutumes, les études, les collèges, la religion, les superstitions, les habillements, fêtes, festins, bals, etc., des Grecs modernes, comparés avec les Anciens, ce qui répand beaucoup de jour sur l'Antiquité. J'ai étudié les Grecs chez eux, dans les îles, où ils sont seuls, et nullement altérés par le commerce des étrangers… » Hélas, cet ouvrage grandiose qui devait s'intituler *Histoire de la Grèce ancienne et moderne, comparée de tous les points de vue* demeura lettre morte. Seul, un article, réédité récemment par Étienne Famerie, avec un appareil critique exhaustif, vit le jour en 1809[93]. Au demeurant, ce projet grandiose était peut-être utopique et en outre, il aurait été très rapidement dépassé, la notion d'hellénisme comparé laissant la place au XIXe siècle à une différenciation des différentes étapes de l'histoire de la Grèce[94].

En conclusion, cette liasse de lettres, superposant deux types d'écriture, correspondance et littérature apodémique, multiplie les approches. D'un point de vue historique, ces lettres enflammées exaltant la gloire des souverains saxons livrent un témoignage de première main sur la Weimar classique, explicitant de manière concrète le rayonnement de leur cour. De plus, anticipant les travaux et l'œuvre d'Aubin-Louis Millin (1759-1818), germanophile averti et inlassable passeur de la science germanique, cette correspondance témoigne de liens intellectuels étroits entre l'Allemagne et

92. *Briefe an Boettiger*, f° 48.
93. J.B. d'Ansse de Villoison, « Mémoires sur quelques inscriptions inconnues ou publiées inexactement. Extrait de la relation du voyage littéraire fait dans le Levant », *Mémoires de l'Académie des inscriptions et belles-lettres*, Paris, 1809, p. 283-344. Ce gros article a été réédité avec un appareil critique considérable par Famerie, *De l'Hellade à la Grèce*, p. 123-181. Voir aussi l'analyse de Tolias, *La médaille et la rouille*, p. 131-136 et p. 203-210.
94. Tolias, *La médaille et la rouille*, p. 493, sur la naissance de l'historisme grec.

la France à l'aube de la Révolution. Au second niveau de lecture, cet ensemble s'insère de manière déterminante dans la construction de la carrière académique de Villoison, et donne à voir « la fabrique du lieu savant[95] ». De ce point de vue, ces lettres démontrent de manière impitoyable que l'appétit de gloire de Villoison a entravé l'aboutissement de maints travaux et nui de son vivant à sa réputation. Le constat s'avère d'autant plus navrant que Villoison, nous l'avons vu, a véritablement dominé le champ de sa discipline. Enfin, les lettres débusquent les faiblesses de l'homme derrière le philologue de génie, son désarmant égotisme, et plus encore son « amour-propre et sa vanité déréglés[96] ». Wieland avait bien pris la mesure de son ami français. Dans une lettre à l'écrivain Sophie de la Roche, le « Voltaire allemand[97] » en brosse un portrait désopilant :

> « Notre merveilleux ami Villoison a dernièrement adressé au duc régnant, une lettre de trois grandes feuilles in-folio, uniquement remplies des remarques qu'il a faites dans son voyage et pendant son séjour à Péra et à Constantinople. Cet homme étrange a aperçu et noté tout ce que tout le monde avait vu avant lui et ce que nous avons lu dans toutes les descriptions de voyage. En ce moment il part pour le mont Athos, afin de voir si, dans les bibliothèques moisies des monastères dont est couverte cette montagne, il n'y aurait pas moyen de découvrir de quoi dédier, comme ses notes sur Nonnos, à quelque princesse d'en deçà ou d'au-delà de l'Hellespont. Malgré tout, c'est une bonne âme que ce Villoison ; je connais peu d'hommes plus heureux qu'il ne l'est, grâce au nuage enchanté qui, constamment, lui fait voir toutes choses et lui-même sous la forme la plus agréable ou du moins sous une forme qui lui plait ; avec cela il est doux comme un agneau, et par-dessus tout grec jusqu'aux dents [en français dans le texte][98]. »

95. Chapron, *L'Europe à Nîmes*, p. 23.

96. Ce jugement est émis par Sainte-Croix dans une lettre du 3 brumaire an 8 au Président de Saint-Vincens, BnF *Nouv. Acq. Fr.* 1893. Papiers de Sainte-Croix. Lettres au Président de Saint-Vincens : « Je suis accoutumé à toutes les extravagances que lui font faire sa vanité et son amour-propre déréglés et j'y mets très peu d'importance… »

97. G. Espagne, « De Wieland à de Villers : le *Magasin encyclopédique* entre sensualisme et préromantisme », *in* Espagne, Savoy (éd.), *Aubin-Louis Millin et l'Allemagne*, p. 233-252, rappelle p. 236, n. 22 : « Il est arrivé à Wieland de s'irriter de cette comparaison, récurrente dans certains milieux, y compris en Allemagne, avec Voltaire. »

98. Joret, *« Villoison à Weimar »*, p. 373.

Figure 1. – Jules-Léopold Boilly (d'après) (1796-1874), Portrait gravé de Villoison, in Ch. Joret, *D'Ansse de Villoison et l'hellénisme en France pendant le dernier tiers du XVIIIe siècle,* Paris, 1910, frontispice. Photo Alban Rudelin, Musée Calvet.

Figure 2. – Cazes fils (Jacques-Nicolas ou Pierre-Michel ?), actif au xviiie siècle, *Portrait de Madame Louis Chénier (1729-1808) en costume grec,* huile sur toile, Carcassonne, Musée des Beaux-Arts, inv. 892.2.212.
Photo musée des Beaux-Arts de Carcassonne.

Figure 3. – Johann-Georg Ziesenis (1716-1776), *Portrait de la duchesse Anna-Amalia, duchesse de Saxe-Weimar, princesse de Braunschweig-Wolfenbüttel (1739-1807)*, huile sur toile, vers 1769, Weimar, Klassik Stiftung, Herzogin Anna Amalia Bibliothek, inv. KGe/00301. Cliché Photothèque Klassik Stiftung Weimar, Herzogin Anna-Amalia Bibliothek.

Figure 4. – Georg-Melchior Kraus (1737-1806), *Soirée chez Anna-Amalia (La Table ronde : Johann-Heinrich Meyer, Baronne Henriette Fritsch, Johann-Wolfgang von Goethe, Friedrich von Einsiedel, Elisa Gore, Charles Gore, Emily Gore, Luise von Goechhausen, Johann-Gottfried Herder),* aquarelle, papier et encre noire, vers 1795, Klassik Stiftung Weimar, Herzogin Anna-Amalia Bibliothek, inv. KHz/00330. Cliché Photothèque Klassik Stiftung Weimar, Herzogin Anna-Amalia Bibliothek.

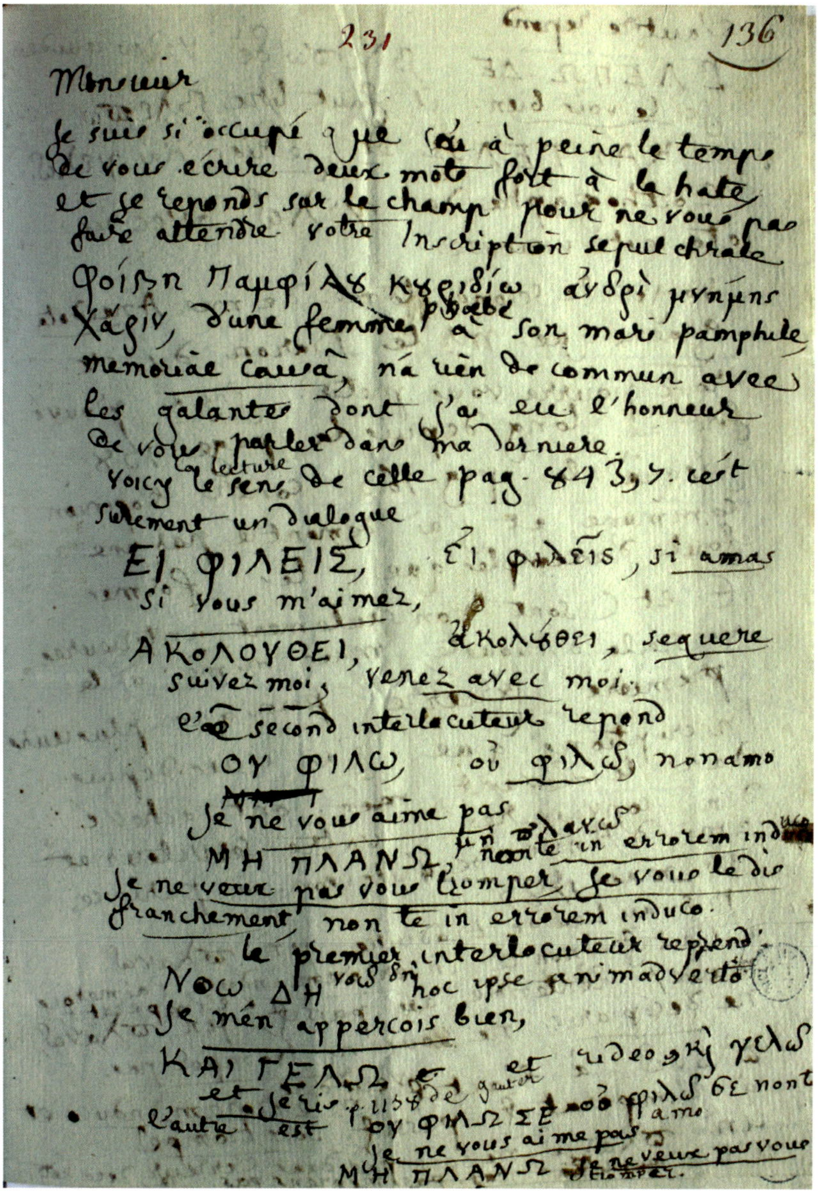
231
136
Monsieur
Je suis si occupé que j'ai à peine le temps
de vous écrire deux mots fort à la hate
et je reponds sur le champ pour ne vous pas
faire attendre votre Inscription sepulchrale
Φοίβη Παμφίλῳ κυριδίῳ ἀνδρὶ μνήμης
χάριν, d'une femme Phoebe à son mari pamphile
memoriae caussa, n'a rien de commun avec
les galantes dont j'ai eu l'honneur
de vous parler dans ma derniere.
voicy la lecture le sens de cette pag. 843, 7. c'est
surement un dialogue
ΕΙ ΦΙΛΕΙΣ, εἰ φιλεῖς, si amas
si vous m'aimez,
ΑΚΟΛΟΥΘΕΙ, ἀκολούθει, sequere
suivez moi, venez avec moi.
le second interlocuteur repond
ΟΥ ΦΙΛΩ, οὐ φιλῶ, non amo
je ne vous aime pas
ΜΗ ΠΛΑΝΩ, μὴ πλανῶ, non te in errorem induco
je ne veux pas vous tromper je vous le dis
franchement non te in errorem induco.
le premier interlocuteur reprend.
ΝΟΩ ΔΗ νοῶ δή hoc ipse animadverto
je m'en appercois bien,
ΚΑΙ ΓΕΛΩ et rideo καὶ γελῶ

Figure 5. – *Exemple d'écriture de Villoison,* Avignon, Bibliothèque municipale, ms. 2367, f. 231. Lettre à Esprit Calvet, non datée, sans doute fin avril 1787 suivant Esprit Calvet. Photo Alban Rudelin, Musée Calvet.

Figure 6. – Martin-Gottlieb KLAUER (1742-1801), *Portrait de Jean-Baptiste Gaspard d'Ansse de Villoison (1750-1805)*, 1782, calcaire, Klassik Stiftung Weimar, Herzogin Anna-Amalia Bibliothek, inv. KPl/01749.
Cliché Photothèque Klassik Stiftung Weimar, Herzogin Anna-Amalia Bibliothek.

Figure 7. – François Lauret (1820-1868), *Portrait de Guillaume-Emmanuel-Joseph-Guilhem de Clermont-Lodève, baron de Sainte-Croix (1746-1809)*, huile sur toile, Avignon, musée Calvet, inv. 838.7.3.
Photo Alban Rudelin, Musée Calvet.

Figure 8. – Julien-Léopold Boilly (1796-1874), *Portrait de Marie-Gabriel-Auguste-Florent, comte de Choiseul-Gouffier (1752-1817),* huile sur toile, collection particulière. Photo Martine Beck-Coppola.

« Comme un phénix… » : les réseaux de démotisants dans l'ombre de l'égyptologie

Damien Agut-Labordère

Au Père Jean-Hugo Tisin (OP), *lux juventatis meae in Tolosa.*

Le démotique est une cursive employée en Égypte entre le viie siècle av. J.-C. et le milieu du ve siècle apr. J.-C.[1]. Au début de son histoire, ce fut une écriture « populaire[2] » avant tout documentaire. D'abord utilisée dans le Nord de l'Égypte, sa diffusion progressive vers le Sud correspond chronologiquement à la XXVIe dynastie, dite saïte[3]. C'est durant la période hellénistique que l'écriture démotique entre en littérature et fixe les belles lettres de l'époque[4]. Elle est aussi employée comme écriture sacrée servant à retranscrire les écrits religieux. Avec la période romaine, elle connaît un effacement progressif.

1. Deux livres ouvrent la porte des études démotiques : M. Depauw, *A Companion to Demotic Studies*, Bruxelles, 1997, et F. Hoffmann, *Ägypten : Kultur und Lebenswelt in griechisch-römischer Zeit : eine Darstellung nach den demotischen Quellen,* Berlin, 2000. On pourra aussi se reporter aux introductions plus anciennes de F. de Cenival, « L'Écriture démotique », *in Textes et langages de l'Égypte pharaonique,* 1, Le Caire, 1973-1974, p. 37-44 ; E. Lüddeckens, « Demotisch », *Lexikon der Ägyptologie* 1, 1975, col. 1052-1056 ; D. Devauchelle, « L'écriture démotique : présentation », *Bulletin de l'Institut d'Égypte* 64-65 (1987), p. 175-183.
2. Son nom lui vient d'un passage du livre II d'Hérodote : « Ils [les Égyptiens] emploient deux sortes de caractères, les uns appelés sacrés, les autres populaires (*demotika*) » (Hérodote II, 36). Dans les versions hiéroglyphique et démotique des décrets de Canope et de Rosette, le démotique est désigné par le terme *sš/sẖ (n) šꜥ. t* « écriture documentaire ». La version grecque du décret de Rosette parle d'« enchôria », « écriture du pays, de la chôra ». Sur les différentes manières de désigner le démotique, on se reportera aux premières pages très éclairantes de Depauw, *A Companion to Demotic Studies,* p. 19-21. On pourra aussi consulter P. Marestaing, *Les écritures égyptiennes et l'Antiquité classique,* Paris, 1913, cité par D. Devauchelle, « Le démotique et le déchiffrement de la Pierre de Rosette », *in* D. Valbelle, J. Leclant (éd.), *Colloque de la Fondation Singer-Polignac à l'occasion de la célébration du bicentenaire de la découverte de la Pierre de Rosette, Paris, 1er juin 1999,* Paris, 2000, p. 19, n. 37.
3. S. P. Vleeming, « La phase initiale du démotique ancien », *Chronique d'Égypte* 56 (1981), p. 31-48.
4. M. Chauveau, « Les richesses méconnues de la littérature démotique », *Bulletin de la Société Française d'Égyptologie* 156 (2002), p. 20-36 ; collectif, *La littérature égyptienne, Égypte, Afrique & Orient* 29 (juin 2003) ; J. F. Quack, *Einführung in die altägyptische Literaturgeschichte*, III, *Die demotische und gräko-ägyptische Literatur,* Munster, 2005 ; F. Hoffmann, J. F. Quack, *Anthologie der demotischen Literatur,* Munster, 2007.

L'étude du démotique intéresse aussi bien le linguiste que l'historien. Le premier y voit un état de l'égyptien qui fait le pont entre le néo-égyptien et le copte[5]. Le second puise, dans une documentation gigantesque, une foule de renseignements touchant à l'histoire égyptienne des Saïtes aux premiers siècles de l'Empire. La documentation démotique vient donc compléter les dossiers documentaires constitués à l'aide de la papyrologie et de l'épigraphie grecque. Mais, contrairement à celle de ses deux sœurs, l'histoire des études démotiques fut profondément troublée, jalonnée de ruptures de la chaîne de transmission du savoir. C'est de cette première observation qu'est né ce travail : pourquoi, tel le phénix, les études démotiques se sont-elles plusieurs fois éteintes pour mieux renaître ?

Les démotisants dans l'égyptologie : problème d'identité

Les membres d'une même discipline partagent un certain nombre de conceptions et d'idées communes sur leur champ d'étude : c'est autour de ces éléments que se constitue l'identité de la discipline et que se structure un réseau.

Le démotique, à côté de l'égyptologie

L'égyptologie jouit dans le monde occidental, et plus particulièrement en France, d'une aura particulière. On se souvient peut-être de ce cours de sixième où l'on a étudié la Pierre de Rosette. En haut, les mystérieux hiéroglyphes, en bas, le grec. Et la confrontation des deux écritures qui aurait donné la clé de l'écriture sacrée des anciens Égyptiens[6]. Cette histoire, tout particulièrement en France, on la connaît. Le nom de Champollion, gloire nationale tout imprégnée du Premier Empire est, au côté de Pasteur, une des figures archétypales du grand savant français[7]. L'histoire du déchiffrement des hiéroglyphes tend naturellement à la légende : une belle écriture indéchiffrable lue par un jeune savant génial ouvrant les portes d'une grande civilisation orientale disparue… Sans forcer le trait, ce pourrait être le script d'un film[8]. Rarement, la naissance d'une science aura autant ressemblé à une légende. Ce mythe fondateur constitue à la fois la chance et le poison de l'égyptologie. La chance car la légende fascine et suscite l'adhésion ; c'est

5. DEPAUW, *A Companion to Demotic Studies*, p. 33-39.
6. Il faut en réalité fortement nuancer le rôle de la Pierre de Rosette dans la découverte de Champollion. En réalité, ce dernier a abordé la documentation hiéroglyphique et démotique de manière globale avant de s'intéresser à celle-ci ; DEVAUCHELLE, « Le démotique et le déchiffrement de la Pierre de Rosette », p. 11-23. R. B. PARKINSON, *Cracking Codes : The Rosetta Stone and Decipherment*, Londres, 1999.
7. Malgré une bibliographie fournie, dont une dernière biographie de grande qualité (A. FAURE, *Champollion, le savant déchiffré*, Paris, 2004), la place que tient la figure de Champollion dans l'imaginaire national et son utilisation, notamment dans les programmes de l'enseignement public, reste à étudier.
8. Curieusement, et malgré une vie pleine de tumultes qui s'achève dans la gloire et le pathétique, Champollion n'a jamais fait l'objet d'un film.

elle qui fonde, en partie, l'égyptomanie occidentale. Cet engouement qui ne se dément pas explique l'importance académique, éditoriale, médiatique prise par l'égyptologie par rapport aux autres disciplines portant sur l'Orient ancien. Mais la légende est aussi un poison. L'égyptologie est née des hiéroglyphes. Apprendre à lire – à « déchiffrer » – cette écriture fait l'égyptologue. Il n'est pas ici question de discuter ce postulat mais de montrer à quel point il biaise l'approche de la discipline. Pour s'en rendre compte, il n'est que de revenir à la Pierre de Rosette. On en oublie souvent de parler de la troisième écriture, coincée entre les hiéroglyphes et le grec : l'écriture démotique, écriture cursive – moins graphique – que les hiéroglyphes.

De surcroît, la documentation démotique témoigne des périodes les plus récentes de l'histoire de l'Égypte antique. Or, en égyptologie, l'étude de la Basse Époque – pour ne rien dire de celle des périodes hellénistique et romaine – pâtit d'une mauvaise image. Son histoire contrevient en effet à l'insularité que l'on prête à la civilisation égyptienne.

L'Égypte n'est pas une île

Fille du romantisme plus que les Lumières [9], l'égyptologie a depuis son origine pris l'aspect de la recherche d'un paradis perdu. Comme lord Evandale du *Roman de la momie*, les égyptophiles du XIXe siècle se présentent volontiers comme des hommes fatigués par l'Europe industrielle, marchande et démocratique. Issus de la bonne société, nombre d'entre eux cherchèrent dans cette discipline un remède aux maux de la civilisation occidentale en plein bouleversement. L'Égypte apparut alors comme un refuge, le temps n'y avait pas la même qualité qu'ailleurs [10]. Recréant une Thèbes monumentale et somptueuse, Gauthier insista sur le fait que les imaginations européennes auraient été bien en peine de concevoir une ville pareille. Il se plut à évoquer le gigantesque Palais du Nord avec ses « dromos de colonnes géantes », ses « colonnes démesurées ». Le pharaon apparaît traversant la salle hypostyle « à travers la forêt granitique de ses cent soixante-deux colonnes hautes et fortes comme des tours [11] ». Le caractère cyclopéen de l'architecture traduit à la fois l'antiquité de la civilisation égyptienne et son immuabilité : « L'architecture [...] présentait un caractère

9. Voltaire, par exemple, a formulé à plusieurs reprises un avis très négatif sur la culture égyptienne. Avis qu'il convient de replacer dans le cadre plus général d'une pensée fustigeant les religions assimilées à des superstitions « malgré leur extrême légèreté, [les Égyptiens] furent constants dans la superstition ». On lira par exemple, les chapitres 19 à 23 de son *Histoire universelle* (*Œuvre complète Garnier*, tome XI). Le lien entretenu par les penseurs des Lumières et l'Égypte a fait l'objet d'un colloque, P. BRET, *L'expédition d'Égypte, une entreprise des Lumières (1798-1801), Actes du colloque de Paris (8-10 juin 1998)*, Académie des sciences, Paris, 1999 et d'une exposition qui s'est tenue à l'Institut et au musée Voltaire en 2007.
10. J. C. MORENO GARCÍA, « From *Dracula* to Rostovtzeff or the misadventures of pharaonic economic history in early Egyptology », *in* M. FITZENREITER (éd.), *Das Ereignis, Geschichtschreibung zwischen Vorfall und Struktur* (IBAES X), Londres, 2009 (sous presse), voir le chapitre « Pharaonic Egypt, a peaceful realm ? ».
11. Th. GAUTHIER, *Le roman de la momie*, Paris, 1966, p. 133-134.

de force inéluctable, de volonté sans réplique, de persistance éternelle[12]. » Là, Gauthier s'accorde avec Champollion qui écrivait : « Aucun peuple ancien ni moderne n'a conçu l'art de l'architecture sur une échelle aussi sublime, aussi large, aussi grandiose que le firent les vieux Égyptiens[13]. » Tous deux s'émerveillèrent du travail des bâtisseurs égyptiens qui – eux-mêmes – admiraient les œuvres de leurs devanciers, s'ingéniant à copier les formes du passé, réactualisant en permanence leur fondation, le seul moment où l'œuvre est pleinement réalisée[14]. De cette impression d'éternité, fruit de la conception que les Égyptiens eux-mêmes se faisaient du temps, est née l'idée que la civilisation égyptienne n'avait pas d'histoire.

Dans un ouvrage datant de l'immédiat après guerre, Pierre Montet dénonça cette tendance : « ...les mœurs, les institutions, les techniques ne sont pas restées immuables. Cette vérité qui n'est contestée par aucun égyptologue est fort négligée dans la pratique. Dans des travaux récents des textes de toutes les époques sont cités pêle-mêle. Parfois l'on tente d'expliquer les difficultés d'un texte ancien par des citations de Diodore ou de Plutarque, quand ce n'est pas de Jamblique. On continue à désigner les mois de l'année par des noms qui ne furent mis en usage que tardivement. Ainsi se répand l'opinion que l'Égypte est restée immuable à elle-même d'un bout à l'autre d'une histoire interminable ». Mais quelques lignes plus haut, Montet faisait une concession à ce mythe : « Les choses ont changé plus lentement dans l'Égypte des pharaons qu'en d'autres civilisations[15]. » Ainsi, l'égyptologie maintint la fiction d'une insularité historique de la civilisation égyptienne. Il faut d'ailleurs aller au fond des choses et s'interroger sur l'emploi de ce terme « égyptologie » comme si l'histoire de l'Égypte antique se situait à l'écart de celles des autres sociétés humaines au point de mériter non un domaine d'étude mais une science qui lui soit propre. On est égyptologue avant d'être historien de l'Égypte ancienne ou linguiste de l'égyptien ou spécialiste de l'art de l'Égypte ancienne. Le terme même d'« égyptologie » se nourrit du mythe de l'unité organique d'une civilisation dont l'histoire s'étale sur 3 000 ans.

La période post-pharaonique, dont émane une très grande part de la documentation démotique peut, sous cet angle, être analysée à la fois comme témoignant d'un retour à la barbarie[16] et comme une entrée de l'Égypte dans le cours de l'histoire « normale », grecque puis romaine. La vallée du Nil s'intègre au cadre de la Méditerranée orientale antique, non

12. Gauthier, *Le roman de la momie*, p. 157.
13. Lettre du 24 novembre 1828, J.-F. Champollion, *Lettres écrites d'Égypte et de Nubie en 1828 et 1829*, Paris, 1868. Il faudrait écrire une histoire du *topos* de l'Égypte éternelle en Occident qui naît assez brusquement à la fin du XVIIIe siècle. Il semble qu'il apparaisse dans les lettres de Vivant Denon de 1798 ; V. Denont, A. Rahman El-Gabarti, *Sur l'expédition de Bonaparte en Égypte*, Paris, 1998, p. 193-199.
14. P. Vernus, *Essai sur la conscience de l'histoire dans l'Égypte pharaonique*, Paris, 1995.
15. P. Montet, *L'Égypte au temps des Ramsès 1300-110 avant J.-C.*, Paris, 1995, p. 13 (réédition du texte publié pour la première fois en 1946).
16. Moreno García, « From *Dracula* ».

comme une puissance dominante, comme ce fut le cas au Nouvel Empire, mais comme un pays soumis.

L'impossible réseau des démotisants : l'enfermement national (1802-1970)

Protohistoire des études démotiques

C'est un fait peu connu mais c'est par le démotique, et non par le hiéroglyphique, que commença le déchiffrement de la langue égyptienne. En 1802, dans sa Lettre à M. de Sacy, le diplomate et orientaliste suédois J. D. Åkerblad (1763-1819) parvint à quelques résultats en comparant la version grecque et démotique de la Pierre de Rosette. Il isola les noms royaux et le pronom-suffixe masculin de la troisième personne du singulier = *f*. Mais ces recherches en restèrent là car Åkerblad pensait que l'écriture démotique était alphabétique. Les choses sérieuses commencèrent réellement avec les travaux du médecin anglais Th. Young (1773-1829). Il abandonna la théorie alphabétique de son prédécesseur et parvint à isoler correctement les mots composant le texte de la Pierre de Rosette. Mais son activité fut interrompue par la maladie[17]. Champollion identifia 15 signes démotiques et les rapprocha de certaines lettres de l'alphabet copte en 1808[18]. En 1822, il rédigea un *Mémoire sur l'écriture démotique des anciens Égyptiens* demeuré inédit. Ses archives montrent que le savant avait lu un grand nombre de signes démotiques en s'appuyant sur les noms et les épithètes des souverains lagides rédigés en démotique[19]. Parmi ces précurseurs, il faut aussi faire figurer l'égyptologue et assyriologue irlandais Hincks (1792-1866) qui commença ses travaux de déchiffrement en se penchant sur l'écriture démotique[20].

Les pionniers, un rapprochement franco-allemand ? (1848-1900)

C'est plus d'un quart de siècle après les découvertes de Young et de Champollion que les études démotiques connaissent leur premier essor grâce à l'Allemand H. Brugsch et au Français E. Revillout (1860-1900). La parution du *Scriptura aegyptiaca demotica ex papyrus et inscriptionibus explanata* de Brugsch en 1848 fut le vrai point de départ des études démotiques. Il rédigea le brouillon de ce travail alors qu'il n'avait que seize ans. Brugsch avait découvert l'Égypte ancienne en visitant la collection égyptienne du Château de Monbijou vendue par Passalacqua à Frédéric-Guillaume IV ;

17. J. D. Ray, « Thomas Young et le monde de Champollion », *Bulletin de la Société française d'égyptologie* 119 (1990), p. 25-34.
18. D. Devauchelle, « D'une pierre deux écritures », *in Mémoires d'Égypte. Hommage de l'Europe à Champollion*, Strasbourg, 1990, p. 110-117.
19. D. Devauchelle, « Le démotique et le déchiffrement de la Pierre de Rosette », *in* Valbelle, Leclant (éd.), *Colloque de la Fondation Singer-Polignac*, p. 16-19.
20. E. Hincks, « The Enchorial Language of Egypt », *Dublin University Review* 1, 3 (1833), 14 pages.

travailleur infatigable, il multiplia les travaux dont la *Grammaire démotique* (1855) et le *Hieroglyphisch-Demotische Wörterbuch* en sept volumes (1867-1882).

Son contemporain, Revillout, conservateur et professeur à l'École du Louvre, publia un nombre considérable de textes inédits dont la plupart étaient conservés dans les réserves du Musée du Louvre. Mais, s'il demeure l'un des plus grands inventeurs de textes démotiques, son œuvre souffre gravement d'un manque d'ordre et de rigueur.

C'est dans le contexte très tendu des relations franco-allemandes des années 1870-1890 que Brugsch et Revillout vont travailler ensemble. Avec eux naît le premier réseau des démotisants, certes réduit à son expression minimale puisqu'il n'est constitué que par les deux savants et leurs élèves. Dans les années 1880, après plus de dix ans de bonnes relations, cette coopération tourne court. Revillout s'en prit vivement à Brugsch dans sa *Revue égyptologique*. La collaboration entre les deux hommes cessa brusquement. Que s'était-il passé ? Il semble que le différent fut lié à Revillout. Malade, en butte aux autorités du Louvre, la décennie 1890 fut une suite d'épreuves pour lui. Il s'est alors peu à peu isolé de ses collègues français comme étrangers mettant fin à la collaboration avec Brugsch qui s'éteignit en 1894. Revillout demeura alors le seul démotisant vivant, mais sans postérité. La plupart de ses élèves avait en effet abandonné les études démotiques et s'étaient tournés vers l'araméen, le copte ou la papyrologie. À sa mort en 1913, il laissa les études démotiques françaises dans une situation paradoxale. Revillout avait réveillé la Belle endormie ; comme personne avant lui, il avait montré l'extraordinaire richesse des sources démotiques. Même de manière très imparfaite, il avait publié des archives privées, des ostraca fiscaux, des contes, une satire, un oracle, des récits épiques[21]... Mais tout cela s'était fait dans le plus complet désordre : Revillout avait travaillé sans penser à la cohérence de son œuvre. Beaucoup de ses ouvrages se présentent sous la forme de notes rédigées d'une écriture nerveuse, se dégradant avec l'âge et la maladie. Immense, le travail de Revillout devait être entièrement repris par des élèves qui n'existaient pas.

Les fondateurs : les traditions nationales du démotique (1900-1945)

La fin du XIXe siècle est une époque charnière dans l'histoire intellectuelle de l'Occident. Juan Carlos Moreno García a montré que l'on pouvait lier les effets de cette crise de la culture à l'essor que connut l'égyptologie à ce moment-là :

21. Parmi la foisonnante bibliographie démotique de Revillout, on pourra citer : *Nouvelle chrestomathie démotique*, Paris, 1878 ; *Chrestomathie démotique*, Paris, 1880 ; *Le Roman de Setna*, Paris, 1880 ; *Un poème satirique*, Paris, 1884 ; *Le procès d'Hermias : d'après les sources démotiques et grecques*, Paris, 1884 ; *Actes et contrats des musées égyptiens de Boulaq et du Louvre*, Paris, 1876 ; *Mélanges sur la métrologie, l'économie politique et l'histoire de l'ancienne Égypte*, Paris, 1896 ; *Les drames de la conscience*, Paris, 1901 ; *Précis du droit égyptien*, Paris, 1902 ; *Le syllabaire démotique*, Paris, 1912.

« In this respect it is particularly noteworthy that the Pharaonic past began to replace the traditional models in which the educated elite liked to mirror themselves : classical Greece, Rome and the Renaissance had been the symbols of a rationalist view of the world firmly anchored in the notion of progress. But from the end of the 19th century they were being displaced in the preferences of the new generation, fascinated by the primitive, the mysterious and the archaic [...] Freud is a good example of this attitude, when Egypt gradually replaced ancient Greece as the focus of his cultural curiosity, whereas Thomas Mann put ancient Egypt on a par with the Anglo-Saxon civilisation in Joseph und seine Brüder. Ancient Egypt became the paradigm of a conservative order, sincere spirituality and refined culture, the cradle of an alternative genealogy linking the past to the present but without the disadvantages of the increasingly blamed democracy, raising masses and secular values[22]. »

Ce renouveau des études égyptologiques s'accompagna d'une vision plus large qui profita aux périodes marginales : Préhistoire et Basse Époque.

En 1894, l'année de la mort de Brugsch, Revillout reçut à Paris, un jeune étudiant venu d'Allemagne, Wilhelm Spiegelberg[23]. Né en 1870, Spiegelberg est issu de la bourgeoisie d'affaire juive d'Hanovre. Après des études secondaires brillantes, il étudia à Strasbourg, à partir de 1888, la langue égyptienne auprès de Dümichen et poursuivit ce cursus à Berlin auprès de Erman. Il se spécialisa d'abord dans l'étude du droit et de l'administration au Nouvel Empire. Parallèlement à tout cela, il commença à étudier le démotique. Le séjour du jeune homme à Paris, en 1894 et 1895, fut l'occasion d'un conflit à fleurets mouchetés avec Revillout. Mme Sophie Sagay, qui prépare actuellement un mémoire de l'EPHE sur Revillout, m'a signalé l'existence aux Archives nationales de plusieurs lettres entre ce dernier et la direction du Louvre. Ces lettres ont été écrites entre août et septembre 1895. Elles concernent le refus de Revillout de laisser Spiegelberg consulter des papyrus démotiques. Ce dernier présente Spiegelberg comme « [s]on élève » qui a passé une année « auprès de [lui] à [ses] cours dans mon cabinet et à la salle d'étude [*sic*] » et précise que c'est lui qui a formé Spiegelberg en démotique archaïque. Mais la plume de Revillout est acerbe pour le jeune allemand lorsqu'il évoque une « bonté sans doute excessive[24] ».

En 1899, Spiegelberg succède à Dümichen à Strasbourg. Sa leçon inaugurale porte encore sur l'histoire économique et sociale du Nouvel Empire[25]. Mais, à partir de 1900, le démotique prit une place essentielle dans son œuvre. Il se tourna vers la documentation du Musée du Caire

22. Moreno García, « From *Dracula* ». La promiscuité – *a priori* paradoxale – entre le scientisme et l'ésotérisme est analysée dans l'ouvrage espiègle de Ph. Muray, *Le XIXe siècle à travers les âges* (coll. Tel), Paris, 1999. Dans le même ordre d'idées, le livre fascinant de A. Lebrun, *Les Châteaux de la subversion*, Paris, 1982 montre que le XVIIIe siècle était déjà le « siècle des Lumières et aussi de l'Illuminisme ».

23. E. Seidl, « Wilhelm Spiegelberg (Necrologio) », *Aegyptus* 11/2 (1931), p. 195-201.

24. C'est ici pour moi l'occasion de remercier Mme Sophie Sagay qui m'a, avec sa gentillesse habituelle, ouvert ses dossiers.

25. *Arbeiter und Arbeiterbewegung im Pharaonenreich unter den Ramessiden (ca. 1400-1100 v. Chr.). Ein kulturgeschichtliche Skizze*, 1895. Il faut, au passage, faire remarquer que les travaux de Spiegelberg sur l'économie égyptienne du Nouvel Empire vont nourrir les réflexions de Max Weber dans ses

et commença à publier dans le *Catalogue général* tous les objets, papyrus, stèles portant une inscription en démotique. Ce travail colossal donnera trois forts volumes qui forment encore aujourd'hui une somme irremplaçable[26]. Spiegelberg se confronta à tous les types de documents et mit au point une méthode de translittération rigoureuse. Ce travail inaugura une activité d'édition inégalée. Il publia les plus grands textes littéraires démotiques, notamment dans la série *Demotische Studien* qu'il fonda à Leipzig[27]. Spiegelberg fut aussi un collectionneur qui acheta de nombreux papyrus[28]. Ce travail fut parachevé par l'édition d'une grammaire démotique[29] et par la mise en chantier d'un dictionnaire qui resta inachevé, interrompu par sa mort soudaine en 1930[30].

De l'autre côté de la mer du Nord monta une autre étoile du démotique. Francis Ll. Griffith[31], né à Brighton en 1862, est le fils du révérent John Griffith. En 1879, il reçut une bourse pour étudier à Oxford. C'est à ce moment-là qu'il s'enthousiasma pour l'égyptologie sous la férule de son mentor, l'orientaliste Archibald Sayce[32]. Alors que son université ne comptait pas d'enseignement dans cette matière, il se lança dans un apprentissage en autodidacte. La chance sourit aux audacieux. Au début des années 1880, la Grande-Bretagne prit le contrôle de l'Égypte pour maîtriser la zone du canal de Suez : cette arrivée des Anglais permit à l'archéologie égyptienne de connaître un progrès sans précédent. Sir Flinders Petrie entama de grandes campagnes de fouilles en Moyenne et en Basse Égypte, Griffith l'accompagna en qualité d'épigraphiste.

C'est dans ce contexte, au milieu des années 1890, que Griffith commença l'apprentissage du démotique en autodidacte en s'appuyant sur les travaux de Brugsch et de Revillout. Il accède à un poste universitaire à peu près au même moment que Spiegelberg. En 1901, il devint reader à Oxford dans le cadre du département des études classiques. À ce moment-là, il

Agrarverhältnisse im Altertum ; M. Weber, *Économie et société dans l'Antiquité*, Paris, 1998, p. 166-175.

26. W. Spiegelberg, *Die demotischen Denkmäler, 1, Die demotischen Inschriften*, Le Caire, 1904 ; *Die demotischen Denkmäler, 2, Die demotischen Papyrus. Text*, Le Caire, 1908 ; *Die demotischen Denkmäler, 2, Die demotischen Papyrus. Tafeln*, Le Caire, 1906 ; *Die demotischen Denkmäler, 3, Demotische Inschriften und Papyri*, Le Caire, 1932.
27. W. Spiegelberg, *Der Sagenkreis des Königs Petubastis nach dem Strassburger demotischen Papyrus sowie Wiener und Pariser Papyri* (Demotische Studien 3), Leipzig, 1910 ; *Demotische Texte auf Krügen*, Leipzig, 1912 ; *Die Sogennante demotische Chronik des Pap. 215 der Bibliothèque Nationale zu Paris* (Demotische Studien 7), Leipzig, 1914 ; *Der Ägyptische Mythus vom Sonnenauge (Der Papyrus der Tierfabeln – « Kufi »). Nach dem Leidener Demotischen Papyrus I 384*, Strasbourg, 1917.
28. A. Grimm, S. Schoske, *Wilhelm Spiegelberg als Sammler*, Munich, 1995.
29. W. Spiegelberg, *Demotische Grammatik*, Heidelberg, 1925.
30. Le fichier constitué par Spiegelberg en vue de la rédaction de son dictionnaire servit de base à la constitution du dictionnaire démotique dit de Chicago : http://oi.uchicago.edu/research/pubs/catalog/cdd/.
31. J. D. Ray, « Francis Llewllyn Griffith 1862-1934 », *in* C. E. Bosworth, *A Century of British Orientalists, 1902-2001*, Oxford, 2001, p. 187-199.
32. Moreno García, « From *Dracula* ».

publia les Contes de Setne[33], le Papyrus magique de Londres et de Leyde[34] et la collection de papyrus démotiques de la collection Rylands[35]. En 1924, après de longues années de travail, il devint le premier professeur d'égyptologie de la prestigieuse université britannique.

Spiegelberg et Griffith ont suivi un parcours pour ainsi dire parallèle sur le plan chronologique. Leurs deux œuvres marquent véritablement les débuts de la maturité dans les études démotiques : la translittération gagna en rigueur et la mise au point d'indices permit de confronter les lectures d'un papyrus à l'autre et de faire ainsi progresser le déchiffrement de manière systématique. Mais les deux œuvres se développèrent indépendamment l'une de l'autre. Il n'est que de comparer le système de translittération utilisé par les deux hommes pour se rendre compte de cela. Voici la même phrase tirée du *P. Magique de Londres et de Leyde* (14.1) translittérée avec les deux systèmes en vigueur :

Version Griffith : *p-e. ẕe ke rm n-y d*
Version Spiegelberg : *p'i ḏd ky rmṯ n=y ḏd*

Le démotique naquit donc de ces deux sources séparées. Pour expliquer cela, on peut faire observer qu'entre 1850 et 1930, la France, l'Angleterre et l'Allemagne rivalisèrent dans la « conquête archéologique et scientifique de l'Égypte ». Alors que les années 1860 furent placées sous le signe de la France (avec la construction du canal de Suez et la mise en place du musée du Caire), en 1882, les Anglais occupèrent militairement le pays et transformèrent l'Égypte en protectorat. Cette opération exacerba les tensions et mit l'égyptologie au service de l'intérêt national. C'est à ce moment que l'IFAO fut créé par la France au Caire.

L'instrumentalisation de la science à des fins politiques perturba pour longtemps le fonctionnement des réseaux égyptologiques et enferma littéralement les savants à l'intérieur des frontières nationales. L'atmosphère de cette période est parfaitement exprimée dans la préface que Sottas et Drioton rédigèrent en 1922 pour un manuel d'initiation aux hiéroglyphes[36] : « Au lendemain du cataclysme mondial, qui a fait fléchir ou abattu, hélas ! définitivement tant d'énergies scientifiques[37], il a semblé qu'un double devoir s'imposait tout d'abord à un égyptologue français orienté vers la philologie : assurer, dans la patrie de Champollion, la continuité des études démotiques et fournir aux néophytes une série de manuels les dispensant

33. F. Ll. Griffith, *Stories of the High Priests of Memphis : the Sethon of Herodotus and the Demotic Tales of Khamuas*. Oxford, 1900.
34. F. Ll. Griffith, H. Thompson, *The Demotic Magical Papyrus of London and Leiden*, Londres, 1904-1909.
35. F. Ll. Griffith, *Catalogue of the Demotic Papyri in the John Rylands Library Manchester*, Manchester-Londres, 1909.
36. E. Drioton et H. Sottas, *Introduction à l'étude des hiéroglyphes*, Paris, 1922.
37. Les pertes causées par la Première Guerre mondiale dans les rangs des jeunes égyptologues revient sous la plume de Sottas, « L'égyptologie en tant que discipline philologique », *Scientia* décembre 1920, p. 445.

de s'aller former à des habitudes d'esprit et de travail étrangères. » Il fut donc clairement défendu aux jeunes savants d'aller se former ailleurs en Europe.

Ce refus d'envisager la science comme relevant d'une collaboration entre les nations a considérablement freiné le développement des études démotiques. En effet, de par la faiblesse de leur effectif, les démotisants n'avaient comme seule solution que de travailler avec leurs collègues étrangers, comme le firent Revillout et Brugsch en leur temps. Il fallut attendre la fin de cette période de nationalisme exacerbé pour que cela redevienne possible.

La mise en place d'un réseau international : les études démotiques dans la durée (1970 à nos jours)

La fin de la Seconde Guerre mondiale marqua un tournant dans l'histoire de la pensée européenne, l'État nation cessa peu à peu d'être un absolu[38]. Cette nouvelle donne idéologique permit la création de réseaux internationaux de savants et, lentement mais sûrement, de tirer les études démotiques de leur confidentialité.

L'après-guerre : les démotisants en ordre dispersé (1945-1970)

Bien évidemment, ce genre de bouleversement sociologique ne s'opéra pas en un jour. Les savants de l'après-guerre continuèrent à travailler dans une optique nationale. En Angleterre par exemple, Glanville (1900-1956), qui enseigna à Cambridge de 1946 à 1954, entreprit la publication des papyrus démotiques du British Museum en suivant le système de translittération de Griffith[39].

En France, travaillait à ce moment-là un démotisant d'une envergure exceptionnelle : Michel Malinine. Fils de Vladimir Malinine, maire de Moscou au moment de la révolution de février 1917[40], Michel Malinine eut une jeunesse très mouvementée. Il passa son baccalauréat à Moscou en juin 1918 mais dut fuir avec sa famille à Prague où il étudia à l'université Charles IV jusqu'en 1925. Ce n'est qu'après sa licence, passée en 1925 à la Sorbonne, que Malinine se lança dans l'égyptologie. Seul, avec les rudiments que lui avait inculqués Sottas (décédé en 1927), et en s'appuyant sur les travaux de Spiegelberg et de Griffith, Malinine apprit le démotique. De 1932 à 1935, il fut pensionnaire à l'IFAO et, en 1952, devint directeur

38. Ce tournant de l'histoire de la philosophie politique européenne et ses conséquences a été récemment abordé dans les pages nettes – qui n'excluent pas la volonté polémique – de P. Manent, *La Raison des Nations. Réflexions sur la démocratie en Europe*, Paris, 2006, p. 41-66.

39. S. R. K. Glanville, *Catalogue of Demotic Papyrus in the British Museum, 1, A Theban Archive of the Reign of Ptolemy I Soter*, Londres, 1939 ; *Catalogue of Demotic Papyri in the British Museum, 2, The Instructions of 'Onchsheshonqy (British Museum Papyrus 10508)*, Londres, 1955.

40. F. Le Corsu, *Revue d'Égyptologie* 30 (1978), p. 7-8 ; F. de Cenival, G. Posener, *Bulletin de l'Institut français d'archéologie orientale* 83 (1983), p. v-ix.

d'Études à l'EPHE. Malinine se fit une spécialité du démotique archaïque et du hiératique dit anormal. Il publia des textes documentaires contrats, baux... témoignant des premiers stades de l'écriture démotique[41]. Comme Griffith, Malinine se tourna vers la phase la plus archaïque du démotique. Il mit au point un système cohérent de translittération en hiéroglyphique en se fondant sur les travaux de Spiegelberg. C'est dans son œuvre que s'opéra une première synthèse sur laquelle s'appuieront les normes internationales fixées durant les années 1970.

La mise en place du réseau de Würzburg et son développement (1970-...)

C'est la génération qui succéda à celle de Malinine qui construisit l'actuel réseau des démotisants. Il s'est d'abord structuré autour de la revue *Enchoria* (Harrassowitz Verlag). Lancée en 1971 par les démotisants de l'université de Würzburg réunis autour de E. Lüddeckens, *Enchoria* a permis de fédérer un premier noyau de rédacteurs européens et américains. Une première conférence des études démotiques fut organisée à Berlin en 1977. Ce type de rencontre est devenu régulier et se tient tous les quatre ans. L'élargissement du réseau a imposé la mise en place d'un système de translittération unifié[42]. En 1986, J. H. Johnson, édita un premier manuel d'initiation au démotique au titre exotique *Thus Wrote 'Onchsheshonqy*. L'ouvrage, plusieurs fois réédité, est utilisé par les étudiants pour faire leurs premiers pas[43]. Fruit du développement du réseau, ce manuel a permis de l'étoffer en démocratisant l'apprentissage du démotique. L'extension du réseau se traduit par une nouvelle étape éditoriale ; il faut aujourd'hui proposer des sommes qui, tout à la fois, résument les acquis de la recherche et permettent aux chercheurs de se retrouver dans une bibliographie devenue foisonnante. Ainsi, sur le modèle des études papyrologiques : les démotisants disposent de deux *Companions* écrits par M. Depauw et F. Hoffmann en anglais et en allemand[44] ainsi que d'une Berichtigungsliste[45].

41. M. Malinine, *Choix de textes juridiques en hiératique « anormal » et en démotique*, Le Caire, 1953.
42. F. de Cenival, « Unification des méthodes de translittération », *Enchoria* 10 (1980), p. 2-4 ; « Unification des systèmes de translittération utilisés en démotique : résultats du colloque », *in L'Égyptologie en 1979 : axes prioritaires de recherches*, Colloques internationaux du CNRS, n° 595, vol. 1, Paris, 1980, p. 91-92.
43. J. H. Johnson, *Thus Wrote 'Onchsheshonqy – An Introductory Grammar of Demotic* (SAOC 45), Chicago, 2000. Disponible en ligne à l'adresse suivante : http://oi.uchicago.edu/research/pubs/catalog/saoc/saoc45.html.
44. Pour les références, on se reportera à la n. 1.
45. A. A. den Brinker, B. P. Muhs, S. P. Vleeming (éd.), *A Berichtigungsliste of Demotic Documents*, vol. A, *Papyrus Editions*. Vol. B, *Ostrakon Editions and Various Publications*, Louvain, 2005.

À quoi sert un réseau ?

Aujourd'hui, le démotisant a cessé d'être un loup solitaire. Il sait faire partie d'une communauté. Le réseau donne donc une visibilité à la discipline et à ceux qui y œuvrent. Aussi est-ce en son sein que se forge l'identité d'une science. Ainsi, pour exister en tant que telles, les études démotiques ont eu à s'extraire des impensés de la science mère : l'égyptologie. La vision négative dont pâtit la Basse Époque explique en partie le faible développement des études démotiques durant plus d'un siècle. En marge d'une science prestigieuse à l'identité solide, et quelque peu castratrice, les pères fondateurs du démotique n'ont pas pu, jusqu'aux années 1960-1970, créer un réseau international. De surcroît, en freinant les coopérations internationales, l'âge des nationalismes, fut, pour une petite discipline comme le démotique, une longue période de gestation. Les études démotiques progressèrent longtemps par à coups et sans coordination. Comme un phénix, elles furent donc condamnées à mourir à chaque fois qu'un de ses maîtres nationaux s'éteignait. La période de l'après-guerre vit la mise en place d'un réseau international des démotisants. Peu à peu, ses membres le dotèrent de tous les éléments nécessaires à l'existence d'une identité scientifique : des manuels, une revue et des rencontres régulières. Peut-être touchons-nous là à l'une des fonctions essentielles du réseau de savants : il permet le dépassement des individualités qui le composent donnant, de fait, au travail de recherche une continuité qui dépasse le cadre de la vie humaine.

L'histoire des études démotiques montre aussi que la loi de l'offre et de la demande n'existe pas dans les sciences. Ce n'est pas parce que les caves des instituts archéologiques et que les réserves de musée regorgent d'une documentation inédite que les universités se mettent à recruter les chercheurs capables de les étudier. Si l'on a le sentiment que ces documents ne vont pas nous dire ce que nous voulons entendre et s'il est impossible pour des raisons sociologiques ou historiques de fédérer ces spécialistes, alors la documentation demeurera endormie. On le voit, l'historiographie joue ici un rôle déterminant. En nous permettant de penser contre notre propre discipline, elle nous révèle ce qui était là et que nous ne voulions pas voir.

Le réseau d'antiquisants de l'*Enciclopedia italiana* dans les années 1920-1930 : entre sciences de l'Antiquité et politique

Philippe Foro

Alors que l'Italie compte parmi les vainqueurs de la Première Guerre mondiale et au moment où sa diplomatie connait des désillusions, le monde culturel italien conçoit le projet d'une encyclopédie italienne capable d'être comparée aux encyclopédies britannique, française, allemande et espagnole (l'Union soviétique elle-même entame la rédaction d'une encyclopédie en 1926). Ce projet est porté, en 1919, par l'historien Mario Menghini, spécialiste des écrits mazziniens, et l'éditeur Formiggini. Il est appuyé par la SIPS (*Società italiana per il progresso delle scienze*) mais reçoit un élan décisif lorsqu'il est repris, à la fin de 1924, par Giovanni Gentile et Giovanni Treccani, sénateur et industriel (il est membre fondateur, en 1919, de la société agricole italo-somalienne). Le 18 février 1925, se constitue l'institut Treccani (Treccani donna aussi son nom à l'encyclopédie) pour la publication de l'Encyclopédie italienne par l'éditeur Calogero Tumminelli, sous le patronage du roi Victor Emmanuel III. Outre les fonds de Treccani lui-même, le projet bénéficie du soutien d'autres institutions tel le Touring Club italien, fondé en 1894, qui fournit les cartes nécessaires. Dans le discours inaugural de Giovanni Gentile devant le conseil directeur de l'institut du 26 juin 1925, l'Encyclopédie est présentée comme scientifiquement et politiquement impartiale afin de rassurer les intellectuels et de s'assurer de la collaboration de non fascistes mais également comme « un reflet fidèle et complet de la culture scientifique italienne[1] ». Dans la préface du premier volume, il est précisé que « la direction a l'intention de rassembler autour du projet les auteurs des opinions les plus diverses[2] ». Au total, entre 1929 et 1937, 36 volumes sont publiés, plus un volume d'appendices en 1938. L'Encyclopédie bénéficie de l'apport de 3 266 collaborateurs et de grands intellectuels italiens sont responsables de sections : Gaetano De Sanctis pour l'Antiquité classique, Gioacchino Volpe pour le Moyen Âge et la période

1. Pour une histoire de l'Encyclopédie Treccani, l'ouvrage fondamental est celui de G. Turi, *Il mecenate, il filosofo e il gesuita. L'enciclopedia italiana, specchio della nazione*, Bologna, 2002.
2. Les volumes de l'Encyclopédie Treccani ont été consultés à la *Biblioteca di Storia moderna e contemporanea*.

moderne, Santi Romano pour le droit public, Nicolà Pende pour la médecine, Raffaele Pettazzoni pour l'histoire des religions. Cette espèce d'œcuménisme intellectuel suscite des critiques de la part du fascisme radical, représenté en particulier par Roberto Farinacci, qui proteste contre la présence de personnalités qui ont signé le manifeste des intellectuels antifascistes ou qui sont réputées comme étant, au moins, « a fascistes ». D'autre part, l'Église bénéficie d'une place non négligeable. Lors de la réunion du conseil directeur du 26 juin 1925, Treccani indique que « notre encyclopédie doit correspondre aux sentiments traditionnels des Italiens et pour ce faire, doit non seulement être patriotique mais également bien acceptée par l'Église ». Le père jésuite Pietro Tacchi Venturi, lien officieux entre Mussolini et le Vatican, est responsable de la section consacrée aux affaires ecclésiastiques. Le franciscain Agostino Gemelli, fondateur de l'université catholique de Milan, est également un des collaborateurs de l'encyclopédie.

Ainsi, l'élaboration et la rédaction de l'Encyclopédie italienne nous placent au cœur du débat historique autour de la politique culturelle du régime fasciste[3]. Si le fascisme a eu un indéniable projet totalitaire, il a également souhaité parvenir à un consensus auquel participeraient des figures intellectuelles non fascistes, voire connues pour leur antifascisme[4]. Mais le questionnement concerne également ces dernières. Le choix politique, qui peut aller jusqu'au refus – très minoritaire chez les universitaires – de prêter le serment au régime demandé en 1931, ne suppose pas un refus de collaborer à cette vitrine intellectuelle de l'Italie fasciste que veut être l'Encyclopédie. Quatre-vingt-dix des signataires du *Manifeste des intellectuels antifascistes* initié par Benedetto Croce en 1925 acceptent de participer aux travaux de l'Encyclopédie. Un des cas les plus significatifs est celui du prestigieux Gaetano De Sanctis. Cette contribution souhaite analyser le rôle des antiquisants qui ont travaillé à la partie consacrée à l'histoire ancienne. Quel réseau constituent-ils autour du vieux maître ? Comment ont-ils écrit leurs articles sur le plan scientifique ? N'y a-t-il pas, par moment, des interprétations qui peuvent poser problème au regard des critères historiques, idéologiques et politiques du fascisme ? Mais, en premier lieu, il convient de présenter le père intellectuel de l'Encyclopédie.

Le promoteur : Giovanni Gentile

Natif de Castelvetrano (province de Trapani, en Sicile) en 1875, Giovanni Gentile est professeur de philosophie aux universités de Palerme en 1906, de Pise en 1914, de Rome en 1917[5]. Disciple de l'historien et philosophe libéral Benedetto Croce pour qui il collabore à la revue *La Critica*, il se rattache à la philosophie d'Hegel et théorise le principe

3. Sur celle-ci, se reporter à R. Ben-Ghiat, *La cultura fascista*, Bologna, 2000.
4. Cette question est soulevée en particulier *in* M. Cagnetta, *Il fascismo e il consenso degli intellettuali*, Bologna, 1980.
5. Une biographie de premier plan a été faite par G. Turi, *Giovanni Gentile*, Torino, 2006.

d'un État éthique, incarnation de la Nation (*Fondements de la philosophie du droit* en 1916), perdu depuis les temps de la droite historique des années 1860-1870 et désagrégé par la suite, avec l'essor du libéralisme politique et de la démocratie. À ses yeux, le fascisme en est le renouveau. Ministre de l'Instruction publique de novembre 1922 à juillet 1924, il met sur pied une importante réforme de l'école qui développe la place des humanités classiques et rend obligatoire l'enseignement de la religion catholique. Pour Gentile, le fascisme est le retour à la tradition du *Risorgimento*, capable d'exalter un État qui ne reconnaîtrait pas une autre autorité que la sienne et qui serait l'héritier de l'histoire millénaire de l'Italie comme il l'affirme encore dans son « Discours aux Italiens », prononcé sur le Capitole en mai 1943 :

> « Les murs et les arcs, qui sont restés pendant des millénaires pour témoigner de la majesté de Rome et de la barbarie de ses ennemis, pourront tomber [...] mais existe-t-il un homme dans le monde, d'un côté de l'océan ou de l'autre, qui pense faire décliner la gloire de ce Campidoglio lumineux ? Qui pense que le soleil puisse quelque chose *urbe Roma a visere maius* ? Et je parle de la Rome antique et moderne ; et de la Commune italienne et de la Renaissance ; et du Risorgimento. Nos cités pourront être détruites, mais elles seront réédifiées parce que le même peuple qui les a fait naître les fera renaître. [...] Ces mêmes ruines parleront et la mémoire ne pourra périr ; il suffira de maintenir vivante la conscience de la grandeur italienne et celle du vandalisme bestial de celui qui voulut, tout à coup, oublier que les monuments de cette grandeur étaient le patrimoine spirituel de tous hommes du monde[6]. »

Cette conception totale et historique de l'État amène le philosophe à être réticent aux accords du Latran qui admettent en l'Église une institution potentiellement concurrente à celui-ci. Cependant, il donne une définition du fascisme qui peut apparaître comme relativement ouverte, « non pas comme une idéologie, un système fermé [...] » mais « il s'agit plus d'une attitude spirituelle que d'un contenu de pensée ». Par rapport à lui, les intellectuels doivent pleinement jouer leur rôle. C'est dans ce but qu'est organisé le congrès des institutions fascistes de la culture, réunissant à Bologne, les 29 et 30 mars 1925, 250 intellectuels et qui aboutit, en juin, à la création de l'Institut national fasciste de la culture qu'il préside jusqu'en 1937. Le 21 avril, Gentile diffuse dans la presse le *Manifeste des intellectuels fascistes* afin de démentir « la stupide légende d'une prétendue incompatibilité entre l'intelligence et le fascisme » selon les mots de Mussolini dans le message envoyé aux congressistes de Bologne. Parmi les signataires, on compte Filippo Marinetti, Luigi Pirandello, Curzio Malaparte, Gioacchino Volpe, Alfredo Panzini, Ugo Ojetti, Ardengo Soffici, Mario Carli, Paolo Orano, Luigi Barzini, Francesco Coppola, Camillo Prampolini. La riposte survient le 1er mai par la publication, dans *Il Mondo*, de la réponse d'écrivains, profes-

6. N. Allegri Sidi-Maamar, *Entre philosophie et politique : Giovanni Gentile. Un philosophe engagé sous le fascisme*, Paris, 2006, p. 147-148.

seurs et publicistes sous la forme d'un Manifeste des intellectuels antifascistes, rédigé par Benedetto Croce. Ce manifeste dénonce « les interprétations arbitraires et les manipulations historiques » ainsi que « l'abus que l'on fait du mot religion ». On dénombre de prestigieuses signatures telles celles de Luigi Albertini, Luigi Einaudi, Gaetano Mosca, Luigi Salvatorelli, Gaetano Salvemini, Gaetano De Sanctis, Giovanni Amendola, Rodolfo Morandi. Au moment où le fascisme entame la mise en place d'un système à vocation totalitaire, le monde intellectuel montre ses fractures, ses désaccords et sa complexité. L'élaboration de l'Encyclopédie italienne en est une illustration. Gaetano De Sanctis, antifasciste reconnu, accepte d'y être le prestigieux responsable de la section consacrée à l'histoire de l'Antiquité classique.

Le *magister* du réseau d'antiquisants de l'*Enciclopedia italiana* : Gaetano De Sanctis

Né à Rome en 1870 dans une famille de fonctionnaires pontificaux fidèle au Saint-Siège (le grand-père et le père refusent de prêter serment au nouvel État italien et à la dynastie de Savoie), Gaetano De Sanctis fait des études au séminaire de l'Appolinaire puis à La Sapienza, où il a pour maître Karl Julius Beloch, et à l'*Istituto archeologico germanico*[7]. Après un premier séjour en Grèce en 1895, il participe à des campagnes de fouilles en Crète en 1899 et 1908, avant de fouiller en Cyrénaïque en 1909. Devenu professeur d'histoire antique à Turin en 1900, De Sanctis enseigne dans la capitale du Piémont jusqu'en 1929. Parmi ses étudiants, on compte Luigi Paretti, Aldo Ferrabino, Mario Attilio Levi, Arnaldo Momigliano. Catholique pratiquant et engagé[8], il est neutraliste en 1914-1915 ce qui lui vaut d'être agressé par des étudiants nationalistes venus lui faire signer une pétition anti-Giolitti. Il intervient en faveur de Beloch destitué en 1917 de son poste romain suite à une campagne d'Ettore Pais. Le nationalisme outrancier est un sentiment dont se méfie De Sanctis. Dans un essai de 1921 intitulé *Le tre patrie*, il écrit :

> « Il est vrai qu'il y a en Italie et en Europe, l'amour de la patrie. Ce qui est important est d'empêcher que ce soit un sentiment maléfique. [...]. Aussi, l'amour pour la petite patrie ne doit pas être nié mais absorbé et dépassé dans l'amour de la grande patrie. L'amour de la grande partie ne doit pas être nié mais absorbé et dépassé dans l'amour de la très grande patrie, l'humanité ou, si vous voulez regarder plus près, l'Europe[9]. »

Adhérent du parti populaire italien (formation démocrate-chrétienne) en 1919, il se présente sur les listes PPI aux élections législatives de novem-

7. On peut se reporter à P. Treves, « Gaetano De Sanctis », *Dizionario biografico degli Italiani*, Roma, Istituto dell'Enciclopedia italiana, vol. XXXIX, 1991, p. 297-309.
8. Antonio Gramsci écrit de lui dans ses *Carnets de prison* qu'il est « un intellectuel catholique, volontairement, intimement catholique ». Cité *in* M. Cagnetta, *Antichità classiche nell'Enciclopedia italiana*, Roma-Bari, 1990, p. 127, n. 94.
9. Cité *in* S. Accame, *Gaetano De Sanctis fra cultura e politica. Esperienze di militanti cattolici a Torino (1919-1929)*, Firenze, 1975, p. 392-394.

bre 1919, de mai 1921 et voit avec déplaisir le succès de la marche sur Rome écrivant dans une lettre du 31 octobre 1922 à Gentile : « Vieux légaliste, je ne peux certainement pas me réjouir de ce qui s'est passé ces derniers jours. » Il croit cependant Gentile capable de rénover l'école italienne[10]. De Sanctis devient directeur de la *Rivista italiana di filologia e d'istruzione classica* en 1923 et membre du Conseil supérieur de l'Instruction publique l'année suivante.

Par une lettre du 27 janvier 1925, Gentile propose à De Sanctis de prendre la responsabilité de l'Antiquité classique : « Ce serait mon souhait que vous dirigiez toute la partie relative à l'histoire antique, à l'archéologie et à la philologie classique[11]. » Quoique antifasciste, De Sanctis accepte de participer à l'Encyclopédie italienne comme il l'indique dans sa réponse à Gentile du 30 janvier 1925 :

> « L'initiative pour la publication d'une grande encyclopédie italienne est digne de l'approbation la plus vive de la part de ceux qui connaissent et participent à l'immense œuvre de civilisation accomplie à travers les temps par le peuple italien [...]. Aussi, je ne doute pas que cette grande entreprise trouvera le consensus et l'appui enthousiaste des intellectuels italiens[12]. »

Peu de temps après, il intègre le conseil directeur de l'*Istituto Giovanni Treccani* et devient responsable de la section « Antiquité classique » pour laquelle il rassemble des collaborateurs comme il l'écrit à Giovanni Gentile dans un courrier du 23 mars 1925 : « J'ai travaillé à rassembler une série de collaborateurs, prenant l'initiative de contacter divers chercheurs sans engager les délibérations du Conseil directeur. » De Sanctis précise que tous sont disposés à collaborer à l'Encyclopédie. En 1929, De Sanctis succède à Beloch au poste de professeur d'histoire ancienne à Rome La Sapienza, poste qu'il perd à la suite de son refus du serment universitaire voulu par le régime fasciste en 1931[13]. Il s'épanche dans son *Journal* sur ce moment difficile qu'il traverse : « Aujourd'hui, je suis fatigué. Fatigué et blessé. Mais l'heure du repos n'a pas sonné. Il faut encore combattre avec toutes les forces qui restent, continuer la lutte implacable contre tout mensonge, toute bassesse, tout égoïsme, en moi et hors de moi, jusqu'au dernier repos[14]. » Il parvient à vivre grâce à sa fonction à l'Encyclopédie italienne et à celle à la tête de la commission pontificale d'archéologie. Ayant retrouvé son poste à

10. Cité *in* G. Turi, *Giovanni Gentile*, *op. cit.*, p. 324.
11. Istituto dell'Enciclopedia italiana (IEI), archivio storico (AS), fondo Gaetano De Sanctis, sottoserie corrispondenza con enti e persone, fasc. Giovanni Gentile. Je remercie de l'accueil attentif et chaleureux qui m'a été réservé lors de ma visite de travail aux archives et à la bibliothèque de *l'Archivio dell'enciclopedia italiana*, situées Piazza dell'enciclopedia italiana 4, 00186 Roma (à proximité du Largo Argentina). En voici l'adresse électronique : archiviostorico@treccani.it.
12. IEI, AS, Enciclopedia di scienze, lettere e arti, serie Materiali redazionali, sottoserie corrispondenza, fasc. Gaetano De Sanctis.
13. Sur les 12 universitaires qui ont refusé la prestation de serment, voir Helmut Goertz, *Il giuramento rifiutato. I docenti universitari e il regime fascista*, Milano, 2000.
14. G. De Sanctis, *Diario segreto* (9/1/1932), Firenze, Quaderni della Nuova Antologia, LII, aprile 1966, p. 192. Dans son *Journal*, De Sanctis n'évoque presque pas la question de l'Encyclopédie italienne.

La Sapienza en 1944 (il abandonne l'enseignement en 1947), il prend la direction de l'Encyclopédie italienne et passe la main en 1954. Fait sénateur à vie en 1950 par le président de la République Luigi Einaudi, il meurt à Rome en 1957. Parmi les ouvrages de Gaetano De Sanctis, retenons *Histoire des Grecs* en deux volumes en 1939, une biographie de Périclès en 1944, *Histoire des Romains* en quatre volumes de 1907 à 1964. De plus, six volumes d'articles de De Sanctis ont été publiés de 1970 à 1983 (*Scritti minori*).

La formation d'un réseau d'antiquisants au service de l'Encyclopédie

Peut-on tenter d'observer la constitution de réseaux que Gaetano De Sanctis a activés en vue de la collaboration à l'Encyclopédie italienne[15] ? Dans son *Journal*, il confie à propos de celui-ci : « Je l'aurais confié volontiers à un fils mais je n'ai pas d'enfant. Et j'ai peu, très peu d'amis et de disciples fidèles mais je n'ai aucun fils spirituel[16]. » Pourtant, il est possible d'observer un réseau d'antiquisants aux provenances diverses et, sans aucunement prétendre à l'exhaustivité des participants, on peut tenter de dresser quelques portraits de certains d'entre eux mais d'abord il convient de souligner l'atmosphère de travail qui régnait dans les pièces réservées aux historiens au siège de l'Encyclopédie au 4 de la *piazza Paganica* (aujourd'hui *piazza dell'Enciclopedia italiana*) telle qu'en témoigne Francesco Gabrielli :

> « Dans aucune enceinte universitaire, le contact entre les générations des maîtres et celle des disciples muris à leurs côtés ne m'est apparu aussi visible que dans ces petites pièces des étages supérieurs où se trouvaient les vrais bureaux de la rédaction [...]. Là, au troisième étage, on pouvait voir, assis entre deux tables branlantes et contigües, Vittorio Rosi et Gaetano De Sanctis occupés à la révision des articles, à leurs discussions avec les auteurs respectifs[17]. »

En premier lieu, il y a le groupe des historiens que l'on est en mesure de considérer comme des disciples directs de De Sanctis et qui se sont d'ailleurs présentés comme tels. Le plus important est sans doute Arnaldo Momigliano[18]. Né en 1908 à Caraglio (province de Cuneo en Piémont), il est un élève de De Sanctis à l'université de Turin et est un collaborateur régulier de l'*Enciclopedia italiana*, ainsi l'article consacré à Démosthène. Nommé professeur à l'université de Turin en 1936, il est victime des lois raciales de 1938 et quitte l'Italie en mars 1939. Momigliano se rappela de ce moment comme celui d'une fructueuse collaboration scientifique et de profondes relations humaines, se souvenant du jour où De Sanctis le

15. La modeste prosopographie qui suit s'appuie sur les fiches de plusieurs historiens éditées par les soins de l'Istituto dell'Enciclopedia italiana, *Fondo Gaetano De Sanctis, inventario*, Roma, 2007, p. 231-242.
16. G. De Sanctis, *Diario segreto (1917-1933)*, a cura di Silvio Accame, Firenze, 1996, introduction.
17. F. Gabrielli, « Piazza Paganica, 4 », *Aretusa*, 2/4/1945, p. 69.
18. Voir L. Polverini, A. Momigliano, G. De Sanctis in *Arnaldo Momigliano nella storiografia del Novecento*, a cura di L. Polverini, Roma, 2006, p. 11-35.

raccompagna jusqu'à la porte de l'Institut, à la veille de son départ pour la Grande-Bretagne et que le maître lui dit : « Rappelle-toi d'écrire à Salvemini et de lui dire que je suis toujours avec lui dans les luttes pour la liberté[19]. » Par la suite, il enseigne à Bristol, Oxford et Londres de 1951 à 1975. Il meurt en 1987[20]. Vient ensuite Augusto Rostagni. Né à Cuneo en 1892, il est spécialiste des littératures grecque et latine qu'il enseigne à Cagliari, Padoue, Bologne et Turin. À partir de 1923, il collabore avec son maître Gaetano De Sanctis à la *Rivista italiana di filologia e di istruzione classica* à la direction de laquelle il lui succède en 1929. Il s'occupe des articles « Virgile » et « Horace » de l'Encyclopédie italienne. Il est remarqué par une série d'études dont *Poeti alessandrini* en 1916, *Giuliano l'Apostata* en 1920, *Il verbo di Pitagora* en 1924, *Virgilio minore. Saggio sullo svolgimento della poesia virgiliana* en 1933, *Orazio* en 1937. Après la guerre, Rostagni publie une *Storia della letteratura latina* en deux volumes en 1949-1952. Il meurt en 1961. On peut compléter ce groupe de disciples par Piero Treves et Luigi Paretti. Né en 1911 à Milan, Piero Treves est le fils de Claudio Treves, un des responsables du Parti Socialiste italien. Il soutient en 1931 une thèse sur Démosthène et la liberté grecque sous la direction de Gaetano De Sanctis. Exilé en France et en Grande-Bretagne, il rentre en Italie après la Seconde Guerre mondiale et enseigne aux universités de Trieste, Florence et Venise. Il publie *Il mito di Alessandro e la Roma d'Augusto* en 1953, *Ciceronianismo e anticiceronianismo nella cultura italiana del secolo XIX* en 1958, *L'idea di Roma e la cultura italiana del secolo XIX* en 1962. Treves a rédigé l'article biographique de Gaetano De Sanctis dans le *Dizionario biografico degli Italiani* en 1991. Il décède à Nice en 1992. Pour sa part, Luigi Paretti est né à Turin en 1885. Étudiant de De Sanctis à Turin et de Beloch à Rome, il est professeur d'histoire antique à Florence en 1912, à Catane en 1933, à Naples en 1940. Il est l'auteur d'une *Storia di Sparta arcaica* en 1927, d'une étude sur la conjuration de Catilina en 1934, d'une histoire de Rome et du monde romain en six volumes de 1952 à 1961.

Parmi les antiquisants collaborant à l'Encyclopédie, se distingue ensuite le réseau catholique proche de De Sanctis. C'est le cas Roberto Paribeni. Né à Rome en 1876, il fait la connaissance de Gaetano De Sanctis au cercle *San Sebastiano* qui regroupe de jeunes intellectuels catholiques[21]. Il devient professeur d'archéologie et d'histoire antique à l'université catholique de Milan à la création de laquelle participe De Sanctis en 1925. Surintendant des antiquités de Rome et du Latium de 1928 à 1933, il est l'auteur d'une étude sur Malte antique et d'une monographie en deux volumes sur Trajan en 1926-1927. Académicien d'Italie en 1929, Paribeni se voit confier par

19. Cité *in* M. Cagnetta, *op. cit.*, p. 202, note 274.
20. Parmi les publications d'A. Momigliano, signalons *Filippo il Macedone. Saggio sulla storia del IV secolo*, Firenze, 1934 ; *Sagesses barbares*, Paris, 1976 ; *Problèmes d'historiographie ancienne et moderne*, Paris, 1983 ; *Les fondations du savoir historique*, Paris ; *Contributi sulla storia degli studi classici* de 1955 à 1992.
21. G. De Sanctis évoque le rôle du cercle *San Sebastiano* in *Ricordi della mia vita*, Firenze, 1970, p. 63.

De Sanctis et Gentile la responsabilité directoriale de la section archéologie de l'Encyclopédie. Il meurt à Rome en 1956. C'est aussi dans le cadre du cercle *San Sebastiano* que se connaissent De Sanctis et Giuseppe Cardinali. Né à Rome en 1879, il est professeur d'histoire antique à Gênes en 1907, puis à Bologne et à Rome-La Sapienza dont il est le recteur de 1947 à 1953. Remarqué par des études sur le royaume de Pergame et sur les Gracques, il dirige le *Dizionario epigrafico di antichità romane* en 1924 auquel collabore De Sanctis. Il rédige l'article « Italie antique » de l'Encyclopédie. Fait sénateur en 1939, il meurt à Rome en 1955. C'est également du milieu catholique que vient Aldo Ferrabino. Né à Cuneo en 1892, il est étudiant à l'université de Turin et soutient une thèse sur Calypso en 1914, sous la direction de Gaetano De Sanctis. Il est nommé professeur d'histoire antique à l'université de Padoue en 1922, puis à l'université Rome-La Sapienza en 1949. Sénateur démocrate-chrétien de 1948 à 1953, il préside la Commission de l'Instruction publique à laquelle participe De Sanctis. Lorsque celui-ci se retire de la présidence de l'Institut de l'Encyclopédie italienne, Farrabino lui succède. Parmi ses publications, *Arato di Sicione* en 1921, *L'impero ateniese* en 1927, *L'Italia romana* en 1934, *Giulio Cesare* en 1941, *Le vie della storia* en 1955. Il décède à Rome en 1972.

D'autres antiquisants sont liés d'amitié avec De Sanctis, amitié renforcée par une collaboration scientifique. C'est le cas de Vincenzo Costanzi. Né à Preturo en 1863, il est l'ainé de De Sanctis mais se lie d'amitié avec lui car tous deux sont élèves de Beloch. Professeur d'histoire antique à Pise, il devient un spécialiste reconnu d'Aristote dont il publie une édition commentée de la *Politique* en 1925. Il meurt en 1929 et ne fait qu'ébaucher une collaboration pour l'Encyclopédie italienne. Dernière belle figure de ce réseau incomplet, Giorgio Levi Della Vida. Né à Venise en 1886, il est successivement professeur d'arabe à l'Institut universitaire oriental de Naples en 1914, de philologie sémitique à Turin en 1916 où il collabore avec De Sanctis, d'hébreu et de langues sémitiques comparées à Rome en 1920. Il est chargé de la section « Mondes sémitiques » de l'Encyclopédie italienne. Il perd son poste d'universitaire pour avoir refusé la prestation de serment de 1931 et est engagé avec le soutien de Gaetano De Sanctis à la Bibliothèque vaticane ce qui lui permet de publier *Elenco dei manoscritti arabi islamici della Biblioteca Vaticana* en 1935 et *Ricerche sulla formazione del più antico fondo dei manoscritti orientali della Biblioteca Vaticana* en 1939. Frappé par la législation antisémite de 1938, il quitte l'Italie et enseigne à l'université de Pennsylvanie jusqu'en 1945. Il retrouve Gaetano De Sanctis et son poste à La Sapienza jusqu'en 1956. Il meurt à Rome en 1967.

On doit s'interroger sur le choix fait par De Sanctis et les nombreux spécialistes d'histoire antique qui ont suivi le maître. En collaborant à l'Encyclopédie italienne, servaient-ils le régime fasciste ou/et la science italienne ? Il convient d'abord de souligner que la personnalité de Gentile ne porte pas forcément à l'antagonisme. Les antiquisants lui savaient gré d'avoir donné des lettres de noblesse à l'Antiquité, que ce soit en histoire, en lettres classiques et en histoire de l'art lors de la réforme scolaire de 1923. Ensuite, le régime fasciste sort finalement renforcé de la crise ouverte par le meurtre du député Matteotti en juin 1924 et est appelé à durer dans le cadre autoritaire annoncé par Mussolini dans son discours du 3 janvier 1925. Dès lors, ces historiens de l'Antiquité doivent-ils renoncer par idéal politique à tout travail de publication ? Ils ne l'ont pas cru, redoutant peut-être pour ceux qui n'avaient pas d'atomes crochus avec le pouvoir de laisser trop de places vacante aux historiens thuriféraires du fascisme. C'est d'ailleurs une attitude similaire qui guide Benedetto Croce, qui a refusé toute participation à l'Encyclopédie, lorsqu'il conseille de prêter serment au régime afin de ne pas provoquer des révocations qui favoriseraient des remplacements par des universitaires alignés totalement sur le pouvoir. Mais il convient également de souligner que les rédacteurs des articles de l'Encyclopédie ont bénéficié d'une liberté d'écriture inusitée dans un régime à vocation totalitaire.

Cependant, malgré les déclarations apaisantes de Gentile, le régime fasciste ne peut laisser une totale autonomie à un tel projet éditorial. Ceci est particulièrement vrai durant les années 1930. Tout d'abord, sur la question du financement au moment où l'État reconnaît, le 24 juin 1933, l'Encyclopédie comme œuvre d'intérêt national et lui fait bénéficier d'aides de banques qui lui sont liées. Surtout, le pouvoir abandonne la politique d'ouverture prônée par Gentile au début du projet. Celui-ci se rallie d'ailleurs à ce tournant politique afin de suivre « fidèlement les directives que le Duce nous a imparties », même s'il parvient à conserver la collaboration des professeurs De Sanctis et Levi Della Vida qui avaient pourtant refusé de prêter serment en 1931. La rédaction de l'article « fascisme », en 1932, est sur ce plan exemplaire. Gentile s'occupe de la partie intitulée *Idées fondamentales*, alors que Mussolini se réserve la partie *Doctrine politique et sociale*. La rédaction d'autres articles est confiée à des responsables du régime. Ainsi, l'article « martyrs fascistes » est rédigé par Arturo Marpicati, vice-secrétaire du PNF, l'article « mezzadria » par Giuseppe Tassinari, ministre de l'Agriculture, l'article « guerre aérienne » par Italo Balbo. L'article « nationalisme », en partie écrit par Federzoni, s'applique à démontrer les origines antidémocratiques du nationalisme et nie les influences françaises sur le nationalisme d'Enrico Corradini avant 1914. L'article « dictature » ne concerne que la période antique et évite soigneusement toute allusion à la période contemporaine. Plus inquiétant est l'article « race », publié dans le volume d'appendices de 1938 et influencé par la politique raciale entamée par le pouvoir fasciste. Dans ce contexte, comment les historiens de l'Antiquité ont-ils travaillé ?

Une écriture apolitique de l'histoire antique ?

L'écriture de l'histoire n'est que rarement un exercice rituel au cours duquel ce que l'on appelle l'objectivité, terme délicat à manier, serait la règle absolue. Les interprétations d'un même moment historique, de l'action d'une personnalité varient et portent au débat. Ceci est d'autant plus vrai lorsque le régime dans lequel se meut l'intellectuel souhaite fournir une vision officielle de l'Histoire. Certains articles d'histoire antique de l'Encyclopédie italienne sont à observer attentivement afin d'en scruter les « anomalies » idéologiques au regard des canons de la pensée fasciste.

De Sanctis rédige 131 articles parmi lesquels des biographies (Asdrubal, Jugurtha, Philippe V de Macédoine, Polybe, les Scipions, Thémistocle, Thucydide), des batailles (Cannes, Cynocéphales, Magnésie du Sipyle, Marathon, la guerre du Péloponnèse, Platées, Salamine, les Thermopyles), des thèmes historiques (aristocratie, Carthage, dictateur, Grèce antique, tribun de la plèbe)[22]. De Sanctis n'a pas souhaité rédiger des contributions liées à l'histoire impériale de Rome, sans doute car le régime fasciste faisait son miel de cette référence. Par contre, il fait l'éloge des velléités des princes hellénistiques qui ont eu la volonté de s'opposer à l'impérialisme de Rome. De même, il évoque des réserves éthiques vis-à-vis du ralliement de Polybe au système romain.

Nombre d'articles traitent de sujets prêtant à des comparaisons contemporaines. Rares sont les auteurs qui sombrent dans la flagornerie tel Giovanni Gianelli, auteur de l'article sur Alexandre le Grand : « Alexandre et César, condottieri, hommes de grande stature, de grande énergie, de singulière valeur morale, hommes qui en d'autres termes appartiennent à la même stature que le Duce. » Certains historiens de l'Antiquité n'hésitent pas, avec plus ou moins de retenue, à faire passer des messages politiques. Momigliano fait un plaidoyer de Démosthène et de la liberté athénienne sans cependant omettre les limites d'une vision politique :

> « Ce qui distingue le jeune orateur est la conscience de la valeur de la liberté, propre à la vie athénienne [...]. Avec la liberté d'Athènes disparaît son plus grand et sincère champion, celui qui, quelles que soient les limites de sa conception, avait le plus passionnément senti la grandeur spirituelle d'Athènes libre et démocratique[23]. »

De Sanctis reste sobre avec l'article « Dictature » qu'il traite dans le cadre de Rome. Il souligne la décadence de la dictature romaine à partir du IIIe siècle av. J.-C. face à l'affirmation du Sénat. Les guerres civiles de la fin de la République permettent un renouveau avec Sylla et César. « Après la mort de César, la dictature qui avait pris valeur de monarchie ne fut plus

22. La recension des contributions de Gaetano De Sanctis à l'Encyclopédie italienne est présentée dans les appendices du volume Istituto dell'Enciclopedia italiana, *Fondo Gaetano De Sanctis, inventario*, Rome, 2007.
23. *Enciclopedia italiana*, vol. XII, 1931, p. 606-608.

renouvelée[24]. » L'article « Démocratie » est confié à Guido Calogero pour ce qui est de la période antique. Il y souligne la brièveté des magistratures et l'impossibilité de les cumuler : « La brève durée des carrières publiques était une garantie importante de la démocratie : dans beaucoup de cités, elles ne dépassaient pas 4 à 6 mois [...]. Il était également interdit, exception faite des fonctions militaires, de cumuler ou de prolonger les magistratures[25]. »

Les esprits malicieux ou simplement avertis ne pouvaient pas manquer de faire un parallèle avec Mussolini, habitué à un cumul des ministères et promis à un pouvoir de longue durée. Plus frontalement en désaccord avec la position du régime est le portrait que dresse Mario Attilio Levi de Jules César. Alors que le pouvoir fasciste en fait une des figures importantes de la Rome antique dont l'exemple est à suivre, l'historien est plus sévère et sceptique :

> « Ainsi finit dans l'histoire de Rome le grand rêve césarien : avec le prestige d'un nom, d'une incomparable gloire militaire et d'une très grande popularité, César avait tenté de résoudre la longue crise des institutions républicaines [...]. La solution qu'il imposait, étrangère à la romanité, était la monarchie absolue et théocratique sur le modèle hellénistique. Avec une héroïque audace qui apparait aujourd'hui encore admirable, César se posait contre la tradition et contre l'histoire, se reliant au rêve d'Alexandre le Grand, et voyant dans la monarchie universelle la seule solution digne de lui-même et de Rome. Son œuvre constitutionnelle fut antihistorique et le poignard de Brutus vengea les droits d'une tradition séculaire[26]. »

Le bilan de l'empereur Auguste est également analysé de manière diverse par Mario Attilio Levi :

> « À l'époque de celui qui a été un homme au génie très élevé et singulier, tous durent forcément collaborer avec lui, selon sa volonté, dans un travail parfois sans splendeur, dans des guerres qui ne créèrent pas de nouvelles provinces, dans des administrations qui ne donnèrent pas de richesse et au pouvoir tyrannique, [...] dans une œuvre qui plus que tout autre donne au monde la pleine et entière mesure de la valeur et de la capacité des dons caractéristiques et du génie particulier du peuple romain[27]. »

Le tableau n'est pas en accord parfait avec les dithyrambes du régime qui atteignent leur apogée pour le bimillénaire de l'empereur en 1937-1938.

Même marquée politiquement, l'encyclopédie italienne reste une des publications culturelles de l'époque fasciste qui garde une certaine valeur. À la différence de l'Académie d'Italie qui, créée en 1929, ne survit pas au fascisme et est dissoute par un décret du 28 septembre 1944 du gouvernement Bonomi, elle continua à être un travail de référence dans l'Italie

24. *Enciclopedia italiana* vol. XIII, 1932, p. 50.
25. *Enciclopedia italiana*, vol. XII, 1931, p. 592.
26. *Enciclopedia italiana*, vol. IX, 1931, p. 872. Outre un article sur la guerre sociale, Mario Attilio Levi est un des grands pourvoyeurs de biographies historiques pour l'Encyclopédie : Marc-Antoine, Catilina, Cinna, Clodius, Lépide, Livie, Lucullus, Marius, Mithridate, Sertorius, Sylla, Spartacus, Varus, Verrus...
27. *Enciclopedia italiana*, vol. V, 1930, p. 353.

d'après-guerre. Devenu directeur de l'institut de l'encyclopédie italienne, Gaetano De Sanctis fait publier, en 1949, des appendices mais ne croit pas utile de refondre de fond en comble les articles des divers volumes. De ce point de vue, l'affirmation de Gentile, en 1938, prédisant que l'encyclopédie continuerait à être reçue et appréciée des Italiens, s'est avérée juste[28].

28. En septembre 1943, Gentile se rallie à la République sociale et est nommé à la tête de l'Académie d'Italie. Il est tué par des partisans communistes, près de Florence, le 15 avril 1944.

Interprétations et savoirs en réseaux
Les savants face à l'expansion romaine (XIXe-XXIe siècles)

Maria Teresa SCHETTINO

Les savants en réseaux

La « République des Lettres » (*Respublica litterarum*) est une expression utilisée depuis l'humanisme pour désigner le milieu des intellectuels qui partageaient la même passion et le même intérêt pour l'Antiquité. Au fur et à mesure de la redécouverte des textes anciens, s'élaboraient de nouvelles interprétations de l'Antiquité, qui affectaient la représentation du pouvoir et les manifestations artistiques du présent. Grâce aux correspondances savantes, on peut encore connaître l'enthousiasme qui accompagnait, à travers le continent européen, ces redécouvertes, et reconstituer les étapes qui amenaient à l'élaboration de nouvelles interprétations passionnantes. Il s'agissait d'un débat collectif, à distance, auquel la plupart des érudits et des intellectuels participaient.

La naissance de la figure de l'intellectuel, conscient de son rôle et autonome par rapport au pouvoir politique et religieux, remonte donc à l'humanisme. Le prototype de l'intellectuel en termes modernes est bien représenté par Pétrarque, qui revendique le statut indépendant de l'homme de lettres, qui passe de cour en cour et vit de son propre travail. La mobilité du lettré et la valeur de son travail, valeur aussi bien intellectuelle qu'« économique », définissent le statut le plus ancien de l'intellectuel moderne.

La conception de la « République des lettres » a été reprise et relancée notamment à l'époque des Lumières, quand la pratique de la circulation culturelle et le rôle des intellectuels furent davantage théorisés. La constitution de réseaux d'intellectuels était destinée à la création de savoirs communs, selon une conception laïque du savoir opposée au monopole culturel exercé par l'autorité religieuse jusqu'à cette époque. Dans cette réflexion théorique, un rôle non négligeable fut joué par les intellectuels maçons, qui conçurent le réseau de savoirs comme le patrimoine commun d'une nouvelle classe intellectuelle laïque.

L'idée de réseau culturel est à la base des définitions modernes du rôle et de la pratique des intellectuels. Les réflexions sociologiques et anthropologiques autour du rôle des intellectuels et de la culture dans la société moderne, quelle que soit l'orientation qui les anime, de Weber à Wittgenstein, font toujours allusion à un groupe social et politique, plutôt qu'à des individus. La possibilité de définir une classe sous-entend l'idée d'un réseau, quelque souplesse que puissent avoir les liens entre les membres qui en font partie[1]. Au sein de cette classe, on peut identifier des groupes soudés, qui se différencient sur la base de l'idéologie. Ainsi, l'on parle d'intellectuels libéraux, marxistes, catholiques. Cependant, indépendamment de leurs positions idéologiques, ces intellectuels reflètent tous le même milieu culturel, la même atmosphère culturelle, laquelle est, sinon déterminée, du moins affectée par les faits du présent. On peut songer à une « catégorie espace/temps » qui dépasse les différences idéologiques. Cette catégorie n'efface pas les individualités, qui restent et réagissent de façon autonome, mais elle souligne l'existence d'un substrat commun constituant le tissu social et culturel du réseau. Bien que j'aie implicitement superposé la catégorie d'intellectuel au concept de savant, je suis bien consciente qu'il s'agit d'une simplification : ces deux termes, savants et intellectuels, ne sont pas synonymes, ces derniers représentant une catégorie moderne et moins homogène que celle des savants. Autrement dit, le terme d'intellectuel reflète mieux la parcellisation de la culture contemporaine, le rapport déstructuré à l'étude de l'Antiquité gréco-romaine, le statut plus problématique de l'homme de culture aux XXe et XXIe siècles[2].

Ceci posé, nous allons tourner notre attention vers les idées élaborées par les savants, à partir de la fin du XVIIIe siècle, sur la République romaine ; nous privilégierons notamment le thème de la guerre et la réflexion des réseaux savants autour des causes de l'impérialisme. Nous utiliserons deux clés interprétatives majeures : l'une concerne la relation maître-élève, et donc les milieux de formation des savants dont nous parlerons, l'autre le rapport problématique entre le présent et le passé[3].

Comme nous venons de le dire, les approches historiques sont affectées par le présent. Les méthodes et les interprétations élaborées au fil du temps reflètent les questions brûlantes du présent ; les courants culturels se modifient au fur et à mesure des événements historiques. Deux intellectuels du XXe siècle, de formation différente, tels que B. Croce et E. Carr, ont tous les deux mis en évidence qu'il n'existe que l'histoire contemporaine, dans

---

1. À ce propos, on peut évoquer le livre d'E. LAMIEUX, *Pouvoir intellectuel. Les nouveaux réseaux*, Paris, 2003 : ce titre sous-entend l'existence de réseaux antérieurs.
2. Le néologisme « intellectuels » est historiquement apparu pour la première fois en France, à la fin du XIXe siècle, cf. C. CHARLE, *Les intellectuels en Europe au XIXe siècle*, Paris, 1996, p. 17-30.
3. La même problématique est traitée, en ce qui concerne la période hellénistique, par P. PAYEN, « Conquête et influences culturelles. Écrire l'histoire de l'époque hellénistique au XIXe siècle (Allemagne, Angleterre, France) », *DHA* 34 (2008), p. 1-27. Cet article, riche en observations et réflexions sur le rapport entre les événements du présent et la tradition des études sur l'Antiquité, présente la même approche méthodologique que j'entends proposer ici. Il a constitué un point de repère constant lors de la révision de mon travail. Je suis également débitrice aux suggestions et observations développées pendant le débat, animé par Catherine Valenti et Pascal Payen, lors de mon séminaire à Toulouse. Je saisis l'occasion pour remercier tous les collègues toulousains qui ont participé à ce débat et ont contribué à améliorer mon texte. Il va de soi que je reste la seule responsable de toutes les erreurs et des simplifications que cet article pourrait contenir.

la mesure où l'étude du passé correspond à l'interprétation du présent. On retrouve la même idée chez F. Braudel, même si c'est à travers une formulation apparemment opposée. Selon Braudel, il faut partir du présent pour comprendre le passé : le rapport entre passé et présent est renversé, mais l'idée de fond reste la même. La catégorie espace/temps crée donc des réseaux de savants, qui s'occupent des mêmes problématiques, dans la mesure où elles sont marquées par les événements de l'époque.

Cela explique les vagues culturelles, qui traversent et caractérisent certaines époques et constituent la base de courants scientifiques homogènes, malgré les différences idéologiques qui séparent les spécialistes. Il s'agit de la transposition d'un concept sociologique à la sphère culturelle et à celle de l'interprétation historique.

Enfin, on peut parler de réseau dans la mesure où ceux qui y participent ont reçu la même formation culturelle, qui devient un filtre commun d'interprétation historique, à travers lequel ils reflètent leur milieu culturel d'appartenance. En ce qui concerne l'Antiquité, cela vaut surtout pour les XVIIIe et XIXe siècles, quand l'étude de la civilisation ancienne, qui était assimilée au classicisme gréco-romain, constituait la base de la formation des élites européennes. Mais nous verrons qu'aux XXe et XXIe siècles, ce rapport n'a pas disparu.

Il s'agit donc de mettre en perspective le débat académique. L'on utilise souvent cette expression pour souligner l'inanité des discussions entre spécialistes. J'aimerais le réévaluer dans la mesure où ce débat, même s'il est spécifique et technique, appartient à l'époque qui l'a produit et reflète des inquiétudes, des problématiques sociales qui dépassent les limites d'un débat entre érudits. Comme dans la « République des lettres de l'humanisme », aux XVIIIe et XIXe siècles, les savants étaient fréquemment liés par des rapports amicaux. Il est donc difficile d'identifier la ligne de partage entre le réseau intellectuel et le réseau amical. C'est pourquoi l'étude de la prosopographie et la reconstitution des liens personnels de chaque savant aident à connaître le processus d'élaboration et circulation de certaines idées. D'un point de vue méthodologique, l'étude et la publication des échanges épistolaires constituent un outil incontournable[4].

Comme l'on a déjà vu, à l'intérieur de la catégorie que nous avons définie comme « sociologique », dans la mesure où les réseaux en question correspondent à des découpages générationnels, il faut replacer d'autres réseaux, voire sous-réseaux. Je fais allusion notamment :

1) à des milieux de formation marqués par des clivages idéologiques distincts, d'où l'adhésion à des courants de pensée spécifiques ;

4. Ce qui a été fait, par exemple, pour Cumont et Rostovtzeff : G. Bongard-Levine, C. Bonnet, Yu. Litvinenko, A. Marcone, Mongolus Syrio salutem optimam dat. *La correspondance entre Mikhaïl Rostovtzeff et Franz Cumont*, Mémoires de l'Académie des Inscriptions et Belles-Lettres, Paris, 2007. Il reste encore à établir le matériel qui nous servira de source pour réfléchir, dans une perspective de synthèse, sur les XXe et XXIe siècles, d'autant plus qu'à la suite de l'évolution technologique, on perdra des sources : d'un côté le téléphone, de l'autre la correspondance électronique ont à la fois intensifié les échanges et les ont rendus matériellement plus périssables.

2) à des institutions culturelles, telles que les universités, les écoles et leur tradition d'études;

3) à la fréquentation de lieux et milieux sélectionnés par des pratiques culturelles, comme le Grand Tour, ce qui permet de souligner la dimension européenne de ces réseaux.

Il est difficile de hiérarchiser ces réseaux, qui influencent tous les interprétations des savants et amènent à la constitution de groupes idéologiquement et culturellement homogènes. Nous prendrons en compte également l'influence exercée par l'enseignement de grands savants, qui ont quelquefois donné un élan soit à certains sujets soit à certaines approches méthodologiques.

Le schéma récapitulatif ci-dessous, qui ne saurait être exhaustif, matérialise l'ensemble de réseaux que j'ai mentionnés:

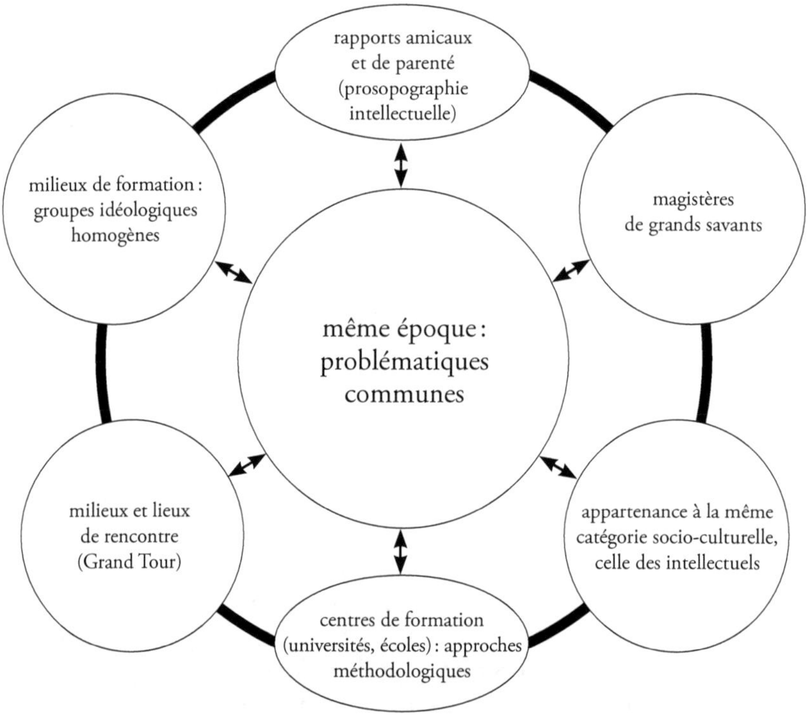

Ces sous-groupes sont en rapport entre eux dans la mesure où ils découlent du même milieu historique. Ce graphique entend représenter un milieu tout à fait particulier, celui des savants, qui reflète son temps sur la base des sujets, des thématiques et même de la méthodologie privilégiés, à des moments donnés de la civilisation européenne. Bien entendu, je ne propose qu'une étude préalable, au regard d'une question beaucoup plus large et complexe, qui mobilise un grand nombre de données et plusieurs approches méthodologiques. Je présente une esquisse très rapide, alors que la reconstitution des réseaux des savants des derniers siècles exigerait le croisement d'une série multiple de données personnelles ainsi que de données relatives à l'histoire de la plupart des disciplines de l'Antiquité. Toujours est-il que l'histoire culturelle, à laquelle l'étude des réseaux savants appartient, est le résultat de plusieurs facteurs qui s'entremêlent, telles que l'action menée par les institutions culturelles et académiques, l'actualité politique ainsi que les relations personnelles, aussi bien à l'intérieur d'un rapport de longue durée, comme celui entre maître et élève, que des rencontres tout à fait occasionnelles. Néanmoins, les phénomènes culturels doivent être considérés comme dynamiques, dans la mesure où ils interagissent eux-mêmes avec les facteurs qui les conditionnent, et se modifient au fil du temps.

La conquête romaine : une problématique et des réseaux multiples

Il y a un sujet que les événements de ce dernier siècle ont remis au centre de la réflexion historique, à savoir la conception de la guerre dans l'Antiquité, notamment à Rome, et à la période des conquêtes romaines. Nous participons d'une époque où la guerre et l'expansion territoriale et politique sont devenues à nouveau des sujets brûlants, ainsi que le rapport entre Orient et Occident, les deux secteurs de la Méditerranée que Rome avait réunis sous sa domination et qui faisaient alors partie du même empire. La Méditerranée occidentale et la Méditerranée orientale constituaient deux facettes du même univers politico-culturel, et cela grâce à la conquête romaine, ou à cause de cela.

En effet, la conquête militaire mise en œuvre par Rome fut un événement unique et exceptionnel dans l'histoire de la Méditerranée : elle modifia en profondeur les sorts politiques et culturels du monde méditerranéen et d'une grande partie de l'Europe continentale. Cette conquête donna naissance, déjà dans l'Antiquité, à un débat concernant les modalités dans lesquelles elle s'était déroulée, ainsi que sa légitimité, dans la mesure où la seconde dépendait substantiellement des premières. Ce furent les intellectuels et les hommes politiques, deux catégories qui souvent coïncident dans le monde ancien, qui s'interrogèrent sur cette conquête. Les points de vue qui animèrent ce débat reflétaient les groupes sociaux, politiques et économiques de ceux qui y participaient. Polybe notamment témoigna du rapport étroit entre modalités et légitimité de la conquête. Dans ses *Histoires*, il reconstitua les causes des conflits où Rome se trouva engagée depuis la première guerre punique jusqu'à la troisième guerre macédonienne.

La conception et l'activité de la guerre ayant trait à des aspects fondamentaux de la civilisation romaine, tel est le sujet qui constitua le cœur d'une réflexion globale sur l'histoire de la République. Il s'agit surtout de trois facettes de l'histoire de Rome, comme de la plupart des sociétés antiques : 1) les relations internationales ; 2) les modifications des structures économiques et sociales de la cité en fonction de l'activité militaire ; 3) la réflexion *a posteriori* sur le passé politico-militaire. Par conséquent, les retombées de la conquête, la conception politique qui l'avait animée, et l'évolution technique qui l'avait rendue possible affectèrent en profondeur les sources anciennes, et à travers ces dernières, le regard que les savants des XIXe et XXe siècles portèrent sur Rome.

Comme la guerre est un sujet « délicat », qui touche aux dynamiques politiques et sociales et sollicite la sensibilité politique des savants, l'interprétation de l'expansion militaire de Rome a été fort influencée par les événements contemporains. Autrement dit, on peut identifier aussi bien des vagues culturelles que des courants interprétatifs, qui reflètent les transformations des réseaux savants au fil des siècles, et cela selon les changements qui marquèrent l'histoire de notre continent. Je suis obligée de simplifier et de sélectionner ici des phases historiques assez longues pour cerner des tendances culturelles communes. La première correspond à la période des « États militaires », du colonialisme, et du « nationalisme », quand les puissances militaires jouaient un rôle décisif dans l'échiquier européen, enflammé par les conflits, et parcouru par les armées (XIXe-XXe siècles, on peut la prolonger jusqu'à la Seconde Guerre mondiale). La deuxième phase vit l'Europe divisée par une opposition idéologique qui ne déboucha sur aucun conflit déclaré, mais qui provoqua des déchirures et des haines longtemps insurmontables. La troisième est l'époque prétendument post-idéologique, née de la réflexion autour de l'expérience du « socialisme réel », expérience que la révolution d'octobre avait commencée dans des conditions traumatisantes, et que le dépassement du pacte de Yalta acheva. Cette optique post-idéologique a encore une fois modifié la conception de la guerre et l'interprétation du rôle joué par l'organisation militaire aussi bien dans la structure sociale que dans la politique internationale des États. Cette nouvelle approche s'est mêlée pendant les dernières années avec la notion de guerre « préventive » et une vision « morale » (« l'empire du bien » contre « l'empire du mal ») de l'activité militaire, ce qui a relancé la réflexion autour du concept de « guerre juste » (*bellum iustum*), et a peut-être ouvert une autre phase historique.

Nous reviendrons sur ces phases historiques, pour mettre en évidence la réaction des savants, selon des interprétations et des courants de pensée en réseau.

Le XIXe siècle et la naissance de l'historiographie « scientifique » : B. G. Niebuhr et la conquête napoléonienne

La première histoire de Rome qu'on peut considérer comme fondée sur une méthode scientifique, histoire qui constitue la base des études portées sur le monde romain, fut celle de Barthold Georg Niebuhr (1776-1831). Ce dernier était l'exemple des intellectuels européens de la fin du XVIIIe siècle, qui se rencontraient à Rome et se consacraient là aux études historico-archéologiques. Entre 1811 et 1832, son *Histoire romaine* vit le jour[5]. Cet

5. B. G. NIEBUHR, *Römische Geschichte*, Berlin, 1811-1812, 2 vol. [1828-1832, 3 vol.] ; cf. la première traduction française : B. A. DE GOLBÉRY, *Histoire romaine*, 7 vol., Bruxelles, 1830-1840.

ouvrage était consacré aux événements de la République romaine jusqu'aux guerres puniques : l'intérêt de Niebuhr se concentrait sur l'expansion dans la Méditerranée et la structure à la fois militaire et agraire de l'État romain. Le choix de cette période s'explique à la lumière de l'époque dans laquelle Niebuhr commença son *Histoire*. L'expansion de Rome était la clé de lecture pour comprendre et réinterpréter les événements de son temps, à savoir la domination qui s'était rapidement étendue à une large partie de l'Europe. C'étaient les années où la conquête napoléonienne avait réouvert la question de l'expansionnisme militaire et du rapport entre action politique et activité des armées. Le gouvernement de Bonaparte avait obligé le grand empire autrichien à accepter des accords humiliants. Je fais allusion à la paix de Presbourg, signée le 15 décembre 1805. Cette paix imposait à l'Autriche le découpage de l'empire germanique, dans lequel Napoléon constitua une chaîne d'États vassaux, c'est-à-dire la *Confédération du Rhin*, dans laquelle entrèrent avec le rang de rois les princes de Bavière et de Württemberg (en juillet 1806). À la suite de la conquête française, l'on avait donc établi de nouvelles entités territoriales, et mis sur les trônes d'une grande partie de l'Europe des souverains liés au gouvernement français, et cela dans le laps de temps entre la fin de l'année 1805 (paix de Presbourg) et l'automne de l'année 1809 (date de la paix de Vienne).

On peut dire que l'étude de l'histoire romaine débute comme étude de l'expansion de Rome et des peuples soumis. Le questionnement posé par Niebuhr concernait la légitimité de la conquête. Le savant renverse le rapport entre coût et bénéfices de la conquête. Sur la base de la distinction moderne entre citoyens et État, il attribue une valeur positive à l'expansion de Rome[6].

L'*Histoire* de Niebuhr devint tôt l'ouvrage de référence, en dépassant l'époque de sa composition. Deux facteurs affectèrent la constitution d'une nouvelle génération de savants de l'Antiquité, dans le sillage de Niebuhr. Le premier est constitué par le rôle que joue la Rome du XIXe siècle dans la formation des intellectuels européens. Si éphémère qu'il ait été, le gouvernement français de la ville de Rome avait cependant donné un élan aux études sur l'Antiquité et aux fouilles archéologiques. Rome était devenue l'étape incontournable pour les élites européennes, qui s'y rendaient pour compléter leur formation. La ville éternelle fut le carrefour des savants tout au long du XIXe siècle. Ambassadeur du roi de Prusse à Rome, de 1816 à 1823[7], Niebuhr y croisa la plupart des intellectuels de son époque, avec lesquels il anima la

6. B. G. Niebuhr, *Histoire romaine*, III, p. 567 : « Il est un raisonnement philosophique qui veut que jamais la valeur d'une conquête ne compense ce qu'elle a coûté, ni la perte d'hommes évalués comme richesse nationale ; mais une connaissance approfondie de l'histoire en fait voir l'erreur. Ce raisonnement peut être vrai en ce qui concerne l'aisance des citoyens de l'État conquérant, surtout lorsque le fardeau de l'impôt cause une diminution dans les fortunes ; mais il est faux, appliqué à la nation. Quand elle demeure florissante, elle reçoit de la conquête une vie nouvelle, une activité de commerce, une puissance, une importance qui bientôt rendent à la population des accroissements qu'elle n'aurait jamais reçus sans les sacrifices passagers qu'elle a soufferts. »
7. Sur ce séjour cf. M. Pavan, « Niebuhr a Roma », *in Enciclopedia 78-79. Gibbon, Niebuhr, Ferrabino*, Rome, 1980, p. 255-263.

vie culturelle de la ville. Ses rapports personnels contribuèrent à la diffusion de son ouvrage et au débat autour de la République romaine[8].

Le second facteur, qui interfère avec le premier, concerne la circulation de l'ouvrage de Niebuhr pendant les années 1820, circulation favorisée par les nombreux comptes rendus et les traductions qui circulaient à la fin de ces années-là. La traduction anglaise de la première édition date de 1827 (F. A. Walter) ; celle de la seconde édition commence à paraître à partir de l'année suivante (Hare et Thirlwall) ; deux ans après, la traduction française fut publiée.

On peut souligner que la réflexion sur l'organisation militaire des États toucha dans les mêmes années les études d'histoire grecque, comme l'ouvrage de Karl Otfried Müller (1797-1840) consacré aux Doriens le démontre. Cet ouvrage, écrit entre 1820 et 1824, fait allusion à la politique belliciste de l'État dorien par excellence, à savoir Sparte. Dans la Prusse en train de se consolider militairement, le thème du rapport entre politique extérieure et structure militaire devenait la question incontournable des études sur le monde ancien, dans la mesure où elle relevait de l'actualité.

Niebuhr déplaça l'intérêt de l'histoire de l'empire à l'histoire de la République. Cette interprétation sous-entendait l'équivalence entre empire et décadence. Nous pouvons y voir l'influence d'une œuvre qui, dans les années de formation de Niebuhr, venait de paraître et infléchissait la réflexion sur la crise et la décadence de l'empire. Il s'agit de l'œuvre d'E. Gibbon, *Histoire de la décadence et de la chute de l'empire romain*, publiée entre 1776 et 1788[9].

Entre les XIX*e et* XX*e siècles*

La naissance des États nationaux et le colonialisme : les réseaux savants face aux guerres d'expansion

Entre les XIXe et XXe siècles, les études concernant Rome reflètent l'atmosphère culturelle et politique de cette époque. Ce furent les années où les États européens menèrent une politique coloniale, et cela jusqu'au déclenchement du premier conflit mondial. La perspective militaire de la

8. Je prends un seul exemple, celui de la rencontre à Rome entre Niebuhr et Francis Lieber. Ce dernier était un savant allemand qui devint professeur d'Histoire et d'Économie politique à l'université de Caroline du Sud. Sa rencontre avec Niebuhr fut due à des raisons pratiques, Lieber ayant besoin de l'autorisation de l'ambassadeur de Prusse pour son séjour à Rome. Et, en 1836, il publia ses *Souvenirs* (« *Reminescences of Niebuhr* ») de cette rencontre, ouvrage dont Edgar Allan Poe fit un compte rendu l'année suivante.

9. E. GIBBON, *The History of the Decline and Fall of the Roman Empire*, 6 vol., Londres, 1776-1788 (vol. I : 1776, vol. II-III : 1781, vol. IV-V-VI : 1788). La gestation de l'œuvre se fit pendant le voyage de Gibbon en Italie en 1764-1765, en face des ruines de Rome d'après ce qu'il écrit dans ses *Memoirs* : « It was at Rome, on the 15th of October 1764, as I sat musing amids the ruins of the Capitol, while the bare-footed fryars were singing vespers in the Temple of Jupiter, that the idea of writing the decline and fall of the city first started to my mind. » Concernant l'influence de cette œuvre sur la culture des Lumières, cf. G. GIARRIZZO (éd.), *Edward Gibbon e la cultura europea del Settecento*, Naples, 1954. Pour un panorama sur le sujet de la décadence cf. P. BURKE, « Tradizione ed esperienza : l'idea di decadenza da Bruni a Gibbon », in *Enciclopedia 78-79*, p. 51-63.

politique européenne ne pouvait qu'affecter l'interprétation de l'expansion romaine. L'histoire de Rome était surtout l'histoire d'une puissance en mesure d'imposer sa domination à travers la force militaire. Les savants de la fin du XIXe siècle, quelle que soit leur approche, historique ou juridique, expriment la même vision de Rome, une Rome qui pouvait légitimer la politique militaire et agressive menée par les États européens de cette époque.

Ce furent notamment les études sur le droit international romain, au XIXe siècle, qui contribuèrent à cette interprétation. Ces études théorisaient que la condition primordiale des rapports entre les hommes était fondée sur l'hostilité permanente entre les peuples et l'absence de droits pour les étrangers[10]. Après le cosmopolitisme professé par les Lumières, l'horizon culturel et politique changea et, pendant le XIXe siècle c'est la guerre, en tant qu'instinct naturel, qui est réputée régler les relations humaines. Ce changement de perspective correspond à un changement d'interprétation à la fois du passé et du présent.

En effet, c'était la conception dont émanait l'idée selon laquelle les Anciens considéraient la guerre comme un état naturel des relations internationales, lorsqu'il n'existait pas d'affinité ethnique. Seule la conclusion d'un traité annulait cette condition conflictuelle, en réglant les rapports entre les États. La fortune de cette théorie fut déterminée par le soutien qu'elle reçut de la part du plus grand savant de l'Antiquité à cette époque. Je fais allusion à Theodor Mommsen, et cela à partir de son *Histoire romaine*, dont le premier volume fut publié en 1854[11].

L'interprétation de Mommsen pénétra en profondeur dans la culture occidentale[12]. D'ailleurs, la réputation de Mommsen, que l'attribution du prix Nobel en 1902 reconnut officiellement[13], favorisa la constitution d'un réseau de savants qui propageaient sa méthodologie et ses interprétations. À son époque, Berlin devint le point de rencontre de plusieurs savants, qui s'y rendaient pour suivre l'enseignement de Mommsen, tels que Camille Jullian (1859-1933) et Ettore Pais (aussi hostile à De Sanctis que Mommsen

10. Une large bibliographie dans F. Sini, Bellum nefandum. *Virgilio e il problema del « diritto internazionale antico »*, Sassari, 1991, chap. 4 ; Id., « *Bellum, fas, nefas* : aspetti religiosi e giuridici della guerra (e della pace) in Roma antica », *Diritto@Storia. Rivista internazionale di Scienze giuridiche e tradizione romana,* Memorie IV, n° 13, 2005.

11. Th. Mommsen, *Römische Geschichte*, Berlin, 1881 [1854], vol. I. L'oeuvre entière parut entre 1854 et 1886.

12. De fait, cette interprétation fut la plus accréditée dans l'historiographie du XIXe siècle, et encore tout au long de la première moitié du XXe siècle, des savants éminents la partagèrent. Il suffit de rappeler la *Storia dei Romani* de Gaetano De Sanctis, dont le premier volume parut en 1906 à Turin [Florence, 1979, vol. I, p. 87], et cela bien que son maître, Karl Julius Beloch (1854-1929), ait été en conflit avec Mommsen. On retrouve la même conception dans *La conquête romaine* d'André Piganiol, ouvrage publié à Paris en 1927. Selon Piganiol, la conception juridique primordiale du peuple romain se fondait sur l'hostilité naturelle entre les peuples et l'absence de protection pour l'étranger (chap. IX).

13. L'institution de ce prix international a donné le jour à un réseau savant qui mériterait sans doute d'être étudié, ce qui est toutefois loin de notre but principal.

à Beloch)[14]. L'ouvrage de Mommsen fut bientôt traduit : en français déjà, à partir de 1863, par Ch. A. Alexandre[15]. René-Louis-Victor Cagnat lui consacra un article assez élogieux dans *La Grande Encyclopédie* (Paris 1898), malgré la polémique née entre le savant allemand et les historiens français, comme Fustel de Coulanges, lors des événements de 1870[16].

La conception de Mommsen constituait le cadre historique et juridique dont naquit une série d'études menées surtout par les savants allemands à la fin du siècle. Il s'agissait des études consacrées à la structure économique et militaire de l'État romain ainsi qu'à la poliorcétique antique[17]. Ce réseau s'inséra largement dans la culture européenne. C'est dans ce milieu qu'on peut replacer aussi l'article de Numa Denis Fustel de Coulanges « Les institutions militaires de la République romaine ». Cet article date du 15 novembre 1870, soit entre la reprise d'Orléans par l'armée de la Loire et la désignation du général Faidherbe au commandement de l'armée du Nord, ce qui amène à remarquer la coïncidence chronologique entre sa publication et l'avènement de la puissance prussienne, à la veille de la défaite infligée à Sedan à Napoléon III[18].

Le début de l'article où Fustel de Coulanges abordait la question brûlante de l'Alsace, en polémiquant contre Mommsen, est intéressant : la rupture de l'alliance entre la France et l'Allemagne correspond au début de l'alliance entre l'Allemagne et l'Italie[19]. Cette rupture eut des retombées d'un point de vue culturel. L'Institut de correspondance archéologique disparut ; cet Institut avait été créé en 1829 pour accueillir les savants étrangers à Rome, notamment les savants français et allemands, qui donc constituaient jusqu'à ce moment-là un réseau binational. Sur ses cendres, l'Institut archéologique allemand (en 1871) et une section romaine de l'École française d'Athènes, puis l'École française de Rome, furent créés. En revanche, les échanges

14. Quelquefois, l'admiration envers Th. Mommsen n'effaçait pas les divergences sur des sujets de l'actualité politique, comme dans le cas d'E. Pais à propos de l'Istrie, cf. G. Bandelli, *Pais e il confine orientale d'Italia*, *in* L. Polverini (éd.), *Aspetti della storiografia di Ettore Pais*, Naples, 2002, p. 97-122.

15. *Histoire romaine par Théodore Mommsen, traduite par C. A. Alexandre*, Paris, 1863-1872 [rééd. Paris, 1985] ; on peut citer aussi la traduction de Cagnat et Toutain, publiée à Paris en 1887-1889.

16. N. D. Fustel de Coulanges, « L'Alsace est-elle française ou allemande ? », *La Revue des Deux Mondes*, 27 octobre 1870.

17. Dans le dernier quart du xixe siècle des études détaillées virent le jour, études consacrées à des auteurs militaires qui eurent une large fortune dans l'Antiquité : sur ce sujet, cf. M. T. Schettino, *Introduzione a Polieno*, Pise, 1998, p. 50-55.

18. N. D. Fustel de Coulanges, « Les institutions militaires de la République romaine », *Revue des Deux Mondes* 90 (1870), p. 297-314.

19. Fustel de Coulanges, « L'Alsace est-elle française ou allemande ? » : « Monsieur, Vous avez adressé dernièrement trois lettres au peuple italien. Ces lettres, qui ont paru d'abord dans les journaux de Milan et qui ont été ensuite réunies en brochure sont un véritable manifeste contre notre nation. Vous avez quitté vos études historiques pour attaquer la France ; je quitte les miennes pour vous répondre. » Sur les réseaux des intellectuels français et allemands entre les xixe et xxe siècles, voir l'article riche en observations, aussi bien sur les institutions que sur les savants, de H. Bruhns, « Les institutions et les réseaux ou comment des traditions nationales se construisent sur un objet commun. Éléments pour une comparaison des institutions scientifiques françaises et allemandes en histoire ancienne », *in* H. Bruhns, J.-M. David, W. Nippel, *Die späte römische Republik/La fin de la république romaine : un débat franco-allemand d'histoire et d'historiographie*, Rome, École française de Rome, 1997, p. 5-43.

entre les savants italiens et allemands s'intensifièrent. Les rapports entre les réseaux savants de ces deux pays datent de cette époque, et l'interruption due à la Première Guerre mondiale ne fut qu'une crise temporaire.

Le cadre politique conditionne donc la constitution des réseaux culturels et les échanges entre ces réseaux. Aujourd'hui on peut évoquer, par comparaison, la politique des institutions européennes qui financent les groupes de recherche européens, en favorisant la constitution de nouveaux réseaux.

La réflexion autour du rôle de la guerre dans les sociétés anciennes et l'ensemble des recherches menées sur ce sujet tout au long du XIXe siècle[20], débouchèrent sur le premier ouvrage de synthèse sur l'art militaire. Il s'agissait de la *Geschichte der Kriegskunst* d'Hans Delbrück, publiée à Berlin en 1890, c'est-à-dire deux années après l'avènement au trône de Guillaume II (1888) et la démission donnée par Bismarck du bureau de Chancelier du *Reich*, qu'il avait occupé pendant un quart de siècle environ.

Le XXe siècle s'ouvrit dans cette atmosphère, où les études de droit rencontraient celles de l'art militaire et de l'histoire politique, avec l'arrière-plan d'une Europe traversée par des tensions multiples. La Première Guerre mondiale n'était pas encore terminée, lorsque Gaetano De Sanctis (1870-1957) commença la publication de son *Histoire de Rome* consacrée à la période des conquêtes romaines. De Sanctis fut l'un des quatorze Professeurs des Universités qui refusèrent de jurer fidélité au régime fasciste. Par conséquent, il perdit sa chaire à l'Université, et réussit à conserver seulement son rôle à l'« Istituto dell'Enciclopedia italiana » (Treccani), dont il devint le Président après la guerre (1947-1954).

Il choisit la bataille de Pydna comme borne chronologique de son ouvrage, en se calquant sur le modèle de Polybe. Ce choix identifiait le noyau de l'histoire de la République à l'expansion politico-militaire menée par Rome[21]. L'interprétation de De Sanctis, toujours dans le sillage de Polybe, justifiait à la fois la conquête romaine en Occident et la politique coloniale des nations européennes, y compris l'annexion de la Libye au royaume d'Italie effectuée par Giolitti (1911-1912). Une fois encore, la politique contemporaine affectait les études d'histoire ancienne. On peut dire que l'application du concept d'impérialisme à l'Antiquité montre la coïncidence entre la politique coloniale, voire impérialiste, des puissances européennes et l'interprétation polybienne de l'histoire de Rome.

Aux yeux de De Sanctis, c'était l'expansion romaine dans l'Orient hellénistique qu'il fallait considérer comme l'expression d'une politique impérialiste. Le savant italien datait l'impérialisme romain de l'époque postérieure à la seconde guerre punique. Notamment, le tournant dans la politique de Rome correspondait à la guerre contre la Syrie. Cette interprétation marqua le début d'une longue période d'études concernant le problème

---

20. Pour un panorama, cf. V. ILARI, « *Imitatio, restitutio, utopia :* la storia militare antica nel pensiero strategico moderno », *CISA* 28 (2002), p. 269-381, en particulier n. 1.
21. G. DE SANCTIS, *Storia dei Romani*, Florence, 1967-1969, vol. III-IV [Turin, 1916-1923].

de l'impérialisme romain, sujet qui a connu son développement le plus marqué dans la seconde moitié du XXe siècle. À travers De Sanctis et son maître Beloch, le réseau des savants du XIXe siècle se transforma au fur et à mesure, en débouchant sur un nouveau réseau, qui se constitua autour de la problématique de l'impérialisme.

Le traité de Versailles marqua la fin de la Première Guerre mondiale et de la monarchie prussienne. Modifiant les équilibres territoriaux qui duraient depuis plus d'un siècle, depuis le Congrès de Vienne, ce traité redessinait l'Europe, tout en la laissant dans l'instabilité, qui l'amena vingt ans après au second conflit mondial. Entre-temps, les trois derniers empires s'étaient effondrés. Le trône tsariste était tombé à la suite de la Révolution de 1917, les empires austro-hongrois et ottoman avaient été effacés par la guerre. Durant la République de Weimar, l'organisation de l'armée et les institutions militaires dans l'Antiquité étaient encore l'objet de l'intérêt des savants, et cela comme une sorte de compensation, dans la mesure où persistait un état de fragilité et d'instabilité politiques[22].

L'idée d'expansion et son corollaire, l'idée de décadence

L'idée d'expansion a son corollaire « négatif », à savoir le concept de décadence, qui affecta en profondeur la culture européenne à la charnière des deux siècles. En ce qui concerne l'histoire de Rome, le thème du déclin de la civilisation ancienne et notamment de la chute de l'empire fit l'objet de nombreuses études. Sur ce sujet les savants se partagèrent, en alimentant la polémique et opposant leurs interprétations. Néanmoins, j'applique la catégorie de réseau dans ce cas aussi, dans la mesure où ces savants sont souvent en rapport entre eux.

Je me bornerai à évoquer le débat entre les « primitivistes » et les « modernistes », qui constituaient à leur tour deux réseaux soudés par la même vision de l'Antiquité. En fait, les « primitivistes » (ou « évolutionnistes ») et les « modernistes » se retrouvaient dans des positions voisines à propos de la décadence de l'empire et l'Antiquité tardive, malgré leurs polémiques au sujet des caractéristiques de l'économie antique – dont les uns soulignaient les limites, alors que les autres identifiaient deux phases opposées, à savoir d'expansion et de régression.

Les lendemains de la Première Guerre mondiale marquèrent une progression décisive. L'exigence de considérer de nouveau les phases cruciales de l'histoire ancienne se manifestait avec force, en raison de l'impact provoqué par les événements contemporains, auxquels nous avons déjà fait allusion. Face à la dissolution de trois empires, austro-hongrois – le dernier

22. Ce furent les années des publications encyclopédiques de F. Lammert, *s.v.* « Kriegskunst (römische) », *RE*, Suppl. IV, 1924, col. 1060-101, et *s.v.* « Kriegskunst (griech.) », *ibid.*, col. 1060-101, suivies quelques années après par Id., *s.v.* « Strategemata », *RE*, IV 1A, 1931, col. 174-81, ainsi que par la synthèse concernant toute l'Antiquité de J. Kromayer, G. Veith, *Heerwesen und Kriegsführung der Griechen und der Römer*, dans *Handbuch der Altertumswissenschaft*, Munich, 1928, vol. IV.3.2.

grand empire continental –, ottoman et russe, et à la suite du réaménagement de l'Europe induit par le traité de Versailles (1919), la question de la décadence de l'empire romain quittait le terrain strictement intellectuel et connaissait de nouveaux développements liés aux événements contemporains, qui imprimaient leur sceau sur toute l'époque.

L'ouvrage de référence de cette ère politique et culturelle fut la *Social and Economic History of the Roman Empire* (1926) de M.I. Rostovtzeff (1870-1952). Cet ouvrage se situait dans la tradition d'études socio-économiques que le débat entre « primitivistes » et « modernistes » avait alimentée. Cependant, au lieu de la double polarité économie « monétaire »/économie « naturelle », Rostovtzeff songeait à l'opposition entre la bourgeoisie urbaine et les masses rurales. Malgré ses prémisses sociales et économiques, aux yeux de Rostovtzeff, ce fut un affrontement « culturel » qui marqua le début de la décadence de la civilisation antique, ce qui montrait la dette de ce savant envers la tradition libérale. Son ouvrage se terminait par cette question : « Chaque civilisation n'est-elle pas destinée à décliner dès qu'elle se diffuse à travers les masses ? » Une telle question déplaçait l'opposition du niveau économique au niveau socio-culturel[23].

Cette vision de la décadence de l'empire romain reflétait l'interprétation élaborée par Rostovtzeff de la Révolution d'octobre 1917 et les retombées que cet événement avait eues sur sa vie. Aussi bien ses recherches que son activité d'enseignement formèrent des générations de savants en Europe et aux États-Unis. Sa correspondance dessine un réseau d'élèves, collègues et amis qui ont poursuivi ses recherches sur l'économie et la société anciennes. Les intellectuels marxistes furent eux-mêmes influencés par les études menées par ce savant. Au fur et à mesure de la publication de sa correspondance, on peut reconstituer un réseau de savants qui laissèrent une trace profonde dans les études de l'Antiquité[24].

En effet, les recherches postérieures portées sur l'économie antique commencèrent par renverser la position de Rostovtzeff. Notamment, elles passèrent au crible la notion de « décadence », qui avait été le fil conducteur de l'historiographie du XIXe siècle sur l'Antiquité tardive. Toutefois, cette conception s'imposera beaucoup plus tard[25] : les années d'après-guerre, qui étaient des années de restauration de l'ordre international, ne pouvaient guère pousser à une approche différente envers une période caractérisée par l'instabilité politique et économique. Il fallait probablement arriver à des années de bouillonnement politique et social, pour avoir une évaluation différente et des investigations plus attentives à la transformation que constitua, dans l'Antiquité, le passage de la société « classique » à la société

23. Sur Rostovtzeff, voir l'introduction de J. ANDREAU dans *M.I. Rostovtseff, Histoire économique et sociale de l'empire romain*, Paris, 1988, p. I-LXXXIV ; cf. aussi l'édition d'A. MARCONE, *Michael I. Rostovtzeff. Scripta varia : Ellenismo e impero romano*, Bari, 1995.
24. Par exemple, sur la correspondance entre Cumont et Rostovtzeff, *supra*.
25. S. MAZZARINO, *La fine del mondo antico*, Milan, 1988 [1956] (trad. française Paris, 1973) ; P. BROWN, *The Making of Late Antiquity*, Cambridge (MA), 1978.

« antique tardive[26] ». À partir des années 1960, la recherche scientifique a révisé la catégorie de crise[27] ainsi que celle de décadence, désormais remises en question à propos de l'Antiquité tardive.

Le XXe siècle : les réseaux savants face à la guerre froide et la réflexion autour de l'impérialisme romain

La succession d'études importantes sur l'expansion romaine et son corollaire, à savoir le déclin de la civilisation antique, auxquelles nous venons de faire allusion, montrent un panorama homogène d'interprétations. Néanmoins, il faut préciser qu'il y eut des recherches concernant les sujets en question qui révélèrent des approches différentes. Étant isolées à leur époque, ces approches furent récupérées après, quand les temps eurent changé. Apparemment, il s'agit d'interprétations en dehors du réseau auquel elles-mêmes toutefois appartiennent, dans la mesure où ces interprétations aussi répondaient aux mêmes questionnements ainsi qu'aux mêmes problématiques que celles posées par les événements contemporains. Ainsi, déjà à la fin des années 1920, l'intérêt ne pouvait pas se borner aux questions techniques et à l'organisation militaire. On accordait une attention nouvelle aux mécanismes propres à la politique extérieure de Rome, comme le travail de Heinze sur la *fides* le démontre[28], Heinze qui avait étudié à Berlin avec Mommsen.

Ce secteur d'études concernant la *fides* et les concepts voisins s'est renforcé après la Seconde Guerre mondiale, époque pendant laquelle l'on a développé trois domaines d'enquête. Il faut souligner que l'intérêt pour l'« événement-guerre » dans la Rome républicaine s'est au fur et à mesure rapproché de la problématique de l'impérialisme romain, jusqu'à s'identifier à cette dernière. Dans une Europe partagée d'un point de vue idéologique, la conquête romaine devenait un domaine d'investigation où se reflétaient les oppositions du temps présent. Le débat concernait des questions de fond : 1) la question de savoir s'il existait une expansion légitime ou susceptible d'être légitimée ; 2) la question de savoir si les modalités elles-mêmes de cette expansion résultaient d'une éthique de la conquête ; 3) en outre, s'il avait existé, et dans quelle mesure, des formes de résistance à l'expansion de Rome. Par conséquent, le climat politique et culturel de la seconde moitié du XXe siècle a mis au centre du débat la thématique de l'impérialisme, et a interprété selon cette optique les causes des conflits engagés durant la République moyenne, et cela avec des implications concernant les moteurs et les acteurs de la politique romaine. Nombreuses sont les

---

26. Cf. H.-I. Marrou, *Décadence romaine ou antiquité tardive ? IIIe-VIe siècles*, Paris, 1977.

27. Pour un panorama récent du débat historiographique, notamment sur les IIIe et IVe siècles, je renvoie aux synthèses de E. Lo Cascio, *Dinamiche economiche e politiche fiscali fra i Severi e Aureliano*, et de J.-M. Carrié, *Le riforme economiche da Aureliano a Costantino*, dans *Storia di Roma*, III, Turin, 1993, respectivement aux p. 247-282 et 283-322 ; M. Corbier, *The Crisis of Empire, A.D. 193-337*, *in CAH*, vol. XII, Cambridge, 2005, p. 193-392.

28. R. Heinze, « *Fides* », *Hermes* 64 (1929), p. 140-166.

études consacrées aux raisons et aux buts qui amenèrent au déclenchement des guerres. L'ouvrage de référence de cette tendance est le livre de William Harris, dont le titre associe explicitement les deux sujets, à savoir guerre et impérialisme[29]. Harris examine les guerres menées par Rome de 327 à 70 av. J.-C., et cela pour démontrer son idée de fond, à savoir que la thèse de l'« impérialisme défensif » est fausse.

Sur le prétendu « impérialisme défensif » les opinions des savants s'étaient partagées depuis longtemps, et cela souvent en rapport avec les idéologies auxquelles ils adhéraient[30]. Néanmoins, c'est après l'ouvrage de Harris que le débat s'est rallumé, en suscitant une chaîne d'études sur des aspects différents de la conquête[31].

J'estime comme représentatif de ce milieu culturel un ouvrage italien, qui se situe à la fin de la phase historique qui a influencé le débat historiographique du xxe siècle. Il s'agit de l'*Histoire de Rome* publiée chez Einaudi, ouvrage né sous l'impulsion d'Arnaldo Momigliano. Le volume consacré à la République, publié en 1990, dont le plan toutefois fut élaboré quelques années auparavant, n'inclut aucune section sur l'organisation militaire. En revanche, deux chapitres sont consacrés au thème de l'impérialisme : dans ces chapitres, ce sujet est traité sous des angles différents, et c'est ici qu'on trouve les observations relatives aux caractères de la politique extérieure de Rome. Les titres de ces deux chapitres sont parlants : celui d'Emilio Gabba s'intitule *L'imperialismo romano* ; l'autre, de Guido Clemente, *La politica romana nell'età dell'imperialismo*[32].

L'allusion à la *Storia di Roma* permet de mettre en évidence les problématiques concernant les projets éditoriaux majeurs, notamment les réseaux des collaborateurs. Cet ouvrage a été conçu par Arnaldo Momigliano, mais au fur et à mesure le groupe de collaborateurs s'est élargi, jusqu'à comprendre des élèves d'un autre grand savant de l'Antiquité, contemporain de Momigliano, à savoir Santo Mazzarino, autrement dit des spécialistes qui appartenaient à une autre tradition d'études, animée par une approche méthodologique et idéologique différente. Pour simplifier, la *Storia di Roma* s'articule en particulier sur deux réseaux, le réseau de Florence/Pise (autour d'Arnaldo Momigliano avant, et d'Emilio Gabba après) et celui de Rome (*La Sapienza*, autour des élèves de Santo Mazzarino, comme Andrea Giardina). Néanmoins, cet ouvrage met en relief aussi les liens entre les réseaux italiens et ceux d'autres pays européens.

29. W. V. Harris, *War and Imperialism in Republican Rome 327-70 B.C.*, Oxford, 1985 [1979].
30. Le prétendu impérialisme défensif a été accepté, après Mommsen, par plusieurs savants, tels que Frank et Holleaux et, plus récemment, Badian, Walbank et Errington. L'interprétation de De Sanctis était déjà différente. Des objections à l'impérialisme défensif, avant Harris, n'avaient pas manqué (Finley et Hopkins).
31. La question, en particulier, investit le rapport entre Rome et le monde hellénistique (Grimal, Gruen, Ferrary). À ce propos, l'interprétation polybienne de l'expansion romaine demeure fondamentale (Walbank, Momigliano, Gabba, Musti).
32. Les deux articles dans *Storia di Roma*, vol. II.1, Turin, 1990, aux p. 189-233 et p. 235-266 respectivement.

On peut remarquer que la plupart des collaborateurs français et allemands appartiennent aux institutions de leurs pays situées à Rome : par exemple, les collaborateurs français à celui de l'École française de Rome (Février, Gros, Morel, Andreau), et les collaborateurs allemands à l'Institut archéologique allemand (le *Germanico*, *DAI*, tel que Zanker). On pourrait étendre cette réflexion sur le choix des contributeurs également à la *Cambridge Ancient History*. Il est intéressant que certains spécialistes aient participé aux deux ouvrages, tels que J.-P. Morel et Mireille Corbier[33]. Les réseaux constitués des collaborateurs à un ouvrage majeur amènent à se poser des questionnements sur les supports éditoriaux et les conditions dans lesquelles on peut publier des livres savants, ce qui ouvre un autre volet concernant l'influence des maisons d'édition et leurs choix sur l'histoire culturelle.

On peut ajouter qu'un ouvrage collectif vient d'être publié en Italie, consacré à l'histoire de l'Europe et de la Méditerranée[34]. Les premiers volumes de cet ouvrage, auquel ont participé des spécialistes de plusieurs pays européens, devraient représenter la nouvelle interprétation de l'expansion de Rome, après la *Storia di Roma*. Bien que le réseau constitué à cette fin soit quelque peu artificiel, dans la mesure où le choix des collaborateurs découle d'un seul principe, le principe générationnel, cela met toutefois en valeur que chaque génération de spécialistes tend à élaborer sa propre synthèse et sa propre interprétation des phénomènes historiques. Le métier de l'historien se situe au milieu des deux exigences : le rapport aux générations antérieures et à la tradition des études d'une part, le rapport avec son propre temps d'autre part.

Cela dit, il faut souligner la multiplication des réseaux à partir de la seconde moitié du XXe siècle, sous l'influence de milieux politiques et culturels spécifiques, aussi bien nationaux qu'internationaux. Cela a élargi les approches méthodologiques et a mis en évidence les différentes facettes problématiques du sujet de la guerre et de l'expansion de Rome. Il suffit de mentionner ici l'ouvrage dirigé par J.-P. Brisson, publié à la fin des années soixante, et intitulé précisément *Problèmes de la guerre à Rome*, qui s'interroge sur l'évolution technique, et surtout politico-culturelle, qui accompagne l'activité militaire dans l'Antiquité, ainsi que sur le rapport entre la guerre et la société romaine[35].

Dix ans après, dans son livre *Rome et la conquête du monde méditerranéen, 264-27 av. J.-C.*, Claude Nicolet reprend la même approche large et problématique. Il donne leur essor à une longue série d'études sur la République romaine menées notamment par ses élèves ou les participants

---

33. Par exemple, J.-P. MOREL a été l'un des contributeurs des volumes 8 de la *CAH* (Cambridge, 1990) et 2 de la *Storia di Roma* (Turin, 1991) ; M. CORBIER a collaboré au Ier volume de la *Storia di Roma* (Turin, 1988) et au 13e de la *CAH* (Cambridge, 2005).

34. Notamment le vol. 4 de la *Storia d'Europa e del Mediterraneo* concerne l'histoire romaine (Rome, 2008).

35. Cet ouvrage (Paris-La Haye, 1969) contient dix articles qui couvrent la période du IVe siècle av. J.-C. au Haut-Empire.

à son séminaire de l'EPHE. Son magistère a laissé son sceau sur une longue génération de savants, où l'on retrouve la même périodisation et la même interprétation de l'histoire de la République romaine[36].

L'Europe post-idéologique et la conquête romaine : de nouveaux réseaux en formation ?

Dans l'Europe qui se prétend désormais dépourvue de conflits idéologiques, en effet, l'équivalence parfaite entre les deux problématiques en question, à savoir la guerre et l'impérialisme, ne pouvait apparaître que comme un schéma interprétatif trop rigide. À la fin du XXe siècle, les réseaux se multiplient, les échanges s'intensifient, les nouvelles technologies permettent un rayonnement qui favorise ces échanges, et pourtant les vagues culturelles restent *grosso modo* homogènes. Une production scientifique suivie a réexaminé les interprétations traditionnelles et ouvert de nouvelles perspectives, en développant des thèmes de recherche voisins, mais spécifiques[37]. On peut remarquer une nouvelle sensibilité qui songe à une vision complexe du phénomène de la guerre, où les réponses univoques ne semblent plus suffire à décrire les dynamiques d'une politique extérieure romaine considérée comme plutôt structurée et riche d'implications, et cela bien qu'elle semble suivre un schéma linéaire de conquête[38].

Quoi qu'il en soit, au XIXe siècle, la formation des élites sociales se fondait sur l'étude de l'Antiquité. Les savants constituaient un groupe assez soudé et homogène, d'autant plus qu'il y avait des lieux privilégiés de formation, où la plupart des savants se croisaient. Le XXe siècle marque le passage à une spécialisation plus marquée des savants, accompagnée d'une multiplication des angles d'approche. Autrement dit, on assiste à la désarticulation de la conception et de la figure de l'intellectuel contemporain.

La faiblesse actuelle du statut des intellectuels risque d'élargir le rôle joué par les institutions nationales et internationales dans la conduite des politiques de recherche. Les réseaux pourraient finalement échapper à des affinités intellectuelles entre savants pour devenir des réseaux d'intérêts entre établissements partenaires.

---

36. La périodisation de l'histoire de la République fondée sur l'expansion de Rome se trouve également dans le livre de J.-M. DAVID, *La République romaine de la deuxième guerre punique à la bataille d'Actium 218-31*, Paris, 2000.
37. Pour les résumer : 1) la conception de la guerre, avec ses démarches institutionnelles et religieuses ; 2) les mécanismes de la politique extérieure, avec une attention pour les modalités décisionnelles ; 3) les études de tactique et de stratégie militaire, avec des reconstitutions soignées des batailles les plus connues de l'histoire de Rome ; 4) les études sur le développement des armes et de l'équipement militaire et les changements qui ont eu lieu dans l'armée, études auxquelles ont contribué, notamment pour l'histoire archaïque, les analyses archéologiques des découvertes de matériel militaire dans la péninsule italienne ; 5) les enquêtes menées sur les auteurs militaires anciens, leur rapport avec le pouvoir politique, leur conception de la guerre mais aussi du rôle politique de Rome.
38. Sur la problématique de l'impérialisme, cf. récemment P. GARNSEY (éd.), *Imperialism in the Ancient World : The Cambridge University Research Seminar In Ancient History*, Cambridge, 2007.

Les derniers événements, à partir du 11 septembre 2001, ont relancé le thème de l'impérialisme, et le rapport entre les nouvelles stratégies politiques et la conception antique. Notamment, aussi bien les hommes politiques que les intellectuels se sont confrontés au sujet du rapport entre Orient et Occident, et ils ont débattu sur la légitimité d'une puissance en mesure de décider du sort du monde. On a évoqué des comparaisons avec l'expansion et l'empire de Rome.

Il n'est pas encore possible de voir comment la réflexion sur la guerre dans le monde ancien a changé, et comment les réseaux des savants se sont modifiés et structurés autour de nouveaux idéaux et perspectives politiques. Je me borne à relever que les études les plus récentes tendent à souligner les permanences entre l'Antiquité et l'époque contemporaine. Dans ce contexte il faut replacer, par exemple, le livre de Michael B. Cosmopoulos, publié en 2007, dont le titre est justement : *Experiencing War : Trauma and Society from Ancient Greece to the Iraq War*. On peut également rappeler les travaux de Victor David Hanson sur la guerre. Il s'agit de travaux contestés par la communauté scientifique, dans la mesure où ils dérangent l'approche classique du thème. Notamment, ils sont appuyés sur des comparaisons entre Antiquité, Moyen Âge, temps modernes et époque contemporaine.

Cette perspective de continuité met en valeur les influences du présent sur l'interprétation de l'histoire ancienne, et rallume les oppositions idéologiques de jadis, bien que les anciens slogans aient laissé la place à de nouveaux mots-clés, autour desquels des groupes et des réseaux de savants et d'intellectuels pourront à nouveau se nouer.

Deuxième partie

Collaborations, solidarités et compétitions réticulaires

De la concurrence en archéologie : la réception du *Recueil des cachets d'oculistes romains* d'Espérandieu

Marianne ALTIT-MORVILLEZ

En parcourant le courrier du commandant Émile Espérandieu [1], j'ai été frappée par l'apparition de conflits tournant autour de ses travaux. On pourrait penser qu'il s'agit d'épiphénomènes autour de malentendus de publications ou de relations personnelles. Cependant, si l'on s'attache aux développements ainsi qu'aux résolutions (lorsqu'il y en a) de ces conflits, on peut constater qu'ils reflètent assez bien des phénomènes de concurrence présents à la fin du XIXe siècle dans le monde archéologique.

Le terme de concurrence fait inévitablement penser au domaine commercial, et rarement d'un point de vue positif. Or en soi, le terme de concurrence est neutre, ni positif, ni négatif, ni mélioratif, ni péjoratif. Ce n'est pas la concurrence mais bien ses effets que l'on peut interroger. Pour reprendre les notions de concurrence à la fin du XIXe siècle, déjà le Littré, dans son édition des années 1870, propose comme définition « compétition, rivalité d'intérêts entre plusieurs personnes voulant atteindre le même objet [2] ». Il s'agit bien de compétition : l'action de chercher à obtenir en même temps que d'autres le même titre, la même charge ou dignité, la même fonction, etc. Littré oppose comme effets de la concurrence l'émulation à la rivalité. La première est présentée en termes positifs : « l'émulation est toujours un sentiment généreux, [elle] a pour dessein d'égaler, de surpasser en mérite, en vertu, en gloire, etc. » ; la deuxième, la rivalité, plus nuancée « est un mobile tantôt bon, tantôt mauvais : la rivalité a pour but de disputer la possession d'un bien, le pouvoir, la richesse, une femme, etc. [3] ». Le double mouvement du système de la méritocratie sous la IIIe République est fait d'émulation personnelle par l'élévation dans l'échelle sociale (leitmotiv de la IIIe République, par l'éducation, l'instruction) et de reconnaissance par la République de ce qu'on lui

1. Thèse en cours, *É. Espérandieu, un archéologue entre l'université et l'institution militaire*, Paris I, sous la direction d'A. Schnapp.
2. *Dictionnaire Littré*, 2e éd., Paris, 1872-1877.
3. *Idem*.

donne par son travail (récompense par la reconnaissance individuelle, prix, médailles). Les deux visées en ressortent confortées trouvant leur justification dans le désintéressement pour l'honneur de la patrie, le sacrifice, le don de soi, des buts nobles qui dépassent les intérêts particuliers et qui tendent à l'idéal républicain : travailler pour la nation, pour la science, c'est faire avancer le progrès. Aussi l'émulation est-elle publique, transparente et recherchée, et la rivalité s'intègre positivement et discrètement dans le jeu concurrentiel.

Émulation et rivalité sont fort bien représentées dans le monde archéologique à la fin du XIXe siècle. Deux types de sources peuvent permettre de comprendre les phénomènes de concurrence en action : les publications qui ne sont que la partie visible, publique, et les correspondances. Pour l'émulation, les lettres sont de véritables révélateurs : elles sont les reflets de ces réseaux de savants mis en place en Europe depuis trois siècles pour partager les découvertes, les propager, travailler en collaboration. L'illustration en est donnée dans le cas de la correspondance d'Espérandieu à maintes reprises : le courrier reconstitué entre Espérandieu et Joseph Déchelette[4] a montré le partage du savoir entre les deux savants pour leurs publications respectives ; de même les collaborations mises en place par Espérandieu pour son *Recueil des bas-reliefs de la Gaule* sont souvent tributaires des sociétés savantes[5]. On pensera aussi à l'émulation qui transcende les clivages et permet de dépasser la concurrence comme l'entraide scientifique entre savants allemands et français malgré les guerres : le soutien d'Espérandieu à Keune en 1918 en étant un exemple[6], ou les échanges épigraphiques pour le *CIL*. Quant à la rivalité (qu'elle soit de fond, de forme ou de personnalité), si les règles tacites de concurrence sont rompues volontairement ou non, elle reste la plupart du temps dans les courriers et est résolue au sein du ou des réseau(x) par des conseils temporisateurs de personnes ayant une autorité particulière, ou endossant le rôle de médiateur. Cependant, parfois, le conflit déborde du réseau, ou bien directement, est porté au grand jour. Lorsque c'est le cas, les publications, – et ce qui nous intéressera ici, les comptes rendus bibliographiques et les droits de réponse sous forme de correspondance publiée par la revue –, sont une tribune redoutable. En effet, les revues sont souvent les reflets des réseaux et ainsi apparaissent comme une caisse de résonance des conflits au-delà de leur dimension personnelle. Aussi les sources se complètent-elles nécessairement : les correspondances éclairent autrement les tensions visibles dans les discours rhétoriques des publications.

Je rappellerai qu'au sein de la science archéologique de la fin du XIXe siècle, plusieurs logiques sont en concurrence : on trouve d'un côté les institutions universitaires et de l'autre l'Académie des Inscriptions qui a déve-

4. M. Altit-Morvillez, « La correspondance Espérandieu-Déchelette reconstituée : un apport à l'histoire de l'archéologie », *Anabases* 9 (2009), p. 221-237.
5. M. Altit-Morvillez, « É. Espérandieu et la publication du *Recueil des bas-reliefs de la Gaule* », *Congrès du CTHS*, Arles 2007, sous presse.
6. É. Morvillez, « Émile Espérandieu et le *Recueil des bas-reliefs de la Gaule* : l'éclairage apporté par la correspondance », *in* C. Bonnet, V. Krings (éd.), *S'écrire et écrire sur l'Antiquité*, Grenoble, 2008, p. 247-260.

loppé, tout au long du XIXe siècle, une archéologie prestigieuse à l'étranger avec les Écoles françaises[7]. Même s'il y a peu de chaires universitaires d'archéologie en France à la fin du siècle (par rapport à l'Allemagne par exemple)[8], l'archéologie existe, se développe, publie face aux autres nations européennes dans une émulation concurrentielle bien connue. Par ailleurs, sur le sol français, la recherche archéologique est laissée à l'initiative des sociétés savantes et des érudits locaux. Le maillage du territoire de sociétés savantes initié par A. de Caumont est extrêmement développé à la fin du siècle, ce qui provoque une multitude de publications, quasiment chaque société ayant son Bulletin[9]. L'émulation locale est vivante et attire à elle toutes les « bonnes volontés ».

Un épigraphiste-militaire

C'est dans ce contexte qu'Émile Espérandieu a commencé une carrière d'épigraphiste en Tunisie en 1882, alors qu'il était jeune officier[10]; mais contrairement à la plupart, il la continue une fois rentré en métropole. Sa situation militaire l'installe de fait dans un statut d'érudit : il s'inscrit dans les sociétés locales des villes où il est en garnison : Béziers, Narbonne. Ce statut va évoluer très rapidement dès 1886 – lorsqu'il est nommé professeur de topographie à l'école de Saint-Maixent –, grâce à une rencontre, celle de Joseph Berthelé, archiviste de Niort[11], qui le pousse à publier un *corpus* d'inscriptions, à l'instar de son *corpus* sur les inscriptions du Kef[12]. Dans ses *Souvenirs*, Espérandieu écrit :

> « Lorsque je vins à St Maixent, la Préfecture de Niort possédait un archiviste très instruit et très actif, M. Berthelé, sorti, depuis peu, de l'École des Chartes. Les travaux d'archéologie, du reste assez rares et de sans grande valeur, que j'avais publiés, lui avaient fait connaître mon nom, que n'ignoraient point, dès cette époque, et pour les mêmes causes, M. Salomon Reinach, M. Héron de Villefosse et bien d'autres savants, comme Edmond Le Blant et Maximin Deloche par exemple.
>
> M. Camille Julian venait de faire paraître, en deux magnifiques volumes, les *Inscriptions romaines de Bordeaux*. M. Berthelé me demanda de publier celles du Poitou et de la Saintonge[13], et mit à ma disposition les pages de la *Revue Poitevine et Saintongeaise*, qu'il avait fondée[14]. »

7. È. Gran-Aymerich, *Naissance de l'archéologie moderne 1798-1945*, Paris, 1998, p. 360.
8. É. Perrin-Saminadayar (dir.), *Rêver l'archéologie au XIXe siècle*, Saint-Étienne, 2001, p. 54 : « Les chaires, souvent, n'ont d'archéologique que le nom, les cours portant sur l'histoire, la philologie ou l'épigraphie. »
9. J.-P. Chaline, *Sociabilité et érudition. Les sociétés savantes en France*, Paris, 1998.
10. M. Altit, « La correspondance archéologique du sous-lieutenant Espérandieu en Tunisie (1882-1883) : naissance d'une carrière », *in* Bonnet, Krings (éd.), *S'écrire et écrire sur l'Antiquité*, p. 329-340.
11. Joseph Berthelé (1858-1926), archiviste des départements des Deux-Sèvres et de l'Hérault, conservateur des antiquités et objets d'art du département de l'Hérault (source : http://cths.fr/an/prosopo.php?id=1695).
12. É. Espérandieu, *Épigraphie des environs du Kef*, Paris, 1884 ; *Étude sur le Kef*, Paris, 1888.
13. É. Espérandieu, *Épigraphie romaine du Poitou et de la Saintonge*, Melle, 1888. Pour cet ouvrage, Espérandieu a reçu le prix Gaussail de l'Académie de Toulouse en 1888.
14. É. Espérandieu, *Souvenirs*, manuscrit inédit, ms b1, fonds Espérandieu, Palais du Roure, Avignon.

Ce *corpus* lui offre une visibilité nouvelle, son réseau s'agrandit:

> « C'est ainsi que j'entrai en relations avec Alfred Richard, le P. Camille de la Croix, Belisaire Ledain, Louis Audiat, Musset, René Valette, l'abbé Julien-Laferrière et, de façon générale avec tous les érudits des deux provinces. Je correspondis avec Mommsen, Hirschfeld, Allmer, etc. »

Quelques années plus tard, Espérandieu n'est pas reçu à l'École de Guerre, parce que justement il s'occupe trop d'affaires non militaires et, par ailleurs, à partir de 1890, il va être atteint plusieurs fois par des angines graves qui laisseront comme séquelle une surdité grandissante: sa carrière en est freinée. Cette succession d'événements explique, en partie en tout cas, le développement de cette carrière épigraphique et archéologique, et donc, de manière concomitante, les fortes concurrences qu'il rencontre à plusieurs reprises, lors de ses publications. En effet, son statut de militaire engendre un problème majeur – celui de sa légitimité –, lorsqu'il veut émerger comme savant et non plus seulement comme érudit dans la science archéologique de l'époque.

Les cachets d'oculistes

Parmi les travaux d'Espérandieu, j'en choisirai un qui couvre certains aspects des phénomènes de concurrence. Le capitaine Espérandieu, en 1893, publie plusieurs articles dans la *Revue archéologique* sur des cachets d'oculistes. Puis, l'année suivante, il regroupe ses articles en une monographie, *Recueil des cachets d'oculistes romains*. Nous nous pencherons sur la réception de cette monographie à travers quelques comptes rendus des revues et la correspondance passive d'Espérandieu.

L'intérêt que porte Espérandieu à ces petits monuments n'est pas neuf, puisque la première mention dans sa bibliographie [15] d'un article sur ce sujet remonte à 1890, trois autres suivant en 1891. Cela fait dix ans qu'il s'intéresse à l'épigraphie et, nous l'avons vu, il est déjà connu pour ses diverses études d'épigraphie: depuis son premier travail sur les inscriptions du Kef[16] en 1883, il a publié les inscriptions du Poitou [17], celles des Lemovices en 1891 [18], celles de la Corse [19] et celles du musée de Périgueux [20] en 1893, pour ne citer que les études de quelque importance. Ce sont des publications locales, circonscrites aux régions de France où il est en garnison. Ses nombreux articles portent essentiellement sur toutes formes d'inscriptions (épitaphes, monnaies, marques de verriers). Par ailleurs, en 1888, dans la *Revue archéologique,* Salomon Reinach publie un article dans lequel il donne une liste d'oculistes romains et invite les savants à la compléter; cet article

15. H. Rolland, *Bibliographie d'Émile Espérandieu, 1883-1936*, Paris, 1937.
16. Cf. n. 12.
17. Espérandieu, *Épigraphie romaine du Poitou et de la Saintonge.*
18. É. Espérandieu, *Inscriptions de la cité des Lemovices*, Paris, 1891.
19. É. Espérandieu, *Inscriptions antiques de la Corse*, Bastia, 1893.
20. É. Espérandieu, *Musée de Périgueux. Inscriptions antiques*, Périgueux, 1893.

étant proposé à l'occasion d'une exposition de cachets à Saint-Germain-en-Laye[21].

En s'occupant de cachets d'oculistes, Espérandieu agrandit la sphère de ses études et propose un *corpus* global des cachets connus du monde romain. Le dernier *corpus*, celui de Grotefend, remontant à plus de vingt ans, et étant incomplet[22], Espérandieu a la volonté d'en donner un à jour et le plus complet possible.

On reconnaît là une caractéristique de sa personnalité : en regroupant des inscriptions connues dispersées dans de nombreuses revues, souvent peu accessibles, il offre à la communauté scientifique des outils de travail commodes. Il participe ainsi pleinement à une tendance de son époque, celle des *corpus*, tendance elle-même symptomatique des difficultés qu'en raison de la démultiplication des publications, rencontrent ceux qui souhaitent embrasser l'ensemble d'un domaine.

Le travail de regroupement du *corpus* fourni par Espérandieu peut être suivi dans sa correspondance. Il reçoit des informations, des moulages de toute l'Europe de particuliers ou de musées. Un seul exemple, celui de Jules d'Arbaumont[23] qui écrit :

> « Je vous envoie en même temps que ce billet, une petite boîte contenant l'empreinte en cire des quatre inscriptions de notre cachet. Celui-ci mesure en largeur sur chaque côté 0m053, en épaisseur 0m015. Rien sur les plats. Sur l'épreuve que je vous retourne, j'ai ajouté à la bibliographie le titre et le numéro de notre catalogue. Je crois cette indication utile. [...] Voici : 1) cachet trouvé en 1845, figuré et décrit dans l'*Histoire de Nuits* de M. Vienne, aujourd'hui au petit musée municipal de cette ville. 2) cachet possédé par M. Boudin qui l'a brisé en le laissant tomber de la fenêtre dans la rue. Décrit par M. Bigarne, de Beaunes dans son histoire des Kalètes-Eduens[24]. »

Espérandieu demande des moulages car les objets sont très petits, et la vérification des inscriptions est primordiale. Un cachet d'oculiste, pour reprendre les mots mêmes d'Espérandieu dans l'introduction de son *corpus*, est « une plaquette d'un grain très fin, habituellement en serpentine, en stéatite ou en schiste ardoisier, sur les tranches desquelles sont gravées en creux, et au rebours, différentes indications se rapportant à des collyres de l'antiquité ». Ces indications mentionnent les noms de l'oculiste, inventeur ou vendeur d'un collyre – parfois deux ou trois noms, témoignant d'une succession ; le nom et l'usage du collyre – parfois son mode d'emploi. Le

21. S. Reinach, « Les oculistes romains mentionnés sur les cachets », *Revue archéologique*, 1888, p. 257-268.
22. C. L. Grotefend, *Die Stempel der römischen Augenärzte*, Hanovre, 1867.
23. Jules d'Arbaumont (1831-1916), érudit dijonnais, membre de la Société botanique de France et de l'Académie des Sciences, Arts et Belles-Lettres de Dijon.
24. Il semble que ce soient ces moulages qui sont aujourd'hui conservés à l'INHA, décrits dans le catalogue des manuscrits : collection J. Doucet, ms 653. Le catalogue indique que ces moulages ont appartenu successivement à Jules Sichel, Robert Mowat et Émile Espérandieu et ont servi à la publication d'Espérandieu dans : *Corpus Inscriptionum Latinarum*, XIII, 3. Cependant, ils ont d'abord servi à la publication de 1894, laquelle entraînera celle du *CIL* en 1904 (*infra*, p. 118).

cachet est ensuite imprimé sur le collyre lui-même, une pâte dure qu'il fallait délayer ou broyer avant utilisation.

La réception du *Recueil*

La réception en 1894 du recueil des cachets d'oculistes[25] est particulièrement mitigée. Les critiques dans les revues dépassent les critiques de fond : on retrouve des critiques personnelles à peine masquées par la rhétorique. Une comparaison des discours de trois comptes rendus révèle certains phénomènes de concurrence visibles et sous-tendus : le compte rendu de Camille Jullian dans la *Revue historique* de 1894[26], celui de René-Marie La Blanchère dans la *Revue critique* de 1895[27] et celui de l'abbé Thédenat dans le *Bulletin critique* de 1895[28].

La première critique consiste en une remise en cause du principe même de ce *corpus*, même si l'un et l'autre la justifient diversement. C. Jullian critique la parution des cachets d'oculistes : trop rapide, pas assez rigoureux, pas nécessaire : « Y a-t-il véritablement avantage pour la science à publier avec une telle hâte les recueils d'inscriptions déjà connues et déjà réunies ? Nos maîtres nous ont appris que l'épigraphie profite plus de la patience que de la vitesse. » La Blanchère met l'accent sur le nœud de la controverse : « Voici un livre dont il n'y a pas vraiment lieu de faire la critique, si comme on nous le promet, il va enfin être remplacé tout à l'heure par le Corpus définitif que MM. de Villefosse et Thédenat achèvent. »

La deuxième critique pose le problème du travail de méthode : Espérandieu ne vérifie pas assez ses relectures, ni sa bibliographie. C. Jullian : « Peut-être, en attendant quelques mois encore, aurait-il pu, dans l'intérêt de son recueil, revoir quelques lectures, préciser quelques renseignements, vérifier quelques indications bibliographiques. » Et La Blanchère : « [il] ne s'est pas montré tout à fait soigneux pour faire un livre sans reproche ». La plus virulente est celle de l'Abbé Thédenat, à propos de la nécessité de donner des renseignements précis sur l'histoire de chaque cachet et d'établir une bibliographie raisonnée : « Je suis forcé de constater que toute cette partie du travail de M. Espérandieu est d'une insuffisance déplorable. [...] Si M. Espérandieu ne nous a donné aucun renseignement sur les circonstances où ont été découverts les cachets, c'est parce que, pour donner ces renseignements, il aurait dû lire les auteurs qu'il cite. »

Si les critiques sont aussi fortes, c'est parce que Espérandieu s'est attaqué à un projet en cours. Comme l'écrit La Blanchère, effectivement, l'abbé Thédenat et Héron de Villefosse avaient publié en 1882 une monographie sur les cachets, annonçant un second volume, cependant toujours pas publié en 1894.

25. É. Espérandieu, *Recueil des cachets d'oculistes romains*, Paris, 1893.
26. C. Jullian, *Revue historique*, janvier-avril 1894, p. 332.
27. R. M. La Blanchère, *Revue critique d'histoire et de littérature*, mars 1895, p. 169-170.
28. H. Thédenat, *Bulletin critique*, janvier 1896, p. 2-10.

L'absence de réseau et certains manques bibliographiques pourraient excuser *a posteriori* une monographie hâtivement publiée par un amateur prolixe. Mais le réseau d'Espérandieu est déjà très développé depuis dix ans et il avait reçu une lettre de Thédenat en 1892 : « Je suis bien embarrassé pour vous donner le renseignement que vous me demandez sur les cachets d'oculistes ; vous savez que depuis longtemps, M. Héron de Villefosse et moi nous occupons de cette question. Nous venons justement de terminer notre second volume et de faire le troisième qui est le recueil complet que nous avons depuis longtemps promis et commencé. Cela va très prochainement paraître ensemble. Le nombre que vous avez vu indiqué dans les Antiquaires du Centre[29] est bien exact et ne contient que des cachets[30]. »

Dans le journal[31] qu'il a tenu très peu de temps, Espérandieu note à la date du 23 décembre 1892 : « J'ai reçu ce matin une lettre de M. l'abbé Thédenat, m'informant qu'il allait faire paraître, en collaboration avec M. de Villefosse, un recueil de cachets d'oculistes romains, annoncé depuis déjà 10 ans. Sera-ce en pure perte que je me serai donné beaucoup de mal ? »

Espérandieu ne tient pas compte de cette lettre et en 1893 publie dans la *Revue archéologique* son *corpus* de cachets en plusieurs articles. Depuis 1891, ce projet de publication apparaît dans les lettres qu'il échange avec Reinach[32]. Ce dernier ne met d'ailleurs aucun obstacle à cette publication.

La critique de l'abbé Thédenat paraît en 1895 dans le *Bulletin critique*, et Espérandieu y répond dans une lettre au secrétaire du *Bulletin*, lettre publiée un mois après le compte rendu[33]. Dans celle-ci, il réfute ou tente de réfuter point par point les critiques de l'abbé, ce qui est un droit de réponse habituel – les revues ont une rubrique dédiée à la correspondance. Ce qui est inhabituel ici, c'est que chaque point de la lettre d'Espérandieu a un renvoi de note en bas de page rédigée par Thédenat qui répond ainsi directement à la lettre, rendant une possible future réponse caduque.

Thédenat, dans ce compte rendu, fait une critique en règle – les mots et le ton employés sont virulents – de l'ouvrage et de l'auteur, la première rejaillissant sur le second. Son dépit est compréhensible : un livre est annoncé, un autre le publie ; pour lui, c'est de la concurrence sauvage. Si le risque de se voir prendre un sujet a toujours existé, il devrait être réduit dans le cadre des réseaux, or Espérandieu est allé au-delà d'une règle tacite voulant qu'un travail annoncé soit réservé. Il prend une position nouvelle et risquée : la revendication d'une concurrence libre. Et ce, en posant ouvertement la question dans son introduction : pour combien de temps un travail est-il réservé ?

---

29. H. Thédenat, « Notice sur un cachet d'oculiste romain trouvé à Bourges en 1891 par Charles de Laugardière », *Mémoires de la Société des Antiquaires du Centre* 18 (1892), p. 359-384.
30. Lettre de Thédenat à Espérandieu, 22 décembre 1892 (fonds Roure).
31. Manuscrit inédit (fonds Roure).
32. Lettre d'Espérandieu à S. Reinach, 12 juillet 1892 (fonds Reinach, Musée des Antiquités nationales, Saint-Germain-en-Laye).
33. É. Espérandieu, *Bulletin critique*, février 1896, p. 71-80.

> « En 1882, [...] MM. Héron de Villefosse et Thédenat ont laissé entendre qu'un travail d'ensemble était préparé par plusieurs savants. Depuis cette époque, dix années se sont écoulées sans qu'un recueil nouveau soit venu remplacer les Corpus trop vieillis de Grotefend et de Sichel. La nouvelle période décennale qui commence se terminera-t-elle [...] sans que nous possédions un instrument de travail [...] ? Je voudrais pouvoir affirmer le contraire ; mais comme je ne puis rien préjuger de ce qui se fera, [...] je fais paraître un court résumé de ce que les découvertes de cachets nous ont appris[34]. »

Si le sous-entendu peut sembler quelque peu déloyal, il n'est en fait plus dans le même univers mental. Il revendique la possibilité de travailler sur des sujets de son choix, sans avoir à rendre compte. Il s'en était ouvert à Héron de Villefosse qui lui avait répondu : « Je n'ai jamais attaché aucune importance aux questions de priorité. J'ai la conviction qu'un sujet intéressant peut être traité par deux personnes à la fois[35]. »

Dans le compte rendu de Thédenat et la réponse d'Espérandieu, le plus révélateur des tensions est la manière dont Thédenat se situe par rapport à Espérandieu et comment celui-ci se place à son tour.

Thédenat traite hiérarchiquement Espérandieu comme un amateur érudit maîtrisant mal le savoir et la méthodologie scientifiques et qui ne devrait donc pas se permettre de traiter des sujets difficiles, et surtout des sujets déjà traités par des personnes autrement plus compétentes : « M. Espérandieu n'a pas l'habitude de lire les auteurs qu'il cite, sa bibliographie est nécessairement innocente de toute critique » et à la fin de son compte rendu « il a préféré ramasser, à peu de frais, ce qui traîne ça et là dans les commentaires de ses prédécesseurs, et l'entasser sans méthode et sans références, en quelques pages ».

Nous retrouvons la problématique de la légitimité du statut. Espérandieu refuse d'être considéré dans un rapport hiérarchique exprimé dans les critiques dénigrantes, et dans sa réponse il tente, avec maladresse, de s'adresser à Thédenat d'égal à égal en le renvoyant à ses contradictions. De plus, si Espérandieu répond à l'abbé, c'est parce que la crédibilité de son travail, depuis le début, est remise en cause dans les dernières lignes du compte rendu : « En somme M. Espérandieu a fait ce livre comme ceux qu'il a déjà publiés et dont je m'étais abstenu de parler pour n'en pas médire. Ni soin ni conscience dans les recherches ; le souci de bien faire sacrifié à la fièvre d'aboutir vite et à tout prix. Il était nécessaire que cela fût dit une bonne fois à un auteur qui pourrait, s'il le voulait, faire des ouvrages meilleurs, plus utiles et plus estimés. » Or, sans crédibilité, la légitimité du statut n'est plus assurée. Cependant, ce que ne voit pas Espérandieu c'est qu'en traitant d'égal à égal avec Thédenat, en refusant la prééminence à un savant reconnu, déjà membre de l'Académie des Inscriptions, il remet lui-même en cause la légitimité de celui-ci.

34. Espérandieu, *Recueil des cachets*, p. 10.
35. Lettre de Héron de Villefosse à Espérandieu, 8 septembre 1894 (fonds Roure).

Espérandieu oublie aussi que le *Bulletin critique* dans lequel est publiée la critique de Thédenat et l'année suivante sa réponse avec les annotations de l'abbé, est une revue dirigée par des Oratoriens dont H. Thédenat lui-même. Comment obtenir gain de cause dans la revue dirigée par son critique ?

La médiation du réseau

La force des réseaux équilibre cependant une bataille qui semblerait autrement perdue. En effet, S. Reinach qui a accueilli dans la *Revue archéologique* les articles d'Espérandieu sur les cachets d'oculistes prend son parti en rédigeant dans sa revue une critique positive[36]. Et l'on trouve dans la correspondance d'Espérandieu des lettres de Reinach, Héron de Villefosse et Cagnat, qui jouent un rôle de médiateurs et temporisateurs désamorçant le conflit. Reinach écrit au capitaine de s'attendre à d'autres critiques :

> « Quant à Vill. Et Théd., ils n'ont pas le droit de vous en vouloir et je ne savais pas que l'un d'eux vous eût écrit ce que vous m'écrivez (?). Votre *corpus* facilitera leur travail – s'ils ont jamais songé – sérieusement à le continuer – et ne leur coupe pas l'herbe sous le pied, puisqu'ils conçoivent leurs commentaires tout autrement. Peut-être Vill. m'en veut-il d'avoir accepté votre Recueil pour la Revue archéologique, mais il a eu le bon goût de n'en rien faire paraître et cela m'est du reste tout à fait égal. Surtout ne vous découragez pas à cause d'une attaque inconsidérée. Nous en avons tous subi, et de raides. Mon premier travail, un travail colossal et abrutissant, mon Manuel de Philologie, a été éreinté dans la Revue critique[37] par Graux. Toutes les fois que je publie mon livre, il en est question en Amérique, en Angleterre et en Allemagne, mais mes excellents confrères d'ici n'en disent rien, de crainte de m'être utile. Il y a longtemps que je ne me fâche plus de ces mesquineries. Vous ferez de même[38]. »

Héron de Villefosse qui aurait pu être mécontent et soutenir l'abbé Thédenat, se tient hors de la controverse et tente de rester bienveillant :

> « Je tiens à vous dire que depuis plus de 40 ans, je suis ami à Henri Thédenat par les liens de la plus tendre amitié. Vous comprendrez donc facilement que la façon dont vous me parlez de mon vieil ami m'ait fait beaucoup de peine.
>
> Votre irritation est sans doute excusable mais vous deviez la garder pour vous. Si je me permets de vous donner ce conseil, c'est parce que j'ai agi de cette manière dans une circonstance exactement semblable. Après avoir été très vivement houspillé dans la Revue critique à propos de ma Notice des monuments de la Palestine[39] je n'ai rien répondu et je n'ai pas eu à m'en repentir. Mon Aristarque en a été très vexé et ma notice a eu 4 éditions.
>
> Le diapason de votre polémique explique et excuse la phrase qui vous blesse. Il est bien évident que, dans tout autre circonstance, si Henri Thédenat avait eu à formuler la même pensée il aurait simplement dit que

36. S. Reinach, « Notes archéologiques », *Revue archéologique*, mars-avril 1895, p. 263.
37. M. Bréal et une note de Ch. Graux, *Revue critique*, janvier-juin 1880, p. 409-414.
38. Lettre de S. Reinach à Espérandieu, sans date (fonds Roure).
39. Ch. Clermont-Ganneau, *Revue critique*, juillet-décembre 1879, p. 73-77.

> la publication de votre recueil ne pouvait pas être un obstacle à la publication du nôtre. Le temps qui est un grand maître, arrange tout et adoucit tout. J'espère que ma lettre vous trouvera dans un état d'esprit déjà plus calme[40]. »

Quant à Cagnat, il essaie de rattraper la critique de La Blanchère.

1904 : la reconnaissance du *CIL*

L'émulation est telle face à l'Allemagne – et pour l'épigraphie, la corde est très sensible – que l'on pardonne beaucoup lorsque l'honneur de la science française est en jeu.

Espérandieu est connu des Allemands, il avait envoyé à Schmidt, un collaborateur de Mommsen, ses inscriptions du Kef (1888) qui seront ainsi intégrées au volume VIII du *CIL* (Afrique). Il continue à envoyer ses inscriptions publiées à un des savants qui s'occupent du volume XIII (Gaule), Oscar Bohn. Il a d'ailleurs un très bon contact avec lui, les lettres en témoignent.

Aussi, lui demande-t-on d'intégrer ses cachets d'oculistes en supplément dans ce volume XIII consacré à la Gaule. Héron de Villefosse, pour l'aider à préparer cette publication, lui donne ses notes personnelles sur les cachets d'oculistes, – notes qui auraient dû servir à la publication qu'il préparait avec Thédenat, laquelle n'a jamais abouti – afin de compléter la monographie qu'il avait publiée en 1893.

Héron de Villefosse écrit en 1905 dans les *Comptes Rendus de l'Académie des Inscriptions*: « En lui confiant ce travail, l'Académie de Berlin lui a donné une marque d'estime particulière. C'est avec une satisfaction véritable que nous voyons le nom d'un savant français figurer parmi les collaborateurs du volume consacré aux inscriptions latines de notre vieille Gaule[41]. » Entre-temps, le statut d'Espérandieu a changé, sa légitimité n'est plus à asseoir, nommé correspondant de l'Institut en 1901, il est déjà en charge du *Recueil des bas-reliefs de la Gaule*.

Jusqu'à cette publication, Espérandieu n'avait rencontré que des critiques bienveillantes, ce qui lui a donné sans doute le sentiment de pouvoir prendre de lui-même une place inédite, indépendante en publiant un *corpus* attendu. À travers ce *corpus*, c'est bien la place qu'il s'est octroyée qui lui est reprochée, et il découvre que pour avoir une légitimité dépassant celle de l'érudit de province, il lui faut encore attendre. Le réseau d'Espérandieu a certes mis en sourdine le conflit – d'autant plus qu'un conflit à l'intérieur d'un autre réseau, celui de l'Académie des Inscriptions, n'apporterait rien par sa médiatisation toujours possible à la crédibilité savante. Dans ce cas, le conflit reste confidentiel et ne déborde pas des revues savantes, mais surtout

40. Lettre de Héron de Villefosse à Espérandieu, 10 février 1896 (fonds Roure).
41. A. Héron de Villefosse, *CRAI*, 1905, p. 476-477.

grâce à son réseau, Espérandieu peut continuer son travail épigraphique et ses correspondants, Héron de Villefosse, Reinach ou dans une moindre mesure Cagnat, vont continuer à le soutenir et le guideront vers des travaux moins fortement concurrentiels.

L'École française d'Athènes et la Délégation archéologique française en Afghanistan : hellénistes et indianistes unis pour une même cause (1922-1924)

Annick FENET

13 mars 1922 : l'indianiste Alfred Foucher, accompagné de son épouse, franchit la frontière perso-afghane où il est accueilli par une délégation de l'émir Amanullah. Six mois plus tard, il signe à Kaboul pour le gouvernement français une convention archéologique qu'il a lui-même négociée, accordant à la France l'exclusivité des fouilles en Afghanistan pour une durée de 30 ans. Entre temps, le 28 avril, les deux pays ont également conclu un accord de représentation diplomatique réciproque, aboutissant à l'installation de la première légation française dans la capitale afghane le 16 septembre 1923, encore aidée par le savant avant son départ longtemps retardé pour le site de Bactres qu'il va explorer jusqu'à l'été 1925.

Cette période de 1922-1923 voit ainsi naître, intimement mêlés, à la fois des accords privilégiés entre Paris et Kaboul et une mission archéologique française, bientôt désignée, à l'instar de son modèle perse, comme Délégation archéologique française en Afghanistan (DAFA). Si l'impulsion en avait été donnée par Philippe Berthelot, secrétaire général du ministère des Affaires étrangères en mars 1921, la concrétisation de ces projets s'est faite après sa mise à l'écart des affaires politiques en fin décembre de la même année. Or, l'examen détaillé des circonstances qui ont entouré ces relations franco-afghanes révèle la part prise par des hommes de science, impliqués dans leur siècle : des orientalistes bien sûr – au premier chef Émile Senart, membre de l'Académie des inscriptions et belles-lettres, indianiste et mentor de Foucher, qui a soutenu activement à Paris les actions de son disciple avec lequel il menait une correspondance régulière –, mais aussi des hellénistes, anciens membres ou directeurs de l'École française d'Athènes : Victor Bérard, Gaston Deschamps, Gustave Fougères, Théophile Homolle, Bernard Haussoullier. C'est cet aspect que nous souhaitons développer ici, de façon à éclairer les liens unissant ces individus les uns aux autres et leurs motivations profondes dans le soutien d'un tel projet[1].

Des actions pour une même cause

L'entrée d'Alfred Foucher en Afghanistan résulte d'une conjoncture particulière ayant permis à Ph. Berthelot d'envoyer dans le nouvel État indépendant, sous le couvert d'une mission scientifique, son ami de jeunesse qui se trouvait alors en Inde, mission que celui-ci a acceptée d'autant plus volontiers qu'il était désireux de mener des recherches en Bactriane. À son arrivée à Kaboul, l'émissaire français doit d'abord servir de conseiller en matière d'enseignement et de patrimoine avant de pouvoir se consacrer entièrement à ses recherches sur le terrain. En attendant la validation de la convention archéologique, Foucher et Senart se préoccupent de lui donner des assises concrètes : à la fois par l'envoi d'un premier collaborateur – il s'agit de trouver un architecte, capable d'effectuer des relevés et des plans archéologiques, ayant une expérience de l'Orient –, l'assurance de soutiens scientifiques et politiques officiels, et de financements adaptés[2]. C'est dans ces différents registres qu'interviennent nos cinq « Athéniens ».

Le premier, Théophile Homolle ne ménage pas sa peine pour dénicher l'architecte susceptible de partir pour l'Afghanistan, comme en témoignent

1. Cet article fait suite à notre étude détaillée de la mission d'Alfred Foucher en Afghanistan, comprenant l'édition commentée de plus de 300 lettres croisées : A. Fenet, *Documents d'archéologie militante. La mission d'Alfred Foucher en Afghanistan (1922-1925)* (Mémoires de l'Académie des inscriptions et belles-lettres 42), Paris, 2010 ; pour un aperçu général, voir l'« Avant-propos » de P. Bernard, *ibid.*, p. 7-28. Nous renvoyons le lecteur à cet ouvrage pour des commentaires et références approfondis sur le contexte et les personnages. Ce complément d'étude sur les relations entre les orientalistes et les hellénistes s'appuie notamment sur l'examen de nouveaux fonds d'archives : à l'École française d'Athènes – où je tiens à remercier vivement Mme Pottet-De Boel, conservateur, et son assistant Yann Logelin pour m'avoir laissé toute liberté de consulter ces ensembles de documents en septembre 2009 –, au ministère des Affaires étrangères, après la réouverture de la salle de lecture à l'automne 2009 (désormais à La Courneuve), et à la bibliothèque de l'Institut de France. Ces archives seront abrégées ci-après : EFA ; MAE ; BIF. La correspondance entre Foucher et Senart est conservée à la Société asiatique de Paris, fonds Alfred Foucher ; sur ces documents épistolaires, voir A. Fenet, « Les archives Alfred Foucher (1865-1952) de la Société asiatique (Paris) », *Anabases* 7 (2008), p. 163-192 ; « *Lettre(s) d'Ajanta*... et d'ailleurs : les correspondances d'Alfred Foucher », *in* P.-S. Filliozat, J. Leclant (éd.), *Bouddhismes d'Asie. Monuments et littératures. Journée d'étude en hommage à Alfred Foucher (1865-1952) réunie le 14 décembre 2007 à l'Académie des inscriptions et belles-lettres (palais de l'Institut de France)*, Paris, 2009, p. 73-99 ; Fenet, *Mission Foucher*, *passim*. Dans les extraits de lettres retranscrits *infra*, les mots ou passages suivis d'un point d'interrogation entre crochets droits indiquent des lectures incertaines, et ceux entre crochets droits nos restitutions ou commentaires.
2. « L'affaire Foucher se poursuit. Il ne manque, je crois, qu'une autorisation télégraphique de M. Poincaré qui [lui sera ?], j'espère, expédiée sous peu, pour lui permettre de parapher une convention archéologique qu'il a élaborée à Caboul et qui nous assurera le privilège de fouiller à Balch. Mais le diable est d'obtenir qu'on trouve l'argent indispensable et le collaborateur idoine pour lui envoyer sans retard les moyens d'appliquer nos droits théoriques. Je crois que les Affaires Étrangères saisiront sous peu l'Académie d'une demande de concours financier. Laissez-moi compter tout particulièrement [...] pour [...] obtenir de la Commission [Benoît] Garnier une aide assez large que possible. Nous n'avons pas eu [ill.] le temps d'aller frapper à beaucoup de portes. L'à propos n'est pas moins important que la libéralité. » Lettre de Senart à Cordier datée La Pelice 2 août 1922 : BIF, fonds Henri Cordier, Ms 5480, pièce 213. Balkh (ou Balch) est le nom moderne de Bactres.

deux lettres adressées à un ami de Senart, le sinologue Henri Cordier, en septembre 1922. Dans la première, l'helléniste raconte :

> « Mon cher confrère, J'ai été voir M. Pillet, comme je vous l'avais promis[3] : je l'ai, suivant mes craintes et à mon grand regret, trouvé en pleins préparatifs de départ pour l'Égypte. Il a avec M. Lacau[4] des engagements fermes et à Karnak des travaux de longue haleine qui ont déjà donné des résultats de grande importance et promettent plus encore. En dehors du grand intérêt qu'il y prend et de la [promesse ?] qui le tient, il peut d'autant moins quitter la place que, dans la situation présente, elle serait sans doute perdue pour la France. À son défaut, je pense à M. Viollet, architecte – c'est, si je m'en souviens bien, un des fils de notre confrère[5] – qui a fait en Perse [une mission ?] archéologique et nous en a [exposé ?] les résultats intéressants, avant la guerre. Il a de l'allant, l'expérience des pays d'Orient et des voyages, l'habileté technique et [ill.]. S'il était disposé, je crois qu'il est tout à fait capable de donner satisfaction. Je n'ai pas ici les informations nécessaires pour retrouver son adresse ; mais la chose vous sera facile à Paris. J'ai eu occasion de le voir au moment de la précédente mission, et j'ai gardé de lui un souvenir très favorable[6]. »

Presque deux semaines plus tard, il précise ses informations :

> « J'ai pu repérer, non sans peine, l'adresse actuelle de M. H. Viollet et je viens de la communiquer à M. Senart. Ma visite a manqué, car il était absent de Paris jusqu'à mercredi ; mais je lui ai laissé ma carte et l'ai avisé par une lettre en termes discrets de la mission qu'on désirerait lui confier, en lui annonçant des informations plus explicites de la part de M. Senart [...][7]. »

La formulation de ces deux missives montre également qu'Homolle était conscient du caractère opportuniste et politique des missions archéologiques à l'étranger, qu'elles portent sur Karnak ou l'Asie centrale. Sa « discrétion » et l'absence de toute mention des noms d'Afghanistan ou de Foucher indiquent son degré d'implication dans un secret gardé le plus longtemps possible sur le but de la mission en cours. De fait, à cette date, le texte de la convention n'a pas encore été communiqué publiquement et les premiers articles de presse française ou étrangère sur la présence française en Afghanistan ne paraissent qu'au cours du premier semestre 1923[8]. Moins d'un mois plus tard, le problème de l'architecte est en cours de résolution,

3. En premier lieu, c'est le nom de l'architecte Maurice Pillet (1881-1964) qui avait été suggéré par Homolle et Haussoullier. Cf. lettre de Senart à [Bargeton] du 23 août 1922 : MAE, Afghanistan 30 ; lettre du même à Foucher du 29 septembre 1922 : FENET, *Mission Foucher*, n° 69.
4. Pierre Lacau (1873-1963) dirige alors le Service des antiquités d'Égypte depuis 1914 (J. LECLANT [dir.], *Institut de France, le second siècle [1895-1995]*, 3 t., Paris, 1999-2005 : II, p. 796).
5. Le médiéviste Paul Viollet (1840-1914), chartiste de formation, élu à l'Académie des inscriptions et belles-lettres en 1887 (*ibid.*, II, p. 1419).
6. Henri Viollet (1880-1955) a en effet déjà travaillé en 1912 en Perse sur les antiquités islamiques sous l'égide de la Commission de Perse, qui lui confia un an plus tard une mission devant le conduire de Bagdad à Samarkand (N. CHEVALIER, *La recherche archéologique française au Moyen-Orient 1842-1947*, Paris, 2002, p. 195 et 200-201).
7. Lettres datées Gargenville 5 et 18 septembre 1922 : BIF, fonds Henri Cordier, Ms 5460, pièce 157-158.
8. FENET, *Mission Foucher*, p. 122-125.

et ce grâce encore à Homolle, si l'on en croit le mot de Senart à Cordier lui demandant de se rendre au ministère des Affaires étrangères pour obtenir des informations à ce sujet: « D'après les nouvelles de Homolle tout semblerait arrangé pour Foucher, et il n'y aurait plus qu'à faire partir l'architecte. Je n'ai pas cependant reçu de Viollet confirmation de la chose, et j'aimerais savoir ce qui est réellement et désormais assuré[9]. » C'est finalement l'associé d'Henri Viollet, André Godard – le futur directeur du Service des Antiquités iraniennes – qui se rend en Afghanistan avec son épouse en janvier 1923[10].

Parallèlement, Senart s'active auprès des ministères et de l'Académie pour faire reconnaître la mission archéologique et lui accorder un avenir, à la manière de celles menées dans d'autres régions de la Méditerranée[11]. Il obtient satisfaction à la fin de décembre 1922, ce dont se félicite Gaston de Bar, chef du bureau à la Direction de l'enseignement supérieur:

> « Je reçois à l'instant une lettre du 26 [de l'académie] des Inscriptions [et belles-lettres] qui nous transmet un rapport Pelliot fait au nom de la Com[missi]on que vous savez et dont l'acad[ém]ie a adopté les conclusions. Elle a décidé à l'unanimité d'accepter en principe d'assumer la Direction scientifique de la mission permanente projetée et propose au choix du Ministre pour faire partie de la Com[missi]on adm[inistrati]ve qui serait instituée au M[inist]ère MM. Senart, Haussoullier, Cordier et Pelliot[12]. »

Outre Bernard Haussoullier, un second helléniste intègre la Commission d'Afghanistan, dont la première réunion se tient le 8 mars 1923 : Gustave Fougères[13]. Par ailleurs, dès le 8 juillet 1922, un projet de loi visant à la création d'une légation française à Kaboul est déposé à la Chambre des députés. Il est appuyé fermement par un premier rapport de l'anthropologue et homme politique Louis Marin (1871-1960)[14], avant de recevoir le soutien affirmé du député Gaston Deschamps, rapporteur de la commission des Affaires Étrangères (*infra*, doc. 1). Soumis ensuite à l'approbation du Sénat, le projet de loi suscite encore une intervention enflammée de Victor Bérard le 23 février 1923, à la suite de laquelle il est voté à l'unanimité (*infra*, doc. 2). Si, dans les trois cas, la mission Foucher est clairement évoquée, Gaston Deschamps et Victor Bérard la placent pour ainsi dire au

9. Lettre de Senart à Cordier datée La Pelice 10 octobre 1922: BIF, fonds Henri Cordier, Ms 5480, pièce 219. À rapprocher des lettres de Senart à Foucher des 29 septembre et 30 octobre 1922 (Fenet, *Mission Foucher*, n°s 69-70).
10. Sur A. Godard, voir: Leclant, *Second Siècle*, III, p. 295; È. Gran-Aymerich, *Dictionnaire biographique d'archéologie* 1798-1945, Paris, 2001, p. 303-306; A. Parrot, « André Godard (1881-1965) », *Syria* 43 (1966), p. 157-158.
11. Sur les commissions archéologiques: Chevalier, *Recherche M.-O.*, p. 450-452.
12. Lettre à Foucher du 26 décembre 1922, corroborant la version écrite la veille par Senart (Fenet, *Mission Foucher*, respect. n°s 80 et 79).
13. Lettre de Senart à Foucher du 8 mars 1923 (*ibid.*, n° 93).
14. Leclant, *Second Siècle*, II, p. 953-954 et Fenet, *Mission Foucher*, p. 69-72 et n° 72, avec bibliographies.

cœur du projet, comme si c'est d'elle dont on débattait dans les Chambres plutôt que d'une nouvelle représentation diplomatique[15].

Foucher et Senart s'efforcent de trouver à Paris des fonds pour les prospections et les fouilles du site de Bactres, où l'indianiste s'installe dans les premiers jours de 1924. Les 25 000 francs accordés par l'Académie en août 1922[16] marquent les débuts d'un financement composite, où l'on sollicite ministères, institutions, sociétés savantes et personnes privées.

La première réunion de la Commission d'Afghanistan a été suivie, dans la même journée, d'une séance de la Commission des voyages et missions scientifiques et littéraires, dépendant du ministère de l'Instruction publique. Celle-ci décide, avec le soutien de son président Homolle et sur proposition d'Alfred Coville, directeur de l'Enseignement supérieur, d'octroyer 25 000 francs à la mission Foucher. Ce financement extraordinaire est pris sur les crédits accordés aux « travaux d'Asie occidentale[17] », c'est-à-dire à ceux dont aurait dû bénéficier l'École française d'Athènes pour des recherches en Turquie, notamment à Notion[18]. Lors d'une nouvelle séance tenue le 17 octobre 1923, la Commission des voyages vote un financement supplémentaire de 11 000 francs pour la mission afghane, décision appuyée par Coville, Haussoullier et Homolle[19].

Ernest Babelon (1854-1924)[20], président de la Société française des fouilles archéologiques, offre par ailleurs 20 000 francs à la Mission archéologique en Afghanistan[21], somme portée à 30 000 francs quelques mois plus tard alors que T. Homolle vient de succéder au numismate à la tête de la compagnie[22]. Senart ne manque pas de faire part de ces nouvelles au principal intéressé : « Il y en aura de tristes, notamment la mort du pauvre Babelon. Il a été remplacé à la tête de la Société des Fouilles par Homolle qui se montre pour votre entreprise plein du zèle le plus empressé et le plus raisonnable. Je n'ai pas d'appui plus actif[23]. » De même, aux obsèques de

15. Celle-ci ne devient effective qu'en septembre 1923, avec l'arrivée du ministre Maurice Fouchet à Kaboul, accompagné des autres membres de la légation. Cette installation tardive explique en partie le départ sans cesse repoussé de Foucher pour la Bactriane.

16. Lettres de Senart et de R. Cagnat des 26 août 1922 et 11 avril 1923 *(ibid.*, n°s 59, 99) ; Archives de l'Académie des IBL, Fondation Benoît Garnier, dossier 1J6 « mission Foucher 1922 ».

17. Fenet, *Mission Foucher*, n° 94. On notera également que Haussoullier, membre de la Commission, assistait à cette séance où fut « adopt[ée], sans observation, la proposition ».

18. Au printemps 1922, la commission avait attribué à Charles Picard, directeur de l'EFA, 15 000 F pour effectuer des sondages à Phocée et 20 000 F pour mener des recherches à Notion (EFA, A. S. 1- 1907-1927, dossier « Correspondance 1914-1922), lettres de Homolle et de Coville à Picard des 28 et 30 mars 1922 ; Archives nationales, F/17/17243. Malgré ses efforts, ce dernier n'obtint pas les autorisations de fouilles escomptées, C. Valenti, *L'École française d'Athènes*, Paris, 2006, p. 107.

19. Fenet, *Mission Foucher*, n° 129.

20. Également directeur du Cabinet des médailles et membre de l'Académie des inscriptions et belles-lettres (Leclant, *Second siècle*, I, p. 51-52).

21. *Bulletin de la Société française de fouilles archéologiques* V, 1923-1924, p. 36 (séance du 20 novembre 1923) et VI, 1924-1925, p. 45 ; Fenet, *Mission Foucher*, n° 134.

22. Lors de la séance du 18 mars 1924 (*Bulletin de la société française des fouilles archéologiques* 6 [1924-1925], p. 51). E. Babelon décède le 3 janvier 1924 ; Homolle est élu président le 29 janvier et décède à son tour le 13 juin 1925. En remerciement, Foucher écrit une lettre-rapport à ce dernier, publiée dans le *Bulletin* de la Société (*ibid.*, p. 65-66 et 71-80).

23. Fenet, *Mission Foucher*, n° 166.

ce dernier, Jules Toutain, secrétaire général du club, revient sur son implication : « Si courte, hélas ! qu'ait été pour nous sa présidence, elle restera marquée dans l'histoire de notre Société par le concours que nous avons donné, sous son inspiration, à l'exploration archéologique de l'Albanie, de la Syrie, de l'Afghanistan. »

C'est ainsi que dans sa lettre du 6 février 1924, Senart peut se réjouir auprès de Foucher : « Il vous fera plaisir de savoir que parmi les plus [empressés ?] pour votre œuvre [je peux vous signaler ?] Homolle, Haussoullier, Fougères à l'Académie, Marx aux Affaires étrangères, Marin à la Chambre et, je pense, Doumer, et [ill.] [24] au Sénat... Ce n'est pas un dénombrement exhaustif, croyez-le. Coville est lui aussi très bien [25]. »

Réseaux scientifiques

Cette implication des hellénistes en faveur de la mission Foucher s'inscrit dans des réseaux de sociabilité croisés. Du côté d'Émile Senart (1847-1928), sanskritiste et spécialiste du bouddhisme, elle relève essentiellement de l'Académie, à laquelle il appartient depuis 1882 – soit une quarantaine d'années – et dont il connaît tous les membres et tous les rouages. Il a ainsi déjà promu devant l'institution l'École française d'Extrême-Orient depuis sa création (1898, 1901), la mission de Paul Pelliot en Asie centrale (1906-1908) ou encore le premier voyage de Foucher en Inde (1895-1897) [26]. Son expérience lui permet de donner ce conseil à son disciple : « Il va sans dire qu'une des préoccupations doit être d'entretenir la bonne volonté de l'Académie qui, sur la proposition du ministre, a accepté le patronage scientifique de votre entreprise, et particulièrement de flatter la [passion ?] de l'archéologie hellénique qui est un élément puissant sur lequel nous avons besoin d'appuyer la faiblesse congénitale de l'orientalisme [27]. »

Son cadet d'un an, Théophile Homolle (1848-1925), confrère académicien depuis 1892 [28], représente sans nul doute pour lui une vieille connaissance. Ils ont travaillé ensemble à l'Union académique internationale, créée en 1919 par les Français afin d'établir des liens entre les savants des États alliés [29]. Il fait partie des convives présents au dîner organisé par Senart chez

24. Jean Marx (1884-1972), chartiste et ancien membre de l'École française de Rome, travaille au Service des œuvres au ministère des Affaires étrangères depuis 1920, cf. F. Bar, « Jean Marx (1884-1972) », *EPHE Ve section. Annuaire* LXXX-LXXXI, 2, 1972-73 et 1973-74, p. 45-46. L'ancien gouverneur de l'Indochine Paul Doumer (1857-1932), futur président de la République, occupe alors un siège de sénateur depuis 1912, cf. J. Jolly (dir.), *Dictionnaire des parlementaires français. Notices biographiques sur les ministres, sénateurs et députés français de 1889 à 1940*, Paris, 8 vol., 1960-1977 : IV, p. 1473-1476. Pour le dernier nom, il s'agit peut-être d'[Albert] Lebrun (1871-1950), président fondateur de l'Académie des sciences coloniales, sénateur et ancien ministre des Colonies.
25. Fenet, *Mission Foucher*, n° 144.
26. Sur Senart, voir Leclant, *Second Siècle*, II, p. 1308-1309 et Fenet, *Mission Foucher*, spéc. p. 52-54 et 62-82, avec bibliographie.
27. *Ibid.*, n° 93 (avec commentaire sur les proportions des académiciens par spécialité).
28. Leclant, *Second Siècle*, I, p. 667-668 ; Gran-Aymerich, *Dictionnaire*, p. 347-348.
29. R. Cagnat, « Notice sur la vie et les travaux de M. Théophile Homolle », *CRAI* 1927, p. 296-313 : p. 311-312.

lui le 6 mars 1923 en l'honneur du ministre afghan à Paris Mahmoud Tarzi[30]. Directeur de l'École française d'Athènes de 1890-1903 et de 1912-1913, responsable des grandes fouilles de Delphes[31] dont il a obtenu la concession et à l'origine de l'« extension du périmètre des voyages » des Athéniens[32], Homolle ne peut être qu'intéressé par les promesses du mythique site de Bactres. Bernard Haussoullier (1853-1926), Athénien de 1876 à 1880, membre de l'Académie depuis 1905[33], y côtoie en particulier Senart au sein de diverses commissions[34]. Les deux hommes appartiennent également en 1922 à la Commission de Syrie et Palestine, auprès du ministère de l'Instruction publique[35]. Ils partagent de surcroît une même amitié pour leur confrère Henri Cordier (1849-1925)[36], spécialiste de la Chine ancienne. La correspondance de celui-ci atteste ainsi de l'intérêt des trois septuagénaires pour la mission Foucher : dans une lettre datée du 12 mai 1923, l'helléniste, qui résume la séance de l'Académie de la veille à laquelle le sinologue n'a pu assister, précise qu'elle a offert « deux lectures fort intéressantes, [la première] de Senart sur l'œuvre de Foucher en Afghanistan[37] ». En revanche l'indianiste ne connaît peut-être Gustave Fougères (1863-1927) que depuis une date récente, puisque celui-ci vient d'être élu le 12 mai 1922 au fauteuil de Léon Heuzey[38]. L'ancien fouilleur de Mantinée apprécie du moins la valeur du *Journal asiatique*, la revue de la Société asiatique que Senart préside depuis 1908, puisqu'à la fin de la guerre, il en réclame les volumes manquants à la bibliothèque de l'École[39]. On notera enfin que les quatre académiciens partagent la même passion de l'épigraphie.

La manière dont Senart évoque ces personnages dans sa correspondance avec Foucher semble indiquer que ce dernier les connaît également. En effet, celui-ci, âgé de 57 ans en 1922, tient si l'on peut dire sa place parmi le cercle académique et scientifique parisien. D'origine bretonne, il intègre le lycée Henri-IV en 1881 – où il se lie d'amitié avec le jeune Ph. Berthelot – puis l'École normale supérieure en 1885. Après des études de sanskrit à l'École pratique des hautes-études, il y enseigne à la Ve section

30. Fenet, *Mission Foucher*, n° 93.
31. D. Mulliez, « Delphi, the excavation of the great oracular centre (1892) », *in Great moments in greek archaeology*, Athènes, 2007, p. 134-157 ; Collectif, *La redécouverte de Delphes*, Paris, 1992.
32. G. Radet, *L'histoire et l'œuvre de l'École française d'Athènes*, Paris, 1901, p. 228-229 et 489.
33. Leclant, *Second Siècle*, I, p. 642-643.
34. Notamment la Commission Benoît Garnier en 1919, qui voit une bourse octroyée à Foucher en Inde (*CRAI* 1918, p. 504 et 1919, p. 43), ou encore la Commission des travaux littéraires en 1923 (*CRAI* 1922, p. 437).
35. Chevalier, *Recherche M.-O.*, p. 454.
36. Henri Cordier, directeur-fondateur de la revue *T'oung Pao* et auteur d'une considérable bibliographie, professeur à l'École des langues orientales, a été élu à l'Académie en 1908 (Leclant, *Second Siècle*, I, p. 319 ; É. Senart, *Journal asiatique* 206 [1925], p. 377-378).
37. BIF, fonds Henri Cordier, Ms 5459, pièce 177. Lors de cette séance, Senart a donné lecture du rapport de Foucher sur Bâmiyân, déjà commencée lors de la séance du 27 avril ; voir *CRAI* 1923, p. 187 et 196-197. La seule lettre conservée de Cordier à Foucher dans le fonds de la Société asiatique, datée du 2 mars 1919, indique par ailleurs que des liens d'amitié existaient également entre eux.
38. Leclant, *Second Siècle*, I, p. 516 ; Gran-Aymerich, *Dictionnaire*, p. 272-273.
39. EFA, fonds Ch. Picard 2, 5 : copies de lettres de Fougères 1913-1919, f. 311 (lettre du 4 mars 1918 au ministère de l'Instruction publique).

l'histoire des religions de l'Inde à partir de 1895 et y est nommé directeur d'études en 1914 ; parallèlement, il enseigne à la Sorbonne depuis 1907 les « langues et littératures de l'Inde » en tant que chargé de cours puis professeur adjoint. De sa première mission en Inde en 1895-1897, il a ramené des manuscrits, des monnaies et des sculptures, déposés à la Bibliothèque nationale et au Louvre, et le matériau de sa thèse de doctorat, *L'art gréco-bouddhique du Gandhâra*, reconnu dès sa publication comme un ouvrage de référence[40]. C'est lors de ce voyage qu'il localise près de Peshawar le stupa dit de Kanishka, fouillé ensuite par l'Archaeological Survey of India, celui qu'évoque précisément V. Bérard lors de son intervention au Sénat comme le « tombeau du Bouddha[41] ». Il a également contribué au développement de la jeune École française d'Extrême-Orient, comme directeur suppléant en 1901, puis directeur entre 1905 et 1907. Depuis un quart de siècle, ses travaux, relayés par Senart, sont communiqués à l'Académie[42] : rien d'étonnant dès lors qu'Homolle, de surcroît directeur des musées nationaux de 1904 à 1911 puis administrateur de la BN depuis 1913, ne veuille favoriser sa mission en Afghanistan. Haussoullier, collègue de Foucher à l'EPHE (IVe section), compte comme lui parmi les trente membres fondateurs du comité central de la Société française des fouilles archéologiques de 1904[43] – comité auquel Homolle est venu s'agréger quelques années plus tard[44]. Les liens de Foucher avec Fougères sont plus difficiles à définir : le premier est entré à l'ENS au moment où le second intégrait l'École d'Athènes, et les deux hommes ne semblent pas fréquenter les mêmes sociétés savantes ; de même, l'helléniste n'est arrivé à la Sorbonne qu'en 1919, succédant à Maxime Collignon à la chaire d'archéologie grecque, quand l'indianiste se trouvait déjà en Asie. On peut supposer cependant que les liens existant entre les Athéniens eux-mêmes aient joué un certain rôle. En effet, Fougères entretient des relations privilégiées avec Homolle, qui est à l'origine de sa nomination à la direction de l'EFA en 1913 et avec lequel il en discute longuement avant d'accepter[45] ; en 1902, ils ont organisé ensemble la croisière de 1902 de la *Revue générale des sciences* en Grèce[46]. Par ailleurs, en 1922, Haussoullier propose, pour sa succession au sein de la commission de Delphes, le nom de son « confrère et ami » Fougères[47]. L'implication de

40. A. Fenet, « L'œuvre écrite d'Alfred Foucher et d'Eugénie Bazin-Foucher. Bibliographies inédites et commentées », *in* Filliozat, Leclant, *Journée Foucher*, p. 11-56 ; « Alfred Foucher (1865-1952) », *ibid.*, p. 57-62 (chronologie). A. Foucher, *L'art gréco-bouddhique du Gandhâra. Étude sur les origines de l'influence classique dans l'art bouddhique de l'Inde et de l'Extrême-Orient* (Publications de l'EFEO V-VI), 2 vol. (4 fasc.), Paris, 1905-1951.
41. *Bulletin de la Commission archéologique de l'Indochine* 1910, p. 8-9 ; Archives nationales, F/17/17157, dossier « Correspondance 1908-1913 » ; Fenet, *Mission Foucher*, p. 86.
42. *Ibid.*, p. 52-54.
43. *BSFFA* I, 1904, p. 9-10.
44. Il figure ainsi en 1921 dans la liste des 29 membres du comité, avec Foucher et Haussoullier (*BSFFA* IV, 1914-1922, p. 7-8).
45. EFA, fonds Ch. Picard 2, 2 : carnet noir [de Fougères] 10 avril 1913-25 juin 1913.
46. H. Yiakoumis, I. Roy, *La Grèce. La croisière des savants 1896-1912*, Athènes-Paris, 1998, p. 18-19.
47. EFA, fonds Ch. Picard 3, 4 : correspondance de Pottier 1919-1923, carte de Haussoullier du 17 décembre 1922.

ses deux aînés académiciens a pu ainsi influer sur le soutien manifesté par Fougères à la mission afghane, de la même façon que ce dernier a pu engager ses amis Athéniens Deschamps et Bérard à agir à leur niveau politique. C'est que Fougères et Deschamps appartiennent à la même promotion 1885 de l'EFA[48]; leur attachement se manifeste par exemple en 1913 lorsque, avant son départ pour la Grèce, le nouveau directeur dîne chez son camarade qu'il a encore la joie d'accueillir à Athènes un mois plus tard pour un séjour de presque deux semaines[49]. Victor Bérard (1864-1931) les a fréquentés à l'École en 1887-1888; il a en particulier, de concert avec Fougères, fouillé à Mantinée en 1888 et au printemps 1889 accompli un voyage archéologique en Carie, Lycie et Pisidie occidentale[50]. De son côté, il connaît vraisemblablement Foucher, son cadet d'un an à l'ENS, qui est depuis devenu son collègue à l'EPHE[51], sans compter qu'ils ont pour ami commun Philippe-Ernest Legrand, Athénien de la promotion 1889.

Toutes ces liaisons sociales ne doivent pas occulter le fait que les quatre plus jeunes hellénistes qui soutiennent la mission afghane sont scientifiquement intéressés par les études orientales. Ils ont parcouru eux-mêmes l'Asie Mineure durant leurs années de membres de l'EFA, y ont mené des prospections ou des fouilles[52] – tel Haussoullier à Didymes (1895-1896)[53] –, pratiquant l'archéologie de terrain, « militante » ou d'exploration comme aiment à le désigner Senart et Foucher[54]. Pour sa part Gaston Deschamps (1861-1931)[55], en tournée sur le littoral carien en 1886, y découvre la « lettre de Darius[56] ». Leurs travaux et publications témoignent de leur attrait pour le Proche-Orient et mettent en évidence les liens entre l'antiquité classique et l'orientalisme: ainsi Fougères au détour d'un guide de la Grèce[57] ou au moyen d'une synthèse historique[58], Deschamps par ses

48. Radet, *Histoire*, p. 247, 453.
49. EFA, fonds Ch. Picard 2, 2: carnet noir [de Fougères], aux dates des 7 [mai] et 5-18 juin 1913.
50. Radet, *Histoire*, p. 290-291 et 367-368.
51. P. Jamot, « Bérard (Victor) », *Annuaire de l'Association amicale de secours des anciens élèves de l'ENS*, 1931, p. 54-57; Joly, *Dictionnaire*, II p. 545. Il enseigne la géographie ancienne à la IVe section. On notera qu'en 1919, il a présenté en vain sa candidature à la succession de Fougères au poste de directeur de l'EFA (EFA, fonds Ch. Picard 2, 3, ensemble « L'avenir de l'École d'Athènes »).
52. Énumération détaillée dans Radet, *Histoire*, p. 351-372.
53. Chevalier, *Recherche M.-O.*, p. 91-92; C. Le Roy, « L'EFA et l'Asie Mineure », *BCH* 120 (1996) (n° spécial cent-cinquantenaire), p. 373-387: 376.
54. Fenet, *Mission Foucher*, p. 107, 234 et 385.
55. Normalien de la promotion 1882, Gaston Deschamps se trouve au début des années 1920 professeur au Collège de France, député des Deux-Sèvres (1919-1924), écrivain et publiciste reconnu en France et à l'étranger (Joly, *Dictionnaire*, IV, p. 1404-1405; P. Jamot, « Deschamps [Gaston] », *Annuaire de l'Association amicale de secours des anciens élèves de l'École normale supérieure* 1933, p. 49-53).
56. Radet, *Histoire*, p. 211 et 365; G. Deschamps, *Sur les routes de l'Asie*, Paris, 1894.
57. G. Fougères, *Grèce*, Paris, 2e éd. revue, 1911, p. xlvii-lv (mention de l'« expédition d'Alexandre dans les Indes »); p. lxi (« les conquêtes d'Alexandre provoquent la diffusion de l'hellénisme en Orient. [...] À l'époque romaine, extension de l'art grec en Italie et dans le monde romain, en Extrême-Orient, jusqu'en Chine et au Japon par le Thibet, jusqu'à Sumatra par l'Inde et le Cambodge »).
58. L'ouvrage co-signé par G. Fougères, G. Contenau, R. Grousset, P. Jouguet, J. Lesquier, *Les premières civilisations* (coll. Peuples et civilisations. Histoire générale I), 1926, 2e éd. revue 1929, traite ainsi de l'Égypte, de la Mésopotamie, la Grèce et le Proche-Orient depuis les temps préhistoriques jusqu'au vi^e siècle av. J.-C.

collaborations avec Jacques de Morgan[59], ou Haussoullier par ses études des inscriptions de Sardes et de Syrie[60].

Pour en terminer sur les rapports des principaux promoteurs parisiens de la mission afghane, on notera que l'octroi à celle-ci par Coville des crédits prévus originellement pour l'EFA s'explique peut-être aussi en partie par les relations difficiles qui semblent s'être instaurées entre ce dernier et Charles Picard, le nouveau directeur de l'EFA. Le directeur de l'Enseignement supérieur juge ainsi l'helléniste « toujours craintif » : « Au moindre retard du budget, il crie qu'on l'abandonne et qu'on le dépouille. Je voudrais bien pouvoir l'inviter à suivre les débats parlementaires » ; bref, « ce jeune directeur est terriblement fonctionnaire[61] ». De son côté, l'Athénien n'a pas gardé bonne impression de leur première rencontre : « Le 19 fév. 19, reçu par M. Coville [...] qui me dit : "Nous n'avons pas besoin d'archéologues." Dans la même séance j'apprends la formation d'un comité [*sic*] d'As[ie] Min[eure] [où l'on a mis M. Senart, président [du Comité] de l'Asie f[rançai]se, Cagnat, et Sartiaux comme secrétaire]. Ni le D[irecteu]r de l'École, ni Foucart, Haussoullier et les hellénistes de l'Ac[adémie] n'en sont, ni même n'ont été consultés. [...] M. C. incompétent, nouveau, ne pouvait pas faire autre chose : il n'a pas voulu être conseillé [...][62]. » On aura compris que Coville, en revanche, entretient d'excellentes relations avec Senart et Foucher, avec lesquels il collabore depuis plusieurs années[63].

Hellénisme et influence française

Au-delà des réseaux et de l'intérêt pour l'archéologie orientale, d'autres motifs expliquent l'engagement des hellénistes en faveur d'une mission française en Afghanistan. Dans un contexte de l'après Première Guerre mondiale, ce projet s'insère à la fois dans une revendication de la science française, notamment face à la concurrence allemande, et dans une vision civilisatrice et humaniste revendiquant les valeurs classiques. Dans l'esprit de ces Athéniens, il participe ainsi de leur vision de l'hellénisme[64] et de l'influence que la France se doit d'étendre à l'étranger. Leurs propres expérience et implication des trois dernières décennies les conduisent tout naturellement à se montrer favorables à l'œuvre de Foucher en Asie centrale, qui

59. Mémoires de la Délégation archéologique en Perse VII, 1905, où son nom apparaît parmi les auteurs comme « professeur à l'EPHE ».
60. Gran-Aymerich, *Dictionnaire*, p. 330.
61. EFA, fonds Ch. Picard 3, 4 : correspondance de Pottier 1919-1923, lettre de Coville du 27 février 1921.
62. EFA, fonds Ch. Picard 2, 3, ensemble « L'avenir de l'École d'Athènes ».
63. Sur Coville, la commission d'Asie Mineure et le Comité de l'Asie française, voir Fenet, *Mission Foucher*, *passim*.
64. Cf. les textes de Homolle, Deschamps et Fougères, dans *La Grèce. Conférences faites sous les auspices de la Ligue française pour la défense des droits de l'hellénisme*, Paris, 1908, respect. « Pourquoi nous aimons la Grèce », « L'hellénisme en Turquie d'Asie » et « La Grèce pittoresque : le pays et le peuple », p. 9-41, 79-117 et 121-158.

prépare la création d'un collège franco-afghan et d'une délégation archéologique française.

Homolle, directeur jusqu'au printemps 1904, estime ainsi en 1897 que l'EFA a sa part à prendre dans la « propagande nationale » ; elle est depuis plusieurs décennies « une école scientifique et une école française. Nous avions trouvé notre devise complète : *Pour la science, pour la patrie* ; à notre histoire de montrer comment nous l'avons justifiée et nous en sommes rendus dignes[65] ». C'est pourquoi il souhaite célébrer, avec le cinquantenaire de l'École, le prestige scientifique français[66] ; de la même manière, en 1922, son contemporain Senart commémore avec faste le centenaire de la Société asiatique, glorifiant la part prise par la France dans le développement de l'orientalisme international[67]. Si Homolle a, sans nul doute, avec Haussoullier, souffert d'avoir « perdu » les fouilles de Didymes en 1904 par « imprudence », au profit des Allemands, il garde cependant l'espoir de voir s'ouvrir d'autres chantiers pour les Français en Asie Mineure[68]. Au terme de la guerre, Fougères revendique également les droits de l'École et de la France sur les sites à l'Est de la mer Égée, ainsi qu'il l'écrit à Coville :

> « D'autre part, je me suis occupé des questions d'après-guerre qui intéressent plus particulièrement l'École d'archéologie. Je vous enverrai prochainement un rapport sur nos droits archéologiques en Asie Mineure, sur les concessions de fouilles qui devraient nous être réservées et figurer dans les conventions relatives à la Turquie. L'École d'Athènes avait, autrefois, commencé sur une vaste échelle l'exploration de l'Asie Mineure. À la suite des massacres d'Arménie, elle dut restreindre son activité dans ce sens, et se replier sur ses grands chantiers de Delphes et de Délos. Mais dès 1913, j'avais pu conclure une convention avec les Turcs, nous accordant une participation aux fouilles ottomanes [...][69]. »

L'extension des recherches archéologiques françaises vers l'Est, vers l'Asie centrale et l'Extrême-Orient trouve ici sa légitimité : elle n'est que le prolongement de la recherche de l'hellénisme, commencée en terre hellade par les Athéniens et poursuivie de l'autre côté de la mer Égée ; avec l'avènement du monde moderne, il convient de suivre ses traces jusqu'en Chine. Telle est la conviction profonde exprimée par Fougères quelques années plus tard dans la *Revue des deux mondes* (*infra*, doc. 3). Pour Bérard (doc. 2), cette quête, commencée avec l'expédition de Morée, s'est poursuivie en Orient (Égypte, Mésopotamie et Perse). Dans les deux cas, hellénisme et orientalisme sont intimement liés, et c'est à la France qu'il revient, en tant que nation civilisée, de les avoir fait naître et de les voir continuer à vivre.

---

65. T. Homolle, « L'École française d'Athènes », *Revue de l'art ancien et moderne* 1 (1897), p. 1-18 : 17 et 18.
66. Valenti, *L'EFA*, p. 74-77.
67. Sur le centenaire : Société asiatique, *Le livre du centenaire (1822-1922)*, Paris, 1922 ; *Les fêtes du Centenaire (1922)*, Paris, 1923 ; Fenet, *Mission Foucher*, p. 61-71 et n°s 46 et 47.
68. EFA, A. S. 1- 1837-1904, dossier 4 (Didymes, Th. Wiegand), lettre de [Homolle] au ministre de l'Instruction publique du 24 avril 1904 ; Chevalier, *Recherche M.-O.*, p. 92-97.
69. La lettre, datée Athènes 16 décembre 1918, est adressée à « Monsieur et cher Directeur » (EFA, fonds Ch. Picard 2, 5 : copies de lettres de Fougères 1913-1919, f. 357-358).

La défense de l'influence française est revendiquée par ces cinq hellénistes, qui ont tous agi dans ce sens. C'est Homolle qui est à l'origine de l'école Giffard (décret de juillet 1907), rebaptisée en 1915 « Institut d'études françaises[70] » ; Deschamps participe quant à lui à l'œuvre de l'Alliance française. Pendant la guerre, Fougères s'est particulièrement distingué en menant en Grèce des actions concertées destinées à défendre la position de la France dans le pays et la francophonie[71]. Dans les rapports écrits alors, il préconise en terme de « propagande intellectuelle et pédagogique » les créations d'écoles françaises (de langue, techniques, sciences...), d'une bibliothèque française, d'un Institut Pasteur[72]. Sans parvenir à de tels résultats, il réussit cependant à promouvoir l'image de la France et la langue de Molière à Athènes et Thessalonique. Comme il l'explique au ministre de France en Grèce :

> « C'est au début de 1915 que j'obtins de faire reconnaître à Paris la nécessité d'organiser en Grèce une Propagande en vue de combattre celle de nos adversaires, de renforcer les liens traditionnels d'amitié franco-helléniques, de fonder enfin des œuvres durables destinées à survivre à la guerre et à entretenir le développement de notre influence sur les divers terrains de rapprochement intellectuel, moral et économique. Réduit pendant un an à travailler dans ce sens avec des moyens [très ?] limités, sans personnel, sans appui, au milieu des soucis administratifs que l'état de guerre, et l'absence de tout collaborateur rendaient de plus en plus absorbants, je pus obtenir le patronage de la Maison de la Presse, des subsides mensuels, la liaison avec la Légation de France [...][73]. »

La Maison de la presse[74] est une structure créée par Philippe Berthelot, ami de Foucher et qui est rappelons-le à l'origine de sa mission en Afghanistan. Fougères a rencontré le diplomate en 1915[75] et lui a écrit au moins une lettre officielle et une autre « personnelle », dans lesquelles il le « remercie très vivement des subventions régulièrement allouées à [son] service et que la Légation [lui] transmet au début de chaque mois » ainsi que « d'avoir précisé [ses] attributions et octroyé à [son] action un caractère officiel[76] ». Si Fougères a vu ses intentions contrecarrées en matière de propagande, il ne nous semble pas cependant que l'opposition soit venue

---

70. G. Milliex, « L'Institut français d'Athènes, fils spirituel de l'École française », *BCH* 120 (1996), p. 69-82 : 70-72.
71. J.-C. Montant, « Aspects de la propagande française en Grèce pendant la Première Guerre mondiale », *in La France et la Grèce dans la Grande Guerre. Actes du colloque tenu en novembre 1989 à Thessalonique*, Thessalonique, 1992, p. 61-88 : 63-66.
72. M. Stavrinou, « Gustave Fougères, l'EFA et la propagande en Grèce durant les années 1917-1918 », *BCH* 120 (1996), p. 83-99 : 91-95.
73. EFA, fonds Ch. Picard 2, 5 : copies de lettres de Fougères 1913-1919, f. 385-386 (lettre du 2 mars 1919).
74. Installée rue François Ier, elle était divisée en quatre sections : diplomatique, militaire, traduction et analyse de la presse étrangère, propagande, J. Baillou (dir.), *Les Affaires étrangères et le corps diplomatique* français, Paris, 1984, 2 vol. : *II. 1870-1980*, p. 55 *sq*.
75. En témoignent une carte de visite de Fougères ainsi que des notes autographes de Berthelot semble-t-il prises à cette occasion – parmi lesquelles apparaît d'ailleurs le nom de G. Deschamps – (MAE, Papiers de Ph. Berthelot [PA-AP 10], dossier 8 : « Propagande Grèce Bulgarie janv. 1915-nov. 1916 », f. 13-15).
76. Lettres datées Athènes 8 avril et 6 mai 1916 : *ibid.*, f. 36-39.

de Philippe Berthelot[77]. Rien ne permet d'établir s'il y a eu des échanges au début des années 1920 entre les deux hommes à propos de l'Afghanistan, mais il convient d'insister sur l'importance accordée par Fougères comme par Foucher à l'idée de propagande et d'influence française. Par ailleurs, Fougères ne pouvait qu'adhérer en 1922 au projet d'une mission à la fois archéologique, éducative et propagandiste menée sous la houlette d'un seul homme, appartenant à l'élite intellectuelle : c'est ainsi qu'il définissait lui-même pour la Grèce en 1915-1916 le chef idéal capable de pallier

> « l'absence complète de méthode rationnelle et d'organisation. On multiplie les missions qui opèrent sans liaison et se contre-carrent et s'ignorent. Là où il faudrait une tête bien choisie, avec pleins pouvoirs d'agir au mieux des intérêts nationaux dans un milieu dont elle connaît à fond, par une longue expérience, les habitudes et les aspirations et les individus, il y a 3, 4 têtes : c'est un hydre, donc une chose monstrueuse. Il n'y a de vraiment efficace et sûr que l'action persistante, adaptée au milieu avec des moyens au moins suffisants [...]. Mais les à-coups, les missions occasionnelles, qu'elles soient retentissantes ou occultes, font plus de mal que de bien. Il faut un chef, un seul, d'une sûreté absolue, d'une compétence indiscutable dans les choses grecques, et d'une indépendance d'action admise une fois pour toutes, avec, naturellement, obligation de justifications rigoureuses de l'emploi de ses ressources. Tout autre système sera peut-être avantageux à des points de vue d'intérêt privés : il sera désastreux pour la cause nationale[78] ».

En guise de conclusion, nous terminerons sur ce qui pourrait constituer un autre témoignage de l'adhésion athénienne à la mission de Foucher : l'absence de manifestation de dépit ou de critique de la part de Charles Picard, face à l'utilisation afghane du budget qui aurait dû lui revenir. S'il déplore de ne pas l'obtenir[79], aucune mention ou allusion à ce sujet n'apparaît dans les archives conservées à l'EFA relatives à cette période. Ceci s'explique peut-être par les positions du jeune directeur, collaborateur et continuateur de l'œuvre de Fougères[80], défenseur de l'« influence française » à l'étranger – face notamment à la concurrence allemande ou anglo-saxonne – et désireux d'élargir le champ d'investigation de l'hellénisme sur un vaste territoire. Dans une lettre du 9 octobre 1922 au consul général de Smyrne, il écrit ainsi que

> « [...] les récents événements militaires ont arrêté l'exécution du programme qui [nous?] avait été fixé de France. Le 15 mai 1922 [...] la commission des fouilles en Asie occidentale et la commission des voyages et missions scien-

77. Analyse confuse dans Montant, *Propagande Grèce*, p. 68-69, qui rejette la responsabilité de la division sur Ph. Berthelot. Mais les documents peuvent aussi se comprendre dans le sens de divergences entre Briand et Berthelot, ou dans une opposition entre le MAE et le ministère de la Guerre.

78. Lettre à Fournol, datée Athènes 2 janvier 1916 : MAE, Papiers de Ph. Berthelot (PA-AP 10), dossier 8 « Propagande Grèce Bulgarie janv. 1915-nov. 1916 », f. 16-19.

79. EFA, fonds Ch. Picard 3, 4 : correspondance de Pottier 1919-1923, lettre de Picard du 2 avril 1922.

80. Picard a occupé le premier poste de secrétaire général en 1913, sous la direction de Fougères. Dans les archives, les dossiers cités *supra* du fonds Picard contiennent des documents des deux hommes, Picard ayant réutilisé des documents de son prédécesseur. Sur la continuité des deux directions, voir Valenti, *L'EFA*, p. 105-109.

> tifiques et littéraires nous avaient chargés de pratiquer, [ill.] des recherches archéologiques à Phocée et Notion, sur les deux chantiers qui nous furent d'ailleurs libéralement accordés par la Turquie dès 1913, et où nos travaux ne doivent former qu'une suite à ceux d'avant guerre. [...] Vous connaissez comme moi, monsieur le consul général, l'importance qui s'attache à nos missions [ill.], il est vrai, d'ordre scientifique, mais l'intérêt français y trouve son compte, et le développement qu'elles peuvent prendre [ill.] plus ou moins exactement la part réservée à cette influence. Avant la guerre, l'Asie mineure était devenue un chantier archéologique allemand. Depuis la guerre, l'effort anglais[81], l'effort américain, soutenus par d'importants crédits, avaient préparé le terrain dans un autre sens, avec l'appui de la Grèce. Il est essentiel que la France marque aussi et conserve sa place[82] ».

Dans l'esprit de ces hellénistes, à défaut de la Turquie, la France pouvait ainsi prendre sa revanche en Afghanistan où on lui accordait l'exclusivité archéologique, au nez et à la barbe des autres nations.

Choix de documents

I

Rapport de G. Deschamps présenté à la séance de la Chambre des députés le 30 novembre 1922

Messieurs,

Votre Commission des affaires étrangères confirme, par un avis très favorable, les propositions de votre Commission des finances sur le projet de loi portant ouverture au Ministre des Affaires étrangères des crédits nécessaires à la création d'une légation de la République en Afghanistan.

Il importe que l'Afghanistan, dont les relations extérieures avec l'Europe étaient, jusqu'ici, uniquement concentrées à la légation de la Grande-Bretagne, entretienne désormais des relations diplomatiques avec les grandes nations occidentales, notamment avec la France, amie et alliée de l'Empire britannique.

Ces relations diplomatiques seront la suite logique des excellents rapports qui se sont établis entre la République française et l'Afghanistan.

En effet, une tradition, aujourd'hui continuée avec un heureux succès par M. Foucher, directeur adjoint à l'École pratique des Hautes Études, a souvent dirigé vers l'Afghanistan la sympathique curiosité de nos orientalistes. Notre Société asiatique, association d'érudits que préside avec une

---

81. À Athènes, témoin des « concurrences étrangères », il estime même que « la concurrence anglaise est actuellement plus dangereuse pour nous que la concurrence allemande (EFA, fonds Ch. Picard 3, 4 : correspondance de Pottier 1919-12923, lettre de Picard du 6 février 1921).
82. EFA, fonds Ch. Picard 3, 1 : correspondance administrative, direction Picard 1921-1925, f. 157-158 ; autre copie dans A. S. 1- 1907-1927, dossier « Correspondance 1914-1922 ».

grande autorité M. Senart, membre de l'Institut, a contribué, avec une rare méthode, à la connaissance de cette partie de l'Asie centrale. Le gouvernement afghan nous a donné un précieux témoignage de ses dispositions particulièrement amicales en autorisant M. Foucher à entreprendre des recherches sur l'art gréco-bouddhique, parmi les ruines de l'ancienne Bactriane, où subsistent encore de nombreuses traces du passage d'Alexandre le Grand et des princes de la dynastie macédonienne des Séleucides.

Une convention scientifique et artistique, qui est en quelque sorte le prélude des traités par où sera scellée une amitié fondée sur une croissante réciprocité de bons offices, concède à la France, pour trente ans, le droit de choisir ses terrains de fouilles archéologiques en Afghanistan. M. Foucher a été chargé de l'organisation de l'enseignement supérieur en Afghanistan et placé, par décision spéciale de l'émir, à la tête de l'université de Kaboul. Le gouvernement afghan manifeste le désir de voir la langue française se répandre sur tout le territoire qu'il administre, et devenir la langue adoptée pour toutes les relations internationales du pays.

Il est donc naturel que les relations amicales de l'Afghanistan avec la France soient consolidées par l'établissement d'une légation permanente qui sera le centre de coordination de tous les efforts tentés par nos nationaux pour entrer en rapports suivis avec les populations de ce pays fertile en ressources de toutes sortes, et qui sera en même temps le point d'aboutissement d'une tradition de mutuelle sympathie qui déjà remonte à des temps très anciens. La fondation d'une Maison de France, à Kaboul répondra aux voeux de Sa Majesté Aman-Oullah-Khan, émir d'Afghanistan. La Grande-Bretagne, en nous précédant sur ce point par la création d'une légation anglaise, nous a donné un exemple qu'il faut suivre, dans l'intérêt de notre politique orientale et pour la propagation de notre influence dans les pays d'Orient. Une nation de 6 millions d'habitants, occupant 558 000 kilomètres carrés, possédant des villes florissantes telles que Kaboul, Kandahar, Hérat, en rapports réguliers avec l'Inde et la Russie par un mouvement considérable d'importations et d'exportations, forte d'une armée permanente de 60 000 hommes, s'ajoute ainsi à l'élite des peuples épris de civilisation, avec lesquels la République française entretient des relations diplomatiques. C'est pourquoi votre Commission des affaires étrangères s'associe aux conclusions de votre Commission des finances[83].

83. *Document parlementaire* n° 5171 : « Chambre des députés. Session de 1922. Annexe au procès-verbal de la 2e séance du 30 novembre 1922. Avis présenté au nom de la Commission des Affaires Étrangères sur le projet de loi portant ouverture au Ministre des Affaires Étrangères des crédits nécessaires à la création d'une légation de la République en Afghanistan, par M. Gaston Deschamps (Deux-Sèvres), Député » (rapport de 3 pages). Un exemplaire de ce document est conservé aux archives MAE (Afghanistan 5).

II

Compte rendu de la séance du Sénat du 23 février 1923 (extraits)[84]

Sénat – séance du 23 février 1923

[...]

9. – Adoption d'un projet de loi portant créant une légation en Afghanistan.

M. le président. La commission des affaires étrangères et de politique générale des colonies et protectorats demande que soit appelée maintenant, [...] la discussion du projet de loi, adopté par la Chambre des députés, portant ouverture au ministre des affaires étrangères, des crédits nécessaires à la création d'une légation de la République en Afghanistan. [...]

Je rappelle que le projet de loi avait été renvoyé, pour avis, à la commission des affaires étrangères. La commission est-elle en état de faire connaître ses conclusions [?]

M. Reynald, *rapporteur.* Je demande la parole.

[...]

M. le président. Veuillez donner lecture de votre avis.

M. le rapporteur. Messieurs, votre commission des affaires étrangères donne à la création d'une légation en Afghanistan un avis nettement favorable. Toutes les fois qu'un État libre et indépendant tend la main à la France, la France a intérêt à faire le même geste et à étendre ainsi le rayon de ses relations diplomatiques. En ce qui concerne l'Afghanistan, à ce motif d'ordre général viennent se joindre des motifs particuliers d'ordre politique et d'ordre économique.

[...]

M. Lucien Hubert, *rapporteur de la commission des finances.* La commission des finances est d'accord avec la commission des affaires étrangères sur l'utilité du crédit, et elle prie le Sénat de vouloir bien l'adopter.

M Victor Bérard, *président de la commission de l'enseignement.* Je demande la parole.

M. le président. La parole est à M. le président de la commission de l'enseignement dans la discussion générale.

M. le président de la commission de l'enseignement. Messieurs, vous permettrez à votre commission de l'enseignement de recommander à votre vote le crédit que viennent vous demander votre commission des finances et votre commission des affaires étrangères.

---

84. *Débats parlementaires. Sénat* 1923, p. 381-382 (séance) et 384 (scrutin) ; aucun exemplaire de ce document ne figure dans les fonds d'archives relatifs aux affaires d'Afghanistan ou à la mission Foucher. Le texte est reproduit ici pour information ; pour des commentaires détaillés, voir FENET, *Mission Foucher*, n° 92.

Le rôle de la France, depuis un siècle, a toujours été d'ouvrir par ces missions archéologiques et scientifiques les champs nouveaux que le recul de la barbarie venait offrir à la science universelle.

C'est par notre mission d'Égypte que nous avons fondé, nous français, l'égyptologie ; c'est par notre mission du Péloponnèse que nous avons rouvert les vrais chemins de l'antiquité grecque ; c'est par notre mission de Chaldée que nous avons fondé les sciences et lettres cunéiformes, et je n'ai pas besoin de dire dans cette enceinte ce qu'a été tout à la fois la gloire et le profit, pour la France, de notre mission de Perse. *(Très bien ! très bien !)*

On vient de vous assurer aujourd'hui le monopole des fouilles afghanes. Parmi ces fouilles s'ouvrent celles de Bactres, et vous savez comment, après la conquête d'Alexandre, Bactres a été tout à la fois le grand marché et, on peut dire, la grande université hellénique, par où les sciences et les arts de la Grèce se sont répandus, avec les produits de son industrie, jusqu'au plus profond de l'Extrême-Orient.

À la tête de cette mission archéologique va se trouver l'homme que le consensus universel, et de nos amis et de nos ennemis, considère comme le spécialiste en ces matières, M. Foucher *(Très bien ! très bien !)*, l'homme qui, ayant trouvé le tombeau de Bouddha, a démontré que tout l'art bouddhique, c'est-à-dire tout l'art de l'Inde, de la Chine et même du Japon avait été le disciple de l'un des héritiers de l'art grec. Il n'est pas douteux que, par les fouilles de Bactres, nous arriverons à démontrer comment la vieille Europe a eu jadis, sur l'Extrême-Orient le plus lointain, le même rôle de civilisation et d'adoucissement que celui que nous voulons revendiquer aujourd'hui.

Mais je vous en prie, mes chers collègues, en accordant ces crédits au Gouvernement, recommandez-lui de donner à vos ouvriers scientifiques un peu de l'argent qu'il prodigue peut-être sur d'autres chapitres. *(Très bien !)*

Notre mission de Perse a fait entrer au Louvre des trésors inestimables. Si nous avions à chiffrer – puisqu'il faut considérer quelquefois les choses sous cet angle – les merveilles archéologiques que les Dieulafoy, les de Morgan, les Scheill [*sic*] et leurs successeurs ont fait entrer au Louvre, c'est par millions et dizaines de millions que nous solderions nos bénéfices sur nos frais. Il faut donc que notre mission afghane ait l'argent nécessaire, il faut que, dès maintenant, l'on assure à M. Foucher les crédits qui lui permettront d'ouvrir ces fouilles de Bactres, pour le plus grand service de la science, mais aussi pour le plus grand renom et pour la grande utilité de la France dans tout l'Extrême-Orient. *(Vifs applaudissements.)*

[Pas d'autre intervention ; vote]

Nombre de votants................ 286
Majorité absolue.................... 144
Pour....................................... 286
Le Sénat a adopté.

III

Le bilan de l'hellénisme dressé par G. Fougères en 1927 (extraits)[85]

L'École d'Athènes et l'humanisme moderne

Les humanismes commencent par la littérature et se continuent par l'archéologie. [...] Chaque renaissance a besoin d'un passé qui soit en quelque sorte d'aujourd'hui, c'est-à-dire emprunté aux plus récentes révélations de l'archéologie. [...]

Ce qui est vrai pour le temps l'est aussi pour l'espace. L'exotisme n'est pas un auxiliaire moins actif de régénération. La Grèce l'a connu de très bonne heure: elle a égyptisé, orientalisé; en art, comme en religion, elle a connu ses crises de mysticisme cabirique, orphique, mithriaque; elle a éprouvé la tentation de donner congé à la raison pour s'abîmer dans les révélations d'un yoghisme éperdu. En revanche, partout où il s'est diffusé, l'hellénisme a marqué son empreinte sur les confins les plus lointains. Même au-delà, en des pays où les Grecs ne pénétraient pas, l'hellénisme s'est introduit par transmissions. Nous ne sommes plus surpris de le retrouver jusqu'au pied du Pamir dans les Bouddhas drapés à la mode ionienne, dans les bronzes de la Mongolie et de la Chine inspirés de l'art gréco-parthe et indo-scythe de la Bactriane, pas plus que nous ne nous étonnons de le voir revivre en Extrême-Occident dans les poteries et la statuaire de l'Ibérie[86].

De ces rapports lointains, l'humanisme compréhensif d'aujourd'hui tire la conclusion que tout ce monde antique, dans son ensemble, était régi par les mêmes lois que le monde moderne. Il n'est plus possible de s'enfermer dans le culte exclusif d'un idéal, d'un temps, d'un milieu isolé, et d'échapper à cette impression de solidarité cosmopolite. Sans doute, dans cette complexité, le milieu méditerranéen nous intéresse de plus près, puisqu'il est le berceau de notre propre civilisation. C'est à lui que l'École d'Athènes a la mission particulière de consacrer son activité essentielle [...].

L'École d'Athènes est le plus ancien de ces observatoires historiques placés au centre du monde méditerranéen par la noble curiosité des consciences tributaires de l'hellénisme. Mais à mesure que s'élargissait le champ des observations jusqu'aux confins extrêmes de l'hellénisme et au delà, la France n'a pas manqué de compléter en conséquence ses organes d'information scientifique. Successivement, l'École de Rome, filiale directe de celle d'Athènes, l'Institut du Caire, celui de Madrid, les services archéologiques

85. « Nos grandes écoles. XII. L'École d'Athènes », *Revue des deux mondes* 41 (sept.-oct. 1927), p. 543-574, p. 572-574.

86. Dans les notes préparatoires de ce passage d'abord intitulé « Les leçons de l'archéologie », Fougères avait indiqué: « Connaître le passé n'est pas une pure satisfaction de curiosité rétrospective. Profits actuels: 1) Lois d'évolution des styles. [...] Influences [ill.]: hellénisme des confins, orientalisant, égyptisant, thracisant, asianisme, ibérisant, etc. [...] 2) Nécessité pratique des fouilles et des découvertes » (EFA, fonds Picard 2, 3, ensemble de documents « L'École d'Athènes »).

de l'Afrique du Nord (Tunisie, Algérie, Maroc), les missions et instituts de Beyrouth, de Jérusalem, de Perse, d'Afghanistan, et, jusqu'en Extrême-Orient, celui de Hanoï, ont été chargés d'étendre sur toutes les civilisations historiques du vieux monde l'enquête longtemps restreinte au bassin méditerranéen. Loin d'être jalouse de ces émules et de les traiter en rivales, la mission athénienne voit, au contraire, en elles la plus éclatante justification de sa propre utilité. Elle serait la première à souhaiter que l'encerclement du globe par l'archéologie française fût achevée par l'installation de laboratoires du même genre au milieu des vieilles civilisations du Nouveau-Monde, à Buenos-Ayres ou La Plata, à Lima, à Mexico.

Le temps n'est plus où les routines combinées d'un irréalisme livresque et d'un utilitarisme borné excluaient de la culture générale, comme autant de futilités, les révélations de l'archéologie. La connaissance approfondie du passé se traduit par un enrichissement de la conscience moderne, et toute conquête faite en Grèce sur l'inconnu apporte une suggestion féconde à la civilisation du présent.

Les Humanités allemandes en guerre : le *Rome et Carthage* des antiquisants allemands (1943)

Johann Chapoutot

Associer les humanités allemandes à la guerre peut surprendre : on voit mal, de prime abord, le rapport qui existe entre de sympathiques savants ou d'innocents philologues et des actions de combat.

Pour entamer la réflexion de manière concrète, parlons d'un livre qui a été publié à Leipzig en 1943, intitulé *Rome et Carthage*[1].

On observe que le titre est adjoint d'un sous-titre : « Ein Gemeinschaftswerk ». Nous pourrions traduire cela par « un ouvrage en collaboration », qui réunit plusieurs auteurs coordonnés par un directeur de publication. La traduction affaiblirait le terme allemand, qui, littéralement, se traduit par « l'œuvre d'une communauté », et qui n'a pas été choisi au hasard.

Le terme de *Gemeinschaft* est une notion importante, réitérée, martelée par le discours nazi. Le programme du NSDAP est de faire de l'Allemagne une *Gemeinschaft*, une communauté organique, naturelle, contre cette *Gesellschaft* créée par les Lumières et la Révolution française : l'opposition entre ces deux notions est courante en Allemagne depuis le XIXe siècle et est devenue, par l'intermédiaire du sociologue Ferdinand Tönnies, mais aussi de Max Weber, un classique de la sociologie. La *Gesellschaft*, c'est la société du contrat social, du libre choix, de l'adhésion libre et volontaire – la *Gemeinschaft*, c'est la communauté de la terre et des morts (pour parler comme Barrès), du *Blut und Boden* (pour parler comme Richard Walther Darré[2]) : elle n'est pas constituée par la liberté de ses membres, mais par la nécessité, par une nécessité naturelle. La société est un groupe culturel, la communauté est une famille naturelle.

On pourra objecter que l'on est loin, dans notre sous-titre, du débat entre Rousseau et Fichte ou Barrès. Pas tant que cela, si l'on considère

1. J. Vogt (Hrsg.), *Rom und Karthago. Ein Gemeinschaftswerk*, Leipzig, Koehler und Amelang, Deutsche Geisteswissenschaft, 1943, 414 p.
2. Richard Walther Darré, agronome et théoricien raciste, est, depuis 1931, le chef de l'Office central de la colonisation et de la race de la SS. Il exerce ensuite les fonctions de ministre de l'Agriculture du *Reich*.

que la notion de communauté a connu une réactivation idéologique au sortir de la Première Guerre mondiale. Après quatre ans de souffrances et d'impôt du sang dans les tranchées, il paraissait inconcevable à bien des anciens combattants que l'on adoptât le contrat social de l'ennemi. Or c'est précisément ce que fait la constitution adoptée à Weimar le 31 juillet 1919, constitution libérale votée sous les auspices de Goethe et de Schiller, qui fait de l'individu autonome le fondement de la société. Les nazis, comme toute l'extrême droite nationaliste dénoncent cette importation d'un *esprit* étranger au *Geist* allemand et exaltent a posteriori la communauté des tranchées, la *Kampfgemeinschaft*, fusionnelle, confusionnelle, communauté idéale, qui répond à toutes les questions posées par la révolution industrielle, l'individualisme, l'exode rural, la dissolution des identités et des solidarités traditionnelles. La tranchée a fondu des atomes épars en un bloc indissoluble, comme le décrit Ernst Jünger, dans *Feu et sang*, quand il relate la préparation d'artillerie qui prépare et précède l'assaut, déluge de feu et d'acier qui s'abat sur l'ennemi : « Devant nous se dresse la plus puissante de nos armes, la muraille de feu et d'acier, haute comme une tour. En ce moment, elle est à notre image : une totalité, mais constituée d'atomes ardents réunis en un seul bloc[3]. »

La communauté en guerre, c'est la communauté par excellence : la distinction entre ami et ennemi y est claire, la solidarité spontanée de ses membres y est viscérale et vitale. La communauté, c'est le groupe primaire de la tranchée, emmené par son chef, que tous les anciens combattants, même les pacifistes – comme Remarque et son hymne à Kat dans *À l'ouest rien de nouveau* – célèbrent.

À partir de 1933, l'emploi du mot *Gemeinschaft* connaît une inflation dans le discours nazi. Il est employé à toute occasion pour signifier que « 1789 [devait] être effacé de l'histoire » comme le disait Goebbels, et que l'Allemagne était encore bel et bien en guerre.

L'état de guerre, selon les nazis, se poursuit, car :

– la guerre n'est pas vraiment finie : ni l'armistice, suspension d'armes, de 1918, ni le Diktat ignominieux de 1919 n'ont mis fin à la guerre. Le peuple allemand reste confronté à un monde d'ennemis qui veulent sa perte ;

– plus généralement, dans la lutte permanente que constitue le monde humain, dans cet affrontement social-darwiniste des races, la communauté allemande, resserrée, ramassée comme le groupe primaire, est en guerre.

Dès lors, on voit que le sous-titre de l'ouvrage n'est rien moins qu'innocent, qu'il est, au contraire, lesté de connotations lourdes : que l'ouvrage soit en collaboration, la simple mention du (Hrsg.), le (dir.) français, aurait suffi à l'indiquer. Introduire une redondance veut dire ceci : il y a une

3. E. Jünger, *Feuer und Blut. Ein kleiner Ausschnitt einer grossen Schlacht*, 1925, trad. fr., *Feu et sang*, Paris, Christian Bourgeois, 1998, p. 115.

communauté des historiens allemands, et cette communauté est en guerre. Le message sous-jacent est le suivant : les historiens ne sont pas les fieffés individualistes que l'on croit, emmurés dans la solitude de leur cabinet pour déchiffrer de vieux codex, ils travaillent en groupe, ils ont un sens de la communauté – ils ne sont pas de ces insupportables humanistes de la *Weimarer Klassik* qui pratiquent un *ars gratia artis* pour leur jouissance propre. Leur activité n'est rien moins que futile, anodine ou pacifique : ils n'ânonnent pas dates et concepts pour, au mieux, faire passer des examens à des étudiants. Ils se battent.

Cette redondance est encore soulignée par le nom de la série dans laquelle est publiée l'ouvrage : « Deutsche Geisteswissenschaft ». « Sciences humaines allemandes » serait un bon équivalent à ces « sciences allemandes de l'esprit » fidèle à l'usage germanique – les Allemands opposent depuis Hegel les sciences de la nature aux sciences de l'esprit, une distinction fameuse qui sera abondamment théorisée par Dilthey et Rickert.

Il y a donc des sciences humaines allemandes, comme il y a aussi, sans doute, des sciences humaines françaises ou britanniques... On songe ici à Joseph de Maistre, dans ses *Considérations sur la France* (1797) : « J'ai vu, dans ma vie, des Français, des Italiens, des Russes, etc. ; je sais même, grâce à Montesquieu, qu'on peut être Persan : mais quant à l'homme, je déclare ne l'avoir rencontré de ma vie ; s'il existe, c'est bien à mon insu. » Il n'y a pas d'homme en soi, pas d'homme universel, il n'y a que des particularismes. Ce qui vaut pour l'homme vaut pour les sciences humaines.

Dire cela, c'est montrer que l'on ne vise pas l'universalité du savoir, mais que tout discours est irréductiblement particulier, situé dans sa nation : il y a une historiographie allemande, qui est, comme la littérature et la philosophie allemande, l'expression d'un *Geist* propre à une race. La race s'objective par des créations qui n'appartiennent qu'à elle et dont elle ne se soucie pas qu'elles soient communicables. Comprendra la philosophie allemande tout esprit allemand. Aura accès à la musique et à la littérature allemande tout esprit allemand. Idem pour l'historiographie. Tout cela restera inaccessible à un Britannique ou à un Russe. C'est que la race n'est pas seulement affaire de substance charnelle et de corporéité : la psychologie raciale a été instituée en discipline et dotée d'un abondant corpus par Ludwig Ferdinand Clauss dans les années vingt et trente[4].

Dans un contexte de guerre, cette science humaine allemande est une arme de combat : les essais de philosophes et d'historiens, toujours désespérément soucieux de prouver l'utilité de leur discipline – car il en va de leur financement, surtout quand les ressources se trouvent orientées vers ce qui est considéré comme stratégique – abondent, aux titres explicites : tel

4. Cf. L.F. Clauss, *Rasse und Seele. Eine Einführung in den Sinn der leiblichen Gestalt*, Munich, Lehmann Verlag, 1926 ; Id., *Die nordische Seele – Eine Einführung in die Rassenseelenkunde*, Munich, Lehmann Verlag, 1933.

professeur disserte ainsi sur « l'importance stratégique de la philosophie[5] », érigée en « arme et instrument » de guerre[6]. L'histoire n'est pas en reste : vecteur d'une « éducation nationale-politique[7] », elle a son rôle à jouer dans « la guerre des races[8] ».

Le livre auquel nous nous intéressons, *Rome et Carthage*, œuvre de la communauté des historiens allemands en guerre, est ainsi un livre de guerre au double sens du terme : c'est un livre d'histoire qui nous parle de l'affrontement pluriséculaire entre Rome et Carthage et c'est un livre écrit dans un contexte de guerre pour contribuer à la victoire allemande par une mobilisation des esprits allemands. En parlant du passé, ce livre veut contribuer à renforcer la mobilisation culturelle dans cette guerre qui est une guerre totale, engageant tous les sujets du *Reich* dans un engagement psychologique total, et dont l'issue, comme le répètent Goebbels et Hitler, sera une victoire absolue, inédite, ou l'annihilation : en 1941 a débuté « une guerre où il n'y aura ni vainqueurs ni vaincus, dit Goebbels, mais des survivants et des exterminés[9] ».

Comment ce livre contribue à l'édification d'une culture de guerre, nous le verrons après, en parlant de son contenu. Il faut d'abord éclairer plus avant le contexte, cette fois-ci le contexte institutionnel, de son élaboration.

L'éditeur qui publie ce livre est Koehler et Amelang. Cette maison d'édition est sise à Leipzig, siège d'une grande université fondée en 1409, et dont la faculté d'histoire est réputée. Leipzig est un grand centre d'édition depuis le XIXe siècle, en histoire surtout : il faudra, pour affaiblir ce centre intellectuel, douze ans de nazisme et quarante ans de RDA. Un impressionnant nombre de maisons d'édition y a son origine et son siège, ce qui fait de la ville, avec Munich et Berlin, un des tout premiers centres allemands d'édition, notamment en histoire : Barth, Weicher, Hammer, Hinrichs, Hesse und Becker s'y trouvent, mais aussi des maisons plus importantes et plus célèbres : outre Reclam, bien connue en Allemagne pour ses éditions de poche saumon, puis jaune, qui existent depuis la fin du XIXe siècle, Teubner, De Gruyter, Insel, Dürr, et Koehler und Amelang sont présentes sur la place. Sans compter ces maisons d'édition qui apparaissent après 1933, comme Armanen-Verlag et le Bibliographisches Institut.

Koehler est un éditeur prestigieux et crée une nouvelle série, dans laquelle est publié notre ouvrage, qui s'intitule « deutsche Geisteswissenschaft ». Cette série doit accueillir les publications du secteur « histoire » d'un grand projet multidisciplinaire lancé en 1940, le *Kriegseinsatz der deutschen Geisteswissenchaften*, que l'on peut traduire par « mobilisation des sciences

5. E. Rothacker, *Die Kriegswichtigkeit der Philosophie*, Bonn, Kriegsvorträge der Rheinischen Friedrich-Wilhelm-Universität – Wissenschaft im Kampf für Deutschland, Heft 37, 1944.
6. F. Weinhandl, *Philosophie, Werkzeug und Waffe*, Neumünster, Wachholtz, 1940.
7. D. Klagges, *Geschichtsunterricht als nationalpolitische Erziehung*, Frankfurt-am-Main, Moritz Diesterweg Verlag, 1937.
8. R. Benze, *Geschichte im Rassenkampf*, Erfurt, Verlag Kurt Stenger, Volk und Wissen, 1934.
9. J. Goebbels, Discours au *Sportpalast* de Berlin, 18 février 1943.

humaines allemandes ». Le mot *Kriegseinsatz* est en fait plus fort que cela : il signifie engagement guerrier, voire action de guerre : *einsetzen* est un verbe très présent dans le vocabulaire militaire, qui signifie utiliser un équipement ou engager une unité, des hommes. Quant à l'expression *im Einsatz,* elle désigne la situation d'un officier qui est « au front ». En 1940, les sciences humaines allemandes, pour l'Allemagne, s'engagent donc dans une action de guerre.

Le plan quadriennal de 1936 avait généreusement pensé le financement des « sciences de la nature » et de la matière, de la physique et de ses applications techniques utiles à l'amélioration de l'armement, à la chimie productrice de carburants pour la motorisation de la Wehrmacht et d'Ersatz pour pallier les difficultés prévisibles de l'approvisionnement en vivres. Les sciences de l'esprit sont, dans ce contexte de mobilisation de l'économie et de la science, passablement défavorisées.

Les sciences humaines vont s'organiser et réagir à l'initiative d'un juriste (le droit est une *Geisteswissenchaft* en Allemagne), Paul Ritterbusch. Ce professeur de droit public et de droit international, recteur de l'université de Kiel, est un nazi convaincu depuis ses années d'étude, lors desquelles il militait déjà à l'extrême droite. Lors d'une conférence des recteurs qui se tient à Berlin le 11 novembre 1939, et qui a pour thème « Forschung im Kriege » (la recherche en temps de guerre), Paul Ritterbusch propose une action de grande envergure dans le domaine des sciences humaines et sociales. Il contacte dans un premier temps des collègues de sa matière ou de sa région, puis reçoit le soutien du ministère de l'Éducation du *Reich*, dont le titulaire est d'ailleurs un littéraire, Bernhard Rust, ancien professeur de latin dans l'enseignement secondaire. Ce dernier lui confie une mission officielle en janvier 1940 pour diriger un projet intitulé *Kriegseinsatz der Deutschen Geisteswissenschafen*, dont les premières réunions ont lieu en avril 1940. Un an plus tard, Paul Ritterbusch est déchargé de ses obligations de recteur pour revêtir une position dans l'organigramme du ministère et obtenir le rang de chef de service. Le projet qu'il a initié et qu'il dirige mobilise, entre 1940 et 1944, 500 enseignants-chercheurs dans 12 disciplines (sciences de l'Antiquité, anglais, géographie, allemand, histoire – droit et préhistoire –, histoire de l'art, « orientalistique », philosophie, « romanistique », droit public, droit international, droit civil et droit du travail). Il faut noter que, sur ces 500 personnes, la moitié a obtenu sa chaire ou sa charge après la prise de pouvoir par les nazis et grâce aux effets de la loi du 7 avril 1933, loi d'aryanisation de la fonction publique allemande, qui a libéré de nombreux postes. Entre 1941 et 1944 sont publiés dans le cadre de ce projet 67 ouvrages, dont 43 monographies et 24 collectifs, parmi lesquels deux œuvres en histoire ancienne (*Rom und Karthago* et *Das neue Bild der Antike*[10]). Les premières publications sont offertes au Führer pour son

10. H. Berve (dir.), *Das Neue Bild der Antike.* I – *Hellas*, Leipzig, Koehler und Amelang, 1942 ; Id., *Das Neue Bild der Antike.* II – *Rom*, Leipzig, Koehler und Amelang, 1942.

52e anniversaire, le 20 avril 1941. Cette grande opération doit témoigner de la vitalité de la recherche allemande en dépit des bouleversements qu'a connus l'université depuis 1933 : la science allemande, faite par des Aryens, n'a pas besoin des Juifs chassés de l'enseignement et de la recherche. En outre, le *Kriegseinsatz* doit montrer aux autorités de l'État et du Parti que les sciences humaines sont utiles à la guerre menée par le *Reich*. Parallèlement, d'ailleurs, à ce projet au niveau du *Reich*, et en synergie avec lui, différentes universités organisent des séries de conférences, des séminaires et des travaux censés contribuer à l'effort de guerre allemand. C'est le cas par exemple à Bonn, où la Friedrich-Wilhelm Universität organise une série de « conférences de guerre » (*Kriegsvorträge*), publiée, dans le cas des historiens de l'Antiquité, en 1944, dans un volume en fort mauvais papier de pénurie, mais très instructif sur la manière dont l'histoire de l'Antiquité est relue et réécrite depuis 1933[11]. La série éditoriale est intitulée *Wissenschaft im Kampf für Deutschland* (La science en guerre pour l'Allemagne).

Les sciences humaines allemandes doivent par ailleurs défendre et illustrer les buts de guerre du *Reich*, en justifiant, en légitimant, et mobiliser les esprits dans un contexte de guerre totale. Il s'agit de promouvoir scientifiquement, de manière apodictique et incontestable, la vision nazie de l'espace et du temps. La réunion de lancement qui se tient à Kiel les 27 et 28 avril 1940 fixe un *Rahmenthema*, un cadre général de réflexion et de travail pour toutes les disciplines : « La mission de cet engagement consiste à élaborer scientifiquement, de manière incontestable, l'idée d'un nouvel ordre européen[12]. »

Ce nouvel ordre européen, dont le *Reich* est l'organisateur et la matrice, accouché dans la violence des combats menés par la Wehrmacht et les SS, implique une reconfiguration de l'espace européen sur le principe de la race. Il repose également sur une vision du temps, une réécriture de l'histoire, envisagée désormais sous le jour de la lutte des races et du complot des mauvais contre les meilleurs. Il ne s'agit pas simplement de redessiner l'espace européen, mais de créer les catégories et les concepts, de promouvoir les postulats qui permettent de penser cet espace redessiné : à la reconfiguration *topographique* doit s'ajouter une nouvelle *topique* mentale qui vienne légitimer le projet du *Reich* en promouvant une vision du monde. Pendant que les économistes consacrent un colloque à la *Europäische Grossraumwirtschaft* (L'économie de l'espace « grand-européen »), pendant que les géographes et les juristes dissertent sur ce nouvel espace européen redéfini par le racisme nazi, les historiens convoquent le précédent de l'affrontement entre Rome et Carthage et offrent un double volume censé présenter « la nouvelle image – la nouvelle conception – de l'Antiquité ».

---

11. O. Becker, K. Chudoba, *Griechenland*, Kriegsvorträge der Rheinischen Friedrich-Wilhelms-Universität Bonn, 3, Bonn, Universitätsbuchhandlung, 1944.
12. F.-R. Hausmann, *Deutsche Geisteswissenschaft im Zweiten Weltkrieg. Die Aktion Ritterbusch, 1940-1945*, Dresden, Dresden University Press, 1998.

Le message adressé aux autorités est donc : les sciences humaines, qui ont une réputation tenace d'inutilité et d'éparpillement individualiste peuvent et savent s'organiser en communauté de combat quand l'heure l'exige. D'où une inflation de vocables militaires : outre le *Einsatz*, chaque discipline n'est plus un *Fach* (matière), mais devient une *Gruppe* ou une *Sparte* (unité), dirigée par un *Spartenleiter* ou un *Gruppenleiter*, un général dans cette novlangue nazie qui remplace le vénérable vocable *General* (allogène, car français) par un roboratif et plus germanique *Gruppenführer* dans la SA et la SS. Les *Gruppenleiter* organisent des réunions à Berlin ou à Weimar, dans cet *Hotel Elephant* où Hitler aime à descendre : la consigne exclut strictement les épouses des enseignants-chercheurs convoqués à ces séminaires. Le *Kriegseinsatz* est un *Männerbund*, comme la troupe en guerre qui ne tolère ni divertissement, ni amollissement.

Parmi les disciplines engagées dans l'entreprise, il y a les « sciences de l'Antiquité » (*Altertumswissenchaften*), terme générique qui rassemble l'histoire ancienne et l'archéologie, les sciences auxiliaires, mais aussi les lettres classiques et la philosophie ancienne, puisqu'à ce groupe disciplinaire collaborent des littéraires et des philosophes. Le groupe est constitué par Helmut Berve, professeur à Leipzig, lors d'une réunion inaugurale et solennelle à l'Université, le 5 octobre 1940. L'invitation qu'il adresse à 350 personnes précise les objectifs de l'*Einsatz* : il s'agit d'exposer et de diffuser des connaissances nouvelles, mais surtout les problématiques nouvelles à propos de sujets « où une conception nouvelle s'est imposée ». Berve prévoit de faire rédiger des dictionnaires bilingues grec-allemand et latin-allemand, ainsi que des ouvrages de référence sur l'histoire ancienne, notamment en ce qui concerne la conception antique de l'État, la théorisation et la pratique du sport (*Agonistik*). La première séance de travail, les 2 et 3 avril 1941 à Berlin-Dahlem, est honorée par la présence du ministre Rust, ainsi que de Rudolf Till, philologue et représentant de l'*Ahnenerbe* de la SS. Cette réunion élabore le premier grand projet du *Kriegseinsatz* : éditer un ouvrage intitulé *Das neue Bild der Antike*, que l'on peut traduire littéralement par « La nouvelle image de l'Antiquité », mais qui signifie quelque chose comme « Pour une nouvelle conception de l'Antiquité ». Il s'agit d'introduire dans l'étude de l'Antiquité le concept angulaire de la révolution idéologique nationale-socialiste, la race, et la notion de lutte des races comme facteur explicatif de tout devenir historique.

Tout cela est exposé dans le discours que tient Berve, au cours duquel il parle de « révolution de l'esprit[13] », qui consiste en la « prise de pouvoir nationale-socialiste », cette « mutation puissante dans l'histoire de notre peuple [...] ». Nul doute que « les sciences de l'Antiquité, elles aussi, ont été bouleversées par cette révolution de l'esprit ». Dans la préface de l'ouvrage, Helmut Berve, écrit : « L'instinct racial enfin réveillé de notre peuple nous fait reconnaître ces deux peuples de l'Antiquité [les Grecs et les Romains]

13. F.-R. Hausmann, *Deutsche Geisteswissenschaft*, p. 130.

comme participant de notre race et de notre sang [...]. Notre conscience de race nous les a révélés sous un jour renouvelé et nous les a restitués. C'est sur le fondement de cette foi et de ce savoir que se déroule aujourd'hui le travail de la science allemande[14]. » La prétention à la scientificité est constante : Berve soutient que ces travaux « satisfont aux sévères exigences de la recherche scientifique, ainsi qu'à ses lois d'airain[15] », rien de moins.

Cet ouvrage comporte deux imposants tomes, de 394 pages sur la Grèce et de 458 pages sur Rome. Il constitue une œuvre de prestige : la liste des contributeurs constitue un *Who's who* des spécialistes de la Grèce et de Rome. On y trouve même une contribution du jeune Hans Georg Gadamer sur la conception platonicienne de l'État. Au total, les textes sont idéologiquement assez anodins. Dans une recension qu'il rédige pour la revue *Rasse*, un des contributeurs, Fritz Schachermeyr, déplore que sur 38 contributions, une seule, celle de Miltner, se fonde réellement sur des postulats raciaux[16].

Il n'en est pas de même du livre que j'évoquais au seuil de cet article, et qui constitue le second projet du *Kriegseinsatz*, le collectif intitulé « Rome et Carthage », publié en 1943. Le premier était dirigé par le grand spécialiste d'histoire grecque Helmut Berve, le second par son homologue, le professeur d'histoire romaine Joseph Vogt. Dans ce second ouvrage, le préambule de Vogt, intitulé « Notre problématique », est un manifeste programmatique de la nouvelle historiographie allemande, de cette nouvelle histoire de l'Antiquité éclairée par l'idéologie nationale-socialiste, qu'il convient désormais d'écrire. L'auteur s'attarde sur le caractère cardinal des concepts de guerre, de race, et de guerre des races.

Rome et Carthage, c'est d'abord une guerre à mort, une haine inexpiable qui résonne étrangement avec les événements contemporains, ou plutôt avec la manière dont les événements contemporains ont été présentés par la propagande nazie. Rome et Carthage sont des noms qui ont depuis longtemps excédé le cadre étroit de leur propre temps pour devenir des archétypes universels, transhistoriques : « Rome et Carthage – voilà deux noms historiques qui sont devenus des concepts, des concepts qui signifient une haine abyssale entre deux peuples et une guerre d'extermination[17]. » L'emploi du mot *Vernichtungskrieg* permet de constater la contamination du discours nazi et l'emploi anachronique de catégories contemporaines transposées à l'Antiquité.

Rome et Carthage sont devenus des concepts, non seulement parce que le caractère inexpiable de leur lutte est exemplaire, mais également parce que leur guerre est l'épisode d'un affrontement qui traverse et structure toutes les époques. En effet, ces deux peuples en lutte sont qualifiés

---

14. J. Vogt, *Rom und Karthago*, avant-propos, p. 6.
15. *Ibid.*, p. 8.
16. F. Schachermeyr, *Rasse*, 10 (1943).
17. J. Vogt, *Rom und Karthago*, p. 5.

de *rassefremd*[18], étrangers par la race. Après avoir dévoilé la clef explicative du conflit, Joseph Vogt poursuit en posant une question purement rhétorique :

> « Pour la recherche contemporaine, une question en vient à occuper le premier plan qui avait jusqu'alors été peu considérée dans l'examen de ce drame de l'histoire mondiale : ce conflit aux lourdes conséquences a-t-il été déterminé par le patrimoine hérité, par le sang de ces peuples, c'est-à-dire par le fait que le monde de la Carthage punique faisait face à la Rome nordique[19] ? »

Carthage punique, Rome nordique : depuis 1933, l'histoire de l'Antiquité fait l'objet, dans le monde scolaire et universitaire, d'un *aggiornamento* qui la soumet à une exégèse raciale systématique. Rome est une puissance nordique, car elle a été fondée, comme toutes les grandes civilisations de l'histoire, par des peuples aryens émigrés de leur septentrion originel[20]. Vogt parle ensuite des sources disponibles en soulignant deux problèmes méthodologiques. Le premier est que les sources romaines sont incomparablement plus prolixes que les sources carthaginoises. Qu'une histoire de vainqueurs est donc à craindre. Scrupule qui l'honore quand on constate à quel point l'historiographie est couchée sur le lit de Procuste de l'idéologie. Le second est que le concept de race qui vient révolutionner, pour son plus grand bénéfice, il va de soi, l'historiographie, n'était guère familier aux anciens, et que sa mobilisation pour commenter les sources antiques est délicate... En assortissant sa réécriture de réserves méthodologiques, Vogt ne fait que crédibiliser un peu plus l'emploi de cette catégorie nouvelle, déjà imposé par le caractère intimidant des titres de docteur et de professeur alignés dans la table des matières. Par l'expression de réserves dont on peine à croire qu'elles soient sincères, il confère à son texte un caractère interrogatif, problématisé et donc d'autant plus scientifique, qui a pour effet de légitimer des affirmations qui viennent soutenir le discours raciste des nazis :

> « Le chercheur contemporain tente de relier les caractères d'un peuple avec telle ou telle composante de sa structure raciale. Il se pose ainsi la question de savoir si, par exemple, la fausseté punique si souvent décriée peut être attribuée à l'élément racial arménoïde, arabique ou hamitique, tous présents dans le peuple punique (*Volkstum*). Le sol de cette *terra incognita* scientifique est encore incertain, il exige de l'audace et de la réserve en même temps. Nous avons souhaité accumuler non des suppositions, mais des preuves. »

La certitude revient donc vite : l'ouvrage présentera des preuves, et l'on saura à quel élément racial attribuer le mensonge punique – rien n'empêche plus de décrire les guerres puniques comme un affrontement de races. Les titres des contributions sont éclairants, et leur redondance est explicite. Fritz Schachermeyr propose ainsi une « histoire de Carthage du point de

18. *Ibid.*, p. 5.
19. *Ibid.*, p. 7.
20. Cf. J. Chapoutot, *Le national-socialisme et l'Antiquité*, Paris, PUF, 2008.

vue de l'histoire raciale[21] », tandis que Fritz Taeger choisit de disserter sur les « guerres de peuples et guerres de races en Méditerranée occidentale[22] ». Un autre historien distingué de la Rome antique, Matthias Gelzer, se penche sur « l'opposition des races comme facteur historique lors du déclenchement des guerres puniques[23] ». Quant à Joseph Vogt, il se réserve de gloser sur « le caractère punique de la dynastie de Septime Sévère[24] ».

Le thème choisi par Vogt est d'importance et sert d'avertissement au présent : la dynastie des Sévère a régné au IIe siècle de notre ère, quatre siècles après la fin des guerres puniques. Or, elle vient d'Afrique et marque la revanche de Carthage : que les empereurs de la ville éternelle soient désormais des Puniques constitue un signe sûr de la dégénérescence raciale et politique de Rome. C'est un topos de la littérature romaine que d'affirmer, à l'instar de Juvénal que *Graecia capta ferocem victorem coepit* et que Rome, vainqueur sur les champs de bataille, a été vaincue par les vaincus.

La vision des guerres puniques que nous présente cet ouvrage s'insère parfaitement dans la réécriture nazie de l'histoire ancienne : les historiens du *Kriegseinsatz* se font les dociles et fidèles promoteurs d'un canevas présent dans *Mein Kampf* et développé par Alfred Rosenberg dans *Le mythe du XXe siècle* en 1935. Les historiens exemplifient et développent ce que les idéologues ont esquissé. Rosenberg défend, à l'unisson de son maître et en accord avec les manuels scolaires qui, tous, répètent la même antienne, que Rome a raté sa IIIe guerre punique. Elle l'a certes gagnée sur le court terme, mais elle l'a perdue à plus longue échéance : les Romains se sont bornés en bons soldats à prendre la ville, à la raser, à tuer sa population masculine et à disperser femmes et enfants. Ils feront de même deux siècles plus tard à Jérusalem, où ils épargneront même les hommes.

Les Romains ont raisonné et agi en stratèges, et non en protecteurs responsables de leur peuple, car ils n'étaient pas éclairés par le concept de race et de lutte des races : dans les guerres puniques, comme auparavant dans les guerres médiques, et comme après dans les guerres juives, l'enjeu biologique excédait de bien loin l'enjeu stratégique : il fallait exterminer, annihiler la population vaincue. Ce n'était pas un ennemi, c'était un foyer de virulence biologique qu'il fallait éteindre, et non pousser à la dispersion hors de son territoire, c'est-à-dire à la diaspora. L'histoire enseigne que cette erreur fut fatale aux Romains qui, vainqueurs sur le champ de bataille, furent vaincus biologiquement : les ennemis d'hier immigrèrent à Rome, infectèrent le sang nordique romain et détruisirent ce peuple sûr de lui-même et dominateur[25].

21. F. Schachermeyr, « Karthago in rassengeschichtlicher Betrachtung », p. 9-43.
22. F. Taeger, « Völker- und Rassenkämpfe im westlichen Mittelmeer », p. 44-82.
23. M. Gelzer, « Der Rassengegensatz als geschichtlicher Faktor beim Ausbruch der römisch-karthagischen Kriege », p. 178-202.
24. J. Vogt, « Das Puniertum und die Dynastie des Septimius Severus », p. 346-366.
25. Cf. J. Chapoutot, *Le national-socialisme,* IIIe partie.

Rome et Carthage est donc pleinement un livre de guerre. Il parle d'une guerre spécifique, historiquement située, mais qui révèle que, au-delà d'une conjoncture historique précise, il existe un affrontement des races, immémorial, depuis que nordiques et sémites existent. Ce livre contribue également à la construction d'une culture de guerre. Pendant que les historiens se réunissent, pensent, écrivent et publient dans le cadre de leur *Einsatz* militairement organisé, supplétif du service des armes – ils réservent d'ailleurs un 3e tome du *Neues Bild der Antike* aux camarades mobilisés au front, qui l'écriront à leur retour –, d'autres *Einsätze* mobilisent des soldats formés à l'idéologie et au discours de l'angoisse eschatologique : les *Einsatzkommandos* des *Einsatzgruppen*, sur le front de l'Est, assassinent des centaines de milliers de Juifs et reçoivent des cours du soir dont les supports, sous forme de fascicules, sont consultables aux archives de Berlin-Lichterfelde. Ces fascicules de formation idéologique sont des précipités, des succédanés de ce que nous venons de voir, de ce que nos historiens écrivent sur l'État grec, sur le Juif à Rome, sur les guerres puniques : tous ces éléments d'une *Gleichschaltung*, d'un alignement idéologique et d'un *aggiornamento* de l'histoire ancienne, se retrouvent dans une pédagogie élémentaire et brutale, qui suscite l'angoisse pour suggérer et nourrir la brutalité des actes. La mise au pas des sciences de l'homme, mise au pas sans excès de scrupule ou de réticence, a contribué à celle des intelligences, des consciences et des énergies.

Le meurtre nazi, toute l'entreprise génocidaire, se nourrit de l'angoisse historique et biologique diffusée par ces fascicules, vectorisée par ces cours et, en amont, produite, étayée et promue par nos historiens combattants. Eux qui, intimidés et inquiets de la place prise par les sciences de la matière dans la guerre contemporaine, eux qui voulaient tant se rendre utiles, et prouver que leur matière, elle aussi, était d'importance stratégique[26].

26. Pour une bibliographie complémentaire, voir C. Ingrao, *Les intellectuels SS du SD, 1900-1945*, thèse, université d'Amiens, 2001, inédit – à paraître sous le titre *Croire et détruire*, Paris, Perrin ; V. Losemann, *Nationalsozialismus und Antike : Studien zur Entwicklung des Faches Alte Geschichte 1933-1945*, Hamburg, Hoffman und Campe, 1977 ; K. Schönwälder, *Historiker und Politik. Geschichtswissenschaft im Nationalsozialismus*, Frankfurt, New York, Campus Historische Studien, Band 9, 1992 ; U. Wulf, *Litteris et patriae : das Janusgesicht der Historie*, Stuttgart, Steiner, 1996.

De la chaire à l'école : le rôle des universitaires antiquisants dans les programmes et les manuels de l'enseignement secondaire au XXe siècle

Aurélie Rodes

Il est aisé de constater que la façon d'aborder Vercingétorix dans les nouveaux programmes de l'enseignement secondaire en classe de sixième[1] est très proche de celle de 1880, même si le récit de la conquête a beaucoup évolué au gré des programmes et des contextes politiques. Pourtant, les travaux de Christian Goudineau[2] ont permis un important renouvellement épistémologique de cette question, dont on ne trouve guère de trace dans les programmes scolaires. Pour comprendre comment s'effectue la transmission des savoirs universitaires aux savoirs enseignés dans le secondaire, j'ai entrepris une thèse de doctorat[3] qui aborde notamment la question de l'intérêt que portent les spécialistes d'histoire romaine aux manuels de collège.

Dans un premier temps, une liste des auteurs de manuels de collège abordant l'histoire romaine entre 1880 et 1977 a été établie à partir du recensement effectué par l'INRP dans la base « Emmanuelle[4] ». 57 % des manuels recensés ont pu être consultés à la bibliothèque municipale et à l'IUFM de Toulouse, ainsi qu'à l'INRP de Lyon. De ce corpus[5], comprenant 125 auteurs, n'ont été retenus pour la présente étude que ceux qui ont participé à un manuel avant 1945, afin de permettre une comparaison entre les résultats de mon enquête et diverses études de référence, comme le *Dictionnaire biographique des universitaires* de Ch. Charle, qui s'arrête en 1939[6], celui d'È. Gran-Aymerich qui ne dépasse pas 1945[7] et le

1. *Bulletin officiel de l'Éducation nationale*, numéro spécial 6, du 28 août 2008.
2. Ch. Goudineau, *Le dossier Vercingétorix*, Arles, Actes Sud/Errance, 2001.
3. Thèse en cours, sous la direction de Corinne Bonnet à l'université de Toulouse II-Le Mirail : *La réception de l'histoire romaine dans l'enseignement secondaire de 1880 à nos jours.*
4. Site de l'Institut National de Recherche Pédagogique, http://www.inrp.fr/emma/web.
5. A. Rodes, *L'histoire romaine dans les manuels de l'enseignement secondaire de 1880 à nos jours*, mémoire de Master 2, soutenu à l'université de Toulouse II-Le Mirail, sous la direction de C. Bonnet et R. Sablayrolles en septembre 2007.
6. Ch. Charle, *Dictionnaire biographique des universitaires aux XIXe et XXe siècles*, 1. *La Faculté des Lettres de Paris (1809-1908)*; 2. *Dictionnaire biographique 1909-1939*, Paris, INRP, CNRS Éditions, 1985.
7. È. Gran-Aymerich, *Dictionnaire biographique d'archéologie 1798-1945*, Paris, CNRS Éditions, 2001.

Répertoire des auteurs de manuels de Ch. Amalvi qui court jusqu'aux années 1960[8].

Même si certains manuels abordent à la fois l'Antiquité et l'histoire médiévale, seuls les antiquisants, spécialistes d'histoire romaine sont pris en considération dans cette étude, soit une cinquantaine d'auteurs. Parmi eux, trois seulement sont mentionnés dans le *Dictionnaire biographique d'archéologie* d'È. Gran-Aymerich : Victor Duruy (1811-1894), Jérôme Carcopino (1881-1970), qui ont participé à des manuels et joué un rôle de premier plan dans l'Instruction publique et Jean Bayet (1892-1969). Les études prosopographiques conduites par Ch. Charle concernant les professeurs du Collège de France ou à la Faculté de Lettres de Paris et celles de Ch. Amalvi, sur les auteurs de manuels et les historiens français, font état de Paul Guiraud (1850-1907), Georges Lacour-Gayet (1856-1935), André Piganiol (1883-1968), Pierre Lavedan (1885-1982) et Raymond Thouvenot (1896-1981). À ces huit antiquisants bien connus, il faut ajouter Jules Toutain (1865-1961), qui n'est mentionné dans aucun dictionnaire bien qu'il ait eu une activité scientifique et éditoriale intense, notamment dans le domaine scolaire. D'autres antiquisants célèbres, comme René Cagnat, ne seront pas envisagés ici, car ils ont rédigé des manuels de latin, et non d'histoire.

Pour mettre en évidence la nature et l'entité des liens entre l'enseignement secondaire et l'enseignement universitaire, deux aspects de ce réseau vont être envisagés : d'une part, l'existence de relations familiales, amicales ou professionnelles au sein du petit monde des antiquisants, qui relèvent en quelque sorte du registre de l'endogamie sociale, et, d'autre part, l'importance et la qualité de l'investissement des universitaires dans la rédaction de manuels de collège, manifestant, à l'inverse, un souci de circulation et d'extériorisation des savoirs spécialisés.

Les réseaux relationnels dans le monde universitaire

Les relations entre universitaires sont à la fois familiales, amicales et professionnelles. Elles se nouent souvent au moment des études et sont favorisées par la fréquentation de certains « lieux ».

Des liens qui se nouent au moment des études

Les liens familiaux entre universitaires sont fréquents à la fin du XIXe et au début du XXe siècle. Paul Guiraud, par exemple, et son frère, Jean, nés dans un milieu non universitaire de l'Aude suivent quasiment la même carrière avec quinze ans d'écart. L'aîné est à l'École normale supérieure en

8. Ch. Amalvi, *Répertoire des auteurs de manuels scolaires et de livres de vulgarisation historique de langue française : de 1660 à 1960*, Paris, La Boutique de l'Histoire, 2001 ; Id., *Dictionnaire biographique des historiens français et francophones : de Grégoire de Tours à Georges Duby*, Paris, La Boutique de l'Histoire, 2004.

1870, le cadet en 1885; le premier est agrégé d'histoire en 1874, le second en 1888. L'un est docteur en 1879, l'autre est élève de l'École française de Rome en 1889. Ce parallèle est d'autant plus saisissant qu'ils se consacrent tout deux à l'édition scolaire, mais avec des orientations très différentes. Paul publie des manuels pour l'enseignement public, tandis que son frère se consacre à des manuels pour l'enseignement confessionnel. Paul a aussi renforcé ses liens avec le monde universitaire en épousant la fille d'un professeur de la Faculté de Paris, ce qui n'est pas un cas isolé dans ce milieu, comme l'a montré Ch. Charle.

Si les épouses peuvent parfois favoriser une meilleure intégration au sein d'un milieu universitaire quelque peu fermé, en revanche, elles contribuent rarement aux publications, ou tout au moins ne sont pas mentionnées. Les femmes auteurs de manuels sont rares, (moins de 7 % pour le corpus considéré dans ma thèse, de 1880 à 1997) et qui plus est, dans la moitié des cas, elles sont l'épouse d'un des auteurs du manuel. Gisèle Berstein se substitue ainsi à son mari pour la rédaction des *Documents pédagogiques*[9] associés au manuel publié par Serge Berstein en 1977. Arlette Ambrosi qui publie seule un manuel en 1930 fait figure d'exception car il faut attendre 1981, aux Éditions Bordas, pour qu'une femme soit responsable de l'édition d'un manuel traitant d'histoire romaine.

Mais les relations au sein de ce petit monde des antiquisants, dont la proximité avec l'enseignement secondaire est au cœur de mon enquête, ne se limitent pas aux liens familiaux. Les relations amicales et l'estime professionnelle jouent aussi un rôle non négligeable dans les carrières et dans la constitution d'un tissu relationnel. Les auteurs qui publient chez Hachette, pour prendre un exemple, forment de véritables réseaux de recommandations, les élèves y succédant souvent à leurs maitres. Ainsi, E. Lavisse, prend-il la succession de V. Duruy à la direction du manuel d'histoire romaine et rend hommage, à cette occasion, en septembre 1890, dans les *Avertissements* du manuel, à son maître et prédécesseur :

> « M. Victor Duruy m'a fait l'honneur de me prier de lui désigner des collaborateurs pour faire à ses livres les quelques retouches et additions devenues nécessaires. M. M. Parmentier, professeur au collège Chaptal, a bien voulu revoir, sous ma direction, le cours de Quatrième. Je suis fier, pour ma part, de mettre mon nom au-dessous de celui de mon maître, M. Duruy, sur le titre d'ouvrages où tant de Français ont appris et apprendront encore à aimer l'histoire[10]. »

Suzanne Citron, dans un article des *Cahiers pédagogiques*[11], en 1981, a bien mis en évidence ces filiations tant aux responsabilités éditoriales qu'en ce qui concerne les programmes. V. Duruy, qui était l'élève de Michelet,

---

9. G. Berstein, A. Buzacoux, R. Dubreuil, P. Milza, *Histoire géographie, Documents pédagogiques, classe de 6e*, Nathan, 1977.
10. V. Duruy, *Histoire romaine depuis les temps les plus reculés jusqu'à l'invasion des barbares,* nouvelle édition remaniée s.d. par E. Lavisse, Paris, Librairie Hachette et Cie, 1896 (1re édition 1848).
11. S. Citron, « Quelle histoire pour quelle mémoire ? », *Cahiers pédagogiques* 199 (1981), p. 15.

introduisit son élève Lavisse qui, à son tour, demanda à Albert Malet de reprendre le célèbre cours de Duruy chez Hachette. Son nom, associé à celui de Jules Isaac, est à l'origine d'une autre collection de manuels scolaires tout aussi célèbre. Mais, les manuels concernant l'Antiquité furent en réalité rédigés par Albert Maquet après la mort de Malet, en 1915. Cependant, pour des raisons commerciales, la maison Hachette ne souhaita pas une collection associée à un seul nom juif, Isaac, comme coordinateur de la collection, celle-ci étant très appréciée dans les établissements catholiques.

Ces filiations intellectuelles n'apparaissent pas qu'à travers les manuels; au gré des publications aussi, elles se donnent à voir. Ainsi Lavisse [12] publie-t-il une biographie de V. Duruy; P. Guiraud consacre un ouvrage à N. Fustel de Coulanges [13] ou encore A. Grenier [14] à C. Jullian. Les rubriques nécrologiques sont enfin l'occasion de rappeler les liens qui ont uni chacun des acteurs de la science qui se succèdent aux plus hauts postes universitaires. Il est toutefois difficile de connaître l'intensité et la teneur réelle de ces relations. L'étude des correspondances, qui n'est pas envisagée ici, permettrait assurément de préciser s'il s'agit de simples collaborations formelles, de stratégies de pouvoir ou de réelles affinités.

Les lieux où se façonnent les réseaux

Si nombre des relations se nouent au moment des études secondaires, les lieux où elles se prolongent et où de nouveaux liens enrichissent les réseaux ont aussi leur importance. Ch. Charle a montré le rôle prépondérant de l'École normale supérieure pour les professeurs de la Faculté des Lettres de Paris [15]. Les trois quarts d'entre eux ont fait leurs études à Paris ou en province auprès de professeurs normaliens. Les exemples sont si nombreux que l'on peut dire que pratiquement chacun a, à un moment ou l'autre de ses études, rencontré l'un de ses futurs pairs. Pottier, Reinach et Jullian sont de la même promotion et ont eu pour professeurs Fustel de Coulanges, Vidal de la Blache et Desjardins, ce dernier étant lui-même formé comme Cagnat et Perrot par Renier. Jean Bayet, auteur de manuel avec Thouvenot, a été l'élève de Carcopino.

L'étude de Ch. Charle a aussi mis en évidence, dans le recrutement des professeurs d'université, le fait que la bourgeoisie du XIXe siècle a laissé la place aux fonctionnaires, de sorte qu'au XXe siècle, les boursiers sont plus nombreux que les enfants de professeurs de la Sorbonne. Cette ouverture n'est pas seulement sociale mais elle est aussi géographique, en raison du rôle croissant des universités de province. Pour un jeune universitaire promu, l'enseignement supérieur en province devient une alternative attractive à

12. E. Lavisse, *Un ministre, V. Duruy*, Paris, A. Colin, 1895.
13. P. Guiraud, *Fustel de Coulanges*, Paris, Hachette, 1896.
14. A. Grenier, *Camille Jullian : un demi-siècle de science historique et de progrès français, 1880-1930*, Paris, A. Michel, 1944.
15. Ch. Charle, *Dictionnaire biographique*, *op. cit.*

un séjour prolongé dans l'enseignement secondaire, alors perçu comme un handicap. De même, les séjours à l'étranger semblent parfois plus utiles pour être finalement coopté et entrer dans le réseau des professeurs d'université, que la proximité de la capitale. Certaines universités de province pourraient aussi avoir favorisé la création de réseaux parallèles aux réseaux parisiens, mais les données sont actuellement insuffisantes pour étayer mon hypothèse. Il faudrait que se multiplient des travaux analogues à celui de Ch. Charle et E. Telkès[16] sur le Collège de France. Leur étude a également montré que les professeurs originaires de milieux populaires, devant leur ascension à leur talent et aux passerelles du système éducatif, étaient plus nombreux au Collège de France qu'à la Sorbonne. En revanche, leur origine géographique semble plus limitée.

> « Cette centralisation des origines est la conséquence de la sur-sélection scolaire des professeurs [...] les futurs élus du collège doivent être placés dès l'origine dans un environnement culturel porteur[17]. »

D'une manière générale, les futurs professeurs commencent leur cursus en province, pour enseigner ensuite dans les grands lycées parisiens, tels Henri-IV, Louis-le-Grand ou Charlemagne. Ils poursuivent ensuite leur formation à l'École normale supérieure et se rendent enfin dans les Écoles Françaises de Rome ou d'Athènes. Leurs carrières montrent qu'ils se positionnent à la convergence de plusieurs réseaux savants, certains étant aussi conservateurs de la Bibliothèque nationale ou dans de grands musées, ou encore exerçant des responsabilités dans les Écoles Françaises de Rome et d'Athènes. Le Collège de France apparaît généralement comme la consécration de fin de carrière; c'est un lieu d'excellence où l'on rejoint ses pairs plus qu'un tremplin de promotion.

Dans ce panorama diversifié, mais très homogène, les Écoles Françaises de Rome et d'Athènes constituent des lieux privilégiés de rencontre, comme l'a bien mis en évidence Sarah Rey[18]. Parmi les membres de ces prestigieuses écoles, on signalera que Carcopino, Piganiol, Thouvenot et Bayet ont participé à des manuels, mais leur qualité de membre de l'École française de Rome ou de l'École française d'Athènes n'est pas toujours indiquée sur les pages de garde. En outre, les élèves de l'École française de Rome n'étant guère autorisés à fouiller en Italie, ils se retrouvent aussi fréquemment dans les circonscriptions archéologiques en Afrique du Nord, où certains enseignent, comme Carcopino de 1912 à 1914, à l'université d'Alger, ou Thouvenot, au lycée d'Oran en 1931.

Les grands musées comme le Louvre, le musée des Antiquités nationales ou le Cabinet des Médailles sont aussi des lieux de rencontre, de

16. Ch. Charle, E. Telkès, *Les professeurs du Collège de France, dictionnaire biographique 1901-1939*, Paris, INRP, CNRS, 1988.
17. *Ibid.*, p. 11.
18. S. Rey, *Comment on a écrit l'histoire ancienne à l'École française de Rome (1873-1940),* thèse de doctorat soutenue à l'université de Toulouse II-Le Mirail, sous la direction de C. Bonnet et P. Payen, Toulouse, novembre 2009. Voir aussi la contribution de S. Rey à ce volume, p. 183.

dialogue et d'échange pour les antiquisants. Il est ainsi significatif que la préface du manuel d'histoire publié chez Hachette en 1924 mentionne des collaborateurs renommés comme « M. Pottier du Louvre, M. Focillon de la Sorbonne, Jean Bonnerot de la bibliothèque de la Sorbonne, les conservateurs du Cabinet des médailles, et du musée de Saint-Germain ». Dans l'édition de 1938, on précise pourtant : « Melle Milox, professeure au lycée de Jeunes filles de Saint-Germain-en-Laye s'est chargée de la documentation de la partie sur Rome. » Peut-être la proximité géographique du lycée avec le musée des Antiquités nationales explique-t-elle cette singulière présence féminine, issue de l'enseignement secondaire.

Parmi les neuf antiquisants mentionnés ci-dessus et retenus pour avoir joué un rôle dans l'enseignement secondaire, certains se contentent de rédiger des manuels, d'autres prennent également part à la rédaction des programmes ou occupent des postes importants au ministère. Il s'agit maintenant d'envisager à quel moment de leur carrière les universitaires rédigent des manuels et comment ils y transposent les démarches et les contenus de leurs travaux scientifiques.

Les différentes formes de participation des antiquisants aux manuels scolaires

La rédaction de manuels : une expérience marginale

La plupart des auteurs de manuels sont des professeurs de grands lycées parisiens – même si bien souvent ils ont commencé leur carrière en province –, c'est-à-dire exerçant non loin des grandes maisons d'édition. De façon générale, ils n'ont participé qu'à un seul manuel [19] et moins de 8 % ont collaboré à plus de cinq manuels. Dans ces derniers cas, la durée qui sépare la date de parution du premier manuel et de celle du dernier manuel est souvent considérable, puisqu'elle couvre parfois plus de trente ans. Il s'agit généralement de rééditions d'ouvrages qui font la réputation d'une collection, comme les manuels de Duruy réédités même après sa mort. À l'inverse, Carcopino n'a mis son nom que sur un seul manuel, appartenant à une collection qu'il dirige en 1941 chez Colin, qu'il n'a pas rédigé seul contrairement à son prédécesseur.

Piganiol ne rédige, lui aussi, qu'un seul manuel [20], dont il est l'unique auteur et qui ne connaît qu'une édition, en 1925, chez Alcan. Il reprend en fait la collection initiée par Gabriel Monod, à laquelle avaient collaboré Guiraud et Lacour-Gayet, en 1885. La plupart des auteurs universitaires de manuels travaillent en binôme, comme Toutain et Blanchet ou Bayet et Thouvenot. Ce dernier n'a pas 30 ans lorsqu'il rédige son manuel et il n'a pas encore de poste à l'université, qu'il n'intègre qu'un an après la publication, en 1955, sans qu'un lien de cause à effet puisse être avancé. Son

19. A. Rodes, *L'histoire romaine dans les manuels, cit.*, mémoire de master 2, annexe IV, tableau 7.
20. A. Piganiol, *Cours d'histoire à l'usage de l'enseignement secondaire*, classe de 5e, Alcan, 1925.

collaborateur, Bayet, qui joua un rôle au Ministère de l'Éducation nationale après 1945, était, depuis 1921 et jusqu'au moment de la publication du manuel, professeur au collège Sévigné, après avoir été durant six ans professeur de lycée.

On signalera encore le cas de Pierre Lavedan, antiquisant réputé pour ses travaux sur l'urbanisme romain, qui a rédigé des manuels en collaboration avec René Bloch entre 1928 et 1937, et avec Paul Meininger[21] entre 1936 et 1939, puis entre 1947 et 1950. Pendant la guerre, il a parfois pris seul en charge les manuels, comme l'indiquent les éditions de 1938 et 1942. Les avertissements de l'édition de 1938 montrent son souci de mêler les démarches universitaires et la clarté pédagogique :

> « Nous avons réservé aux passages imprimés en petits caractères les explications complémentaires ou les récits anecdotiques. Pour répondre au désir manifesté par de nombreux professeurs, nous avons maintenu en tête de chaque chapitre un sommaire simple, destiné à faciliter les révisions ; mais nous avons aussi ajouté en fin de chapitre, quelques indications bibliographiques abrégées – les unes (Lectures) renvoyant avec précision à de courts extraits d'ouvrages qui se trouvent aisément dans les bibliothèques et auxquels les élèves pourront d'eux-mêmes directement recourir, les autres (Ouvrages à consulter) mentionnant les travaux essentiels [...]. »

Ce souci de conjuguer les deux registres peut être mis en relation avec le parcours de Lavedan qui enseigna en lycée, de 1910 à 1921, avant d'intégrer l'université de Toulouse en 1921, puis de Paris en 1929. La page de garde du manuel porte du reste l'indication suivante : « Professeur à la Sorbonne. » C'est donc en tant qu'universitaire qu'il se consacre à la rédaction de manuels pour l'enseignement secondaire.

La participation au *Dictionnaire des antiquités grecques et romaines*

La participation à une grande entreprise scientifique comme le *Dictionnaire des antiquités grecques et romaines*[22] (abrégé *DAGR*), publié aux éditions Hachette entre 1873 et 1919, est un moyen de lier recherche scientifique, vulgarisation de haut niveau et enseignement secondaire. C. Valenti, en présentant la genèse du *DAGR*[23], en rappelait les objectifs primordiaux en ces termes : « « vulgariser », au sens restreint du terme : il s'agit de « toucher, au-delà des savants, l'honnête homme, amateur d'antiquités, d'arts, de lettres » ». Le *DAGR* n'est donc pas destiné à un public scolaire, mais 16 des 174 auteurs du *Dictionnaire* ont par ailleurs contribué à des manuels scolaires. C'est le cas pour 4 des 9 auteurs retenus pour cette étude. Parmi les douze autres, certains ont participé à des manuels scolaires destinés

21. P. Lavedan, P. Meininger, *Histoire ancienne. Deuxième partie : histoire romaine, Classe de 6e*, Cours d'histoire A. Huby, Paris, Delagrave, 1938.
22. Ch. Daremberg, E. Saglio, *Dictionnaire des antiquités grecques et romaines*, Paris, Hachette, 1873-1919, 10 vol. Abrégé *DAGR*.
23. C. Valenti, « Daremberg et Saglio ou Saglio et Pottier ? La difficile gestation d'un dictionnaire savant », *Anabases. Traditions et réceptions de l'Antiquité* 4 (2006), p. 159-168.

à l'enseignement confessionnel, comme J. Guiraud, ou sont des spécialistes de la Grèce, comme A. Jardé ou E. Pottier. Dans un récent numéro d'*Anabases,* A. Andurand, J. Cazenave et S. Delmas[24] ont dessiné un morphotype de l'auteur du *DAGR*, à savoir un savant français, issu de préférence de l'École normale supérieure, ayant ensuite intégré l'École française de Rome ou d'Athènes. Ce cursus traditionnel, allié à quelques réseaux personnels lui ont souvent permis d'entrer dans le comité de rédaction de cette entreprise collective. Il s'agit généralement de jeunes chercheurs, les meilleurs des générations émergeantes, conformément aux vœux d'Edmond Saglio. Ils ont environ 30 ans et sont à la recherche d'un outil de reconnaissance professionnelle; ils rédigent entre dix et trente notices, réparties sur plusieurs volumes. Ce profil est précisément celui des auteurs de manuels faisant partie de notre échantillon, qui peuvent faire valoir une participation inégale aux notices du *DAGR*. Si Carcopino, P. Guiraud ou Lacour-Gayet ont peu participé (moins de 4 notices), Toutain (36 entrées dans la table des auteurs) a contribué de manière plus significative. Ces chercheurs ont un cursus est assez similaire, si ce n'est que Carcopino est beaucoup plus jeune que les autres. Il est à noter que P. Guiraud, et Lacour-Gayet ont également publié un manuel chez Louis Hachette[25], le normalien et éditeur du *DAGR*. Il est facile d'imaginer que les auteurs du *Dictionnaire* aient constitué un vivier intellectuel susceptible d'être sollicité pour d'autres publications de la même maison d'édition.

Les contributions à la *Revue internationale de l'enseignement*

La participation à des revues, comme la *Revue internationale de l'enseignement* (abrégée *RIE*) est un autre moyen de faire le lien entre publication scientifique et publication pédagogique. Entre 1880 et 1940, cette revue publie des articles sur les évolutions de l'enseignement supérieur et secondaire, mais aussi des mises au point scientifiques. Les rubriques nécrologiques et les hommages révèlent en outre des amitiés, comme par exemple les liens entre l'éditeur Alcan[26] et des savants comme Lavisse, Ribot et Monod. Tous appartenaient à la même promotion de l'École normale supérieure: celle de 1862. Les ouvrages de P. Guiraud[27], Lacour-Gayet et Pottier[28] font l'objet de notices bibliographiques, mais les chroniques concernant les manuels sont plutôt rares.

Dans ce panorama, on s'arrêtera sur la personnalité de Jules Toutain. Il s'agit d'un antiquisant qui publie non seulement plusieurs manuels scolaires

24. A. Andurand, J. Cazenave, S. Delmas, «Appréhender le *Dictionnaire des antiquités grecques et romaines* par sa table d'auteurs. Les données statistiques comme outil d'analyse», *ibid.,* p. 219-224.
25. J.-Y. Mollier, *Louis Hachette (1800-1864): le fondateur d'un empire*, Paris, Fayard, 1999.
26. *RIE* 79 (1925), p. 116.
27. *RIE* 2 (1901), p. 569-572: P. Guiraud, *La main d'œuvre industrielle dans l'ancienne Grèce,* Alcan, 1900.
28. *RIE* 51 (1906).

avec Blanchet, chez Belin mais aussi des articles scientifiques sur l'enseignement secondaire, dans la *RIE*. Ses manuels scolaires concernent certes l'Antiquité, mais aussi *La France de 1270 à 1610* ou *L'histoire de France à l'école*[29]. Il rédige, chez Belin, en 1899[30], une première édition, sans doute remaniée à l'occasion des changements de programme de 1902 et 1923[31], d'un manuel concernant l'histoire romaine. Son collègue Blanchet, ancien élève de l'École normale supérieure, ancien professeur agrégé d'histoire et géographie dans de grands lycées parisiens (Charlemagne, puis Fénelon), proviseur du lycée Condorcet au moment de la publication, est davantage connu pour ses manuels scolaires que pour ses travaux universitaires. Sa carrière dans l'enseignement secondaire lui vaut sans doute de diriger cette collection et de faire appel à un spécialiste de l'histoire romaine, Jules Toutain, dont la thèse en latin, en 1894, avait été remarquée[32]. Dès l'âge de 22 ans, Toutain avait aussi participé à la traduction de l'histoire romaine de Mommsen avec R. Cagnat et, chez Belin, publié l'année suivante, en 1894, des notes sur *Le Siècle de Louis XIV* par Voltaire. Au moment où il rédige son premier manuel, Toutain a 34 ans et est agrégé d'histoire et géographie, « chargé de conférence à l'École des Hautes Études ». En avertissement, on souligne le fait que ce volume a été rédigé par Toutain

> « que désignaient ses travaux sur l'Antiquité. Bien que l'auteur ait mis à profit les découvertes les plus récentes de la science historique, il s'adresse uniquement aux élèves, et il n'a d'autre prétention que de leur présenter un récit très sobre des grands faits de cette histoire. La méthode est celle que nous avons suivie dans nos ouvrages précédents ».

Concernant la forme, ce manuel est innovant avec des petits paragraphes très courts et l'introduction de lectures, à la fin des chapitres. Ces innovations ont sans doute eu peu d'écho si l'on en croit le nombre extrêmement réduit d'exemplaires aujourd'hui conservés. De plus, les lectures ne renvoient pas tant à des sources antiques qu'à des historiens contemporains : Duruy, Mommsen ou Michelet. Pour ce qui est des contenus, les recherches de Toutain sur Alésia nourrissent clairement sa présentation des événements, par exemple au sujet de la localisation du site : « On a beaucoup discuté sur son emplacement. Il est probable qu'Alésia se trouvait près du village actuel d'Alise-Sainte-Reine, dans la Côte d'Or. » En dépit de son profil d'universitaire averti, il reste tributaire de son temps et présente Vercingétorix comme un héros national :

---

29. Ce manuel a servi dernièrement de support à un ouvrage d'A. Corbin, *1515 et les grandes dates de l'histoire de France revisitées par les grands historiens d'aujourd'hui*, Paris, Le Seuil, 2007.
30. D. Blanchet, *Histoire romaine. Classe de 4e*, Paris, Belin, 1899 (une seule édition). Le nom de Jules Toutain n'apparaît pas sur la couverture, mais seulement sur la page de garde.
31. D. Blanchet, *Histoire de l'Antiquité. Sommaires, récits, lectures. Premier cycle, classe de 6e*, Paris, Belin, 1902 (5 éditions connues) et D. Blanchet, *Histoire de l'Antiquité. Sommaires, récits, lectures. Classe de 5e*, Paris, Belin, 1924 (une autre édition est connue en 1925).
32. J. Toutain, *Les cités romaines de la Tunisie : essai sur l'histoire de la colonisation romaine dans l'Afrique du Nord : thèse pour le doctorat présentée à la Faculté des lettres de Paris*, Paris, Thorin A. Fontemoing, 1896.

> « Le soulèvement fut alors vraiment national, et son chef Vercingétorix mérite d'être appelé le héros de l'indépendance gauloise. Vercingétorix était Arverne. Devenu chef de son peuple, il organisa dans toute la Gaule un vaste complot contre les Romains. »

Sentiment qu'il exprime aussi lors d'une conférence sur Alésia donnée le 23 avril 1924, où il présente l'historique des fouilles menées sur le site, conférence dont le texte est ensuite publié dans la *RIE*. Voici comment il évoque Alésia :

> « [...] un de ces lieux d'élection, où devant le visiteur l'histoire se lève à chaque pas, où la pioche fait apparaître, dès ses premiers coups, les vestiges d'un passé tout chargé de gloire[33] ».

Ce sentiment de gloire fait écho au récit officiel et national que l'on met en circulation dans les années 1870, qui cherche à faire passer la défaite d'Alésia pour une victoire.

Toutain s'exprime aussi sur le contexte géopolitique de son temps dans des articles de la *RIE*[34]. Parallèlement à sa participation à des manuels scolaires et à la revue de l'enseignement, il continue naturellement à publier des ouvrages spécialisés[35] et des articles sur les fouilles qu'il mène à Alésia. Il dirige également des travaux de recherches à l'École pratique des hautes-études. La publication des manuels scolaires semble donc être une activité parmi d'autres pour un homme qui s'intéresse à l'enseignement[36] et aux questions de son temps[37], comme le souligne aussi le compte rendu de sa thèse sur les rapprochements entre l'Antiquité et la colonisation française en Tunisie paru dans la *RIE* :

> « Pourquoi le même pays si riche autrefois est-il à présent si pauvre ? [...] Comment les Romains ont-ils résolu le problème de la colonisation ? Nous qui sommes leurs héritiers et leurs continuateurs n'avons-nous rien à apprendre de leur école ? Ce qu'ils ont fait ne peut-il se refaire ? et par quels moyens ? C'est à ces questions que M. Toutain répond dans son essai [...]. Son livre est celui d'un savant et d'un archéologue, c'est aussi un livre d'actualité : l'expérience des peuples peut bien être aussi utile que celle des individus[38]. »

---

33. J. Toutain, « La résurrection d'Alésia », *RIE* 78 (1924), p. 321 et J. Toutain, « Le véritable caractère de la portée historique des Fouilles d'Alésia. Communication présentée à la réunion solennelle de la Société des sciences de Semur, 4/9/1938 tenue à Alise-Sainte-Reine », *RIE* 92 (1938), p. 207-221.
34. *Leur Germanie,* Paris, 1921, Belin frères ; « Les Origines historiques de la Société des nations », Extrait du « *Bulletin Michelet* », 9, juin 1925 ou *Note sur une des causes principales de la rivalité anglo-italienne à propos de l'Abyssinie,* Caen, Société d'impression de Basse-Normandie, 1935.
35. J. Toutain, *L'économie antique*, Paris, La Renaissance du livre, 1927 ; Id., *Nouvelles études de mythologie et d'histoire des religions antiques*, Paris, Jouve & Cie, 1935.
36. J. Toutain, « À propos du surmenage scolaire. Une simple comparaison », *RIE* 84 (1930), p. 302 ; Id., « L'enseignement secondaire », *RIE* 56 (1908), p. 235.
37. J. Toutain, « Comment s'est formée dès l'Antiquité la nationalité française », *RIE* 89 (1935), p. 206 ; Id., « Le Tourisme, l'Archéologie et l'Histoire », *RIE* 85 (*1930*), p. 275.
38. S. Rocheblave, « Compte-rendu bibliographique concernant J. Toutain, *Les cités romaines de la Tunisie. Essai sur l'histoire de la colonisation romaine dans l'Afrique du Nord,* Thorin Fontemoing, 1896 », *RIE* 31 (1896), p. 412.

L'influence des démarches scientifiques sur les manuels scolaires

Les démarches utilisées par les auteurs de manuels sont très différentes d'un auteur à l'autre. L'influence des méthodes universitaires est surtout perceptible dans les manuels de la fin du XIXe siècle. Ainsi, les manuels de Duruy sont-ils remarqués pour l'intérêt qu'ils suscitent auprès des élèves et ceux de Lacour-Gayet et Guiraud sont-ils proches des manuels universitaires, au point que l'on pourrait se demander à qui ils étaient destinés.

Les manuels de Duruy se distinguent, en effet, par leurs qualités pédagogiques. Duruy, à la fois auteur d'une *Histoire Romaine*[39] et de manuels destinés à l'enseignement secondaire[40], a occupé les plus hautes responsabilités au ministère de l'Instruction publique. D'origine populaire, il était apprenti aux Gobelins lorsqu'il suivait les leçons de Jules Michelet au collège Sainte-Barbe, ce qui lui permit d'être admis en 1830 à l'École normale supérieure. D'abord professeur au lycée de Reims, après avoir terminé sa formation, il devint inspecteur de l'Académie de Paris en 1861, puis gravit les échelons jusqu'au poste de ministre de l'Instruction publique qu'il exerça de 1863 à 1869.

Monod précise ce qu'ont représenté ses manuels, publiés chez Hachette :

> « Ce qui distingue les ouvrages scolaires de Duruy, c'est le don de la clarté dans l'exposition, l'art de faire vivre les personnages et les époques et surtout une chaleur de cœur, une rectitude de sens moral, un accent d'enthousiasme patriotique et humanitaire qui en font des ouvrages d'éducation au sens le plus complet du mot[41]. »

Pour Lavisse, les manuels de Duruy ont apporté une nette amélioration :

> « Ce fut une joie pour nous de trouver dans les livres de M. Duruy la clarté, une culture rapide, le discernement de l'utilité de l'inutilité, et surtout d'y sentir un homme vivant et pensant, ému par l'histoire[42]. »

Il les oppose aux « épouvantables manuels » à l'« énumération indéfinie des faits, l'usage de formules et mots inexpliqués ». Ces ouvrages scolaires sont également considérés comme des livres marquants par Pierre Nora dans *Les lieux de mémoire*[43].

Contrairement à Duruy, Jérôme Carcopino s'est surtout distingué non par sa participation à des manuels, mais comme défenseur de la place accordée à l'histoire romaine dans les programmes, notamment lorsqu'il

39. V. Duruy, *Histoire romaine*, Paris, Alger, L. Hachette, 1848.
40. V. Duruy, *Histoire romaine jusqu'à l'invasion des Barbares*, Paris, Hachette, 1876 (13e éd., 1re édition en 1848).
41. *RIE* 28 (1894), p. 481-489.
42 E. Lavisse, *Un ministre, V. Duruy*, Paris, A. Colin, 1895 p. 56 et 166-168, cité par N. Garel-Lucas, *Enseigner l'histoire dans le secondaire : manuels et enseignement depuis 1902*, Rennes, Presses universitaires de Rennes, 2001, p. 65.
43. P. Nora, *Les Lieux de mémoire*, Paris, Gallimard, 1984-1992, 7 vol.

était ministre de l'Instruction publique. Il a suivi le même parcours que les autres antiquisants auteurs de manuels. Normalien en 1900, agrégé en 1904, il est à l'École française de Rome de 1904 à 1907. Sa thèse fait l'objet d'un compte rendu dans la *RIE* en 1906[44]. Il est ensuite professeur au lycée du Havre de 1907 à 1911, puis chargé de cours à Alger de 1912 à 1914 et de 1919 à 1920. Il poursuit ensuite une brillante carrière universitaire, succédant à Gustave Bloch à la Sorbonne, puis devient directeur de l'École française de Rome en 1937. Il publie des ouvrages scientifiques chez Hachette, notamment *La vie quotidienne à Rome à l'apogée de l'Empire*, qui le fit connaître du grand public. De fait, il mena parallèlement sa carrière au sein de l'Instruction publique, devenant Recteur de l'université de Paris en 1940, puis secrétaire d'État à l'Éducation nationale et à la Jeunesse, de février 1941 à avril 1942[45]. Sa connaissance de l'Antiquité lui servit pour justifier ses choix politiques; il était en effet convaincu que le sacrifice des libertés politiques à Rome était nécessaire pour que l'empire atteignît son apogée.

Le manuel qu'il rédige n'est pourtant pas très différent de ceux de ses contemporains. Dans les *Avertissements*, les éditeurs donnent pour seule précision:

> «Nous avons demandé à M. Jérôme Carcopino, Membre de l'Institut, Directeur de l'École normale supérieure, d'accepter la direction de ce Cours, et nous lui sommes reconnaissants d'avoir bien voulu assumer cette lourde tâche. Sous son impulsion et son contrôle, les volumes successifs seront rédigés par de jeunes professeurs de lycée, ardemment dévoués à leur noble mission et ayant tous enseigné dans la classe correspondante. Ainsi nous nous efforçons d'allier à la plus haute garantie scientifique la présentation pédagogique la mieux appropriée.»

Spécialiste de la question abordée, il aurait pu prendre seul en charge cette lourde tâche, ses fonctions au ministère de l'Éducation ne lui en ont sans doute pas laissé le temps. On notera l'ambiguïté d'une collection coordonnée par celui qui a impulsé les nouveaux programmes d'histoire, redonnant une large part à l'histoire romaine.

Ce premier tour d'horizon suggère donc que les démarches universitaires apparaissent rarement dans les manuels. Ceux de Guiraud et Lacour-Gayet[46] semblent, comme ceux de Duruy, être des exceptions. Lacour-Gayet[47], membre de l'Institut et professeur à l'École supérieure de marine, s'intéressa à Louis XIV et Napoléon, après avoir effectué, à Rome, une thèse sur

44. *RIE* 52 (1906), p. 476.

45. S. Corcy, *La vie culturelle sous l'occupation*, Perrin, Paris, 2005. Elle a consacré sa thèse à Jérôme Carcopino: *Le ministère Carcopino (24 février 1941-18 avril 1942): un historien au service de la Révolution nationale?* Thèse sous la direction de Pascal Ory à l'université de Versailles-Saint-Quentin-en-Yvelines, en 1999, publiée en 2001 chez L'Harmattan sous le titre *Jérôme Carcopino, un historien à Vichy*.

46. G. Lacour-Gayet, P. Guiraud, *Histoire romaine depuis la fondation de Rome jusqu'à l'invasion des barbares, classe de 4e*, Paris, F. Alcan, 1885.

47. *RIE* 90 (1936), p. 64.

Antonin le Pieux. Quant à Guiraud[48], évoqué ci-dessus, après une carrière dans le secondaire (comme professeur à Saint-Étienne, Angoulême et Carcassonne entre 1874 et 1878), il devint maître de conférences à Douai en 1879, puis à Toulouse en 1880. Il poursuivit sa carrière à Paris, à l'École normale supérieure à partir de 1886, puis à la Sorbonne en 1888. Ces deux auteurs, soucieux de vérité scientifique, indiquent dans la préface les précautions qu'ils ont prises. Ils semblent d'ailleurs davantage s'adresser à leurs collègues universitaires qu'aux élèves ou aux professeurs de collège.

> « On nous reprochera sans doute quelques erreurs. Plusieurs étaient inévitables. Il y a encore bien des questions controversées dans le domaine de l'histoire romaine. En pareil cas il nous a fallu, soit choisir une des solutions proposées, soit en proposer une nous-même. Le malheur est que la nature de cet ouvrage nous interdisait tout appareil d'érudition. Nous avons dû par conséquent nous résigner à n'apporter aucune preuve à l'appui de nos assertions. Mais on peut croire que chaque fois nous avons eu des raisons sérieuses de nous décider. »

D'autre part, la bibliographie et les notes de bas de page sont caractéristiques de la démarche des chercheurs. Ils indiquent, par exemple, au sujet du *DAGR*, auquel ils participent : « Excellent ; en cours de publication. »

De façon générale, les sources utilisées par les auteurs de manuels sont rarement indiquées, sans doute parce que, selon eux, cela n'est pas nécessaire pour les élèves du secondaire. Le plus souvent les auteurs de manuels racontent l'histoire, en s'appuyant sur des textes d'auteurs anciens qui ne sont précisés qu'à partir du milieu du XXe siècle. Seuls les manuels publiés chez Alcan proposent une introduction de dix pages, où sont distinguées les sources directes, selon leur nature (religieuse, politiques, monnaies, inscriptions, œuvres d'art, etc.), des sources indirectes, à savoir les historiens antiques et les travaux modernes. Le manuel de Lacour-Gayet et Guiraud doit pour ces raisons être considéré comme une exception, mais aussi en raison des commentaires qui attestent de l'importance des liens de ces auteurs avec le milieu universitaire antique :

> « Dans les différentes parties de l'histoire ancienne, il n'en est aucune qui ait plus que l'histoire romaine provoqué les recherches des érudits et des critiques depuis la Renaissance jusqu'à nos jours. [...] De nos jours, le nom le plus illustre parmi ceux qui s'occupent de ces études est celui de Théodore Mommsen. [...] Une science qui est presque toute de notre époque est celle des inscriptions. »

Enfin, la bibliographie donnée en notes de bas de page mentionne les auteurs anciens autant que les chercheurs contemporains. Au sujet de l'ouvrage de l'*Histoire des Romains* de V. Duruy, ils précisent : « Très beau

48. M. Luchaire, « Rubrique nécrologique », *RIE* 53 (1907), p. 267 : « Le vaillant historien qui osa, pour son coup d'essai, à propos de la querelle de César et du Sénat de Rome, se mesurer avec Mommsen. [...] Trouver de l'excellent et du neuf, aujourd'hui dans le domaine de l'histoire ancienne, malgré la redoutable concurrence des savants de tous les pays cultivés, le mérite, certes, n'est pas commun. »

livre, personnel et au courant de la science ; "une des œuvres durables de l'école historique française". »

Le constat général que nous faisons ici, à savoir la difficulté qu'il y a à transmettre les avancées épistémologiques à l'enseignement secondaire, a déjà été souligné, à la fin des années 1960, par Paul Labal, auteur de manuels et professeur au lycée Fermat à Toulouse. De fait, après la Seconde Guerre mondiale, on s'efforçait de faire passer les conceptions des *Annales* dans l'enseignement, mais il fallait affronter l'opinion, et souvent l'opposition des parents et des collègues des autres disciplines, explique-t-il dans un article des *Cahiers pédagogiques*[49]. En 1990, dans son *César et la Gaule*[50], sondage à l'appui, Christian Goudineau accusait encore les programmes scolaires de ne pas tenir compte des renouvellements scientifiques :

> « Les connaissances historiques demeurent évanescentes, au point qu'on peut se demander si les responsables des programmes scolaires – entre autres – ne se satisfont pas de cet état. Apprendre aux enfants que certains peuples de la Gaule connaissaient un degré de civilisation aussi élevé, quoique différent, que bien des régions d'Italie, quelle utilité ? Ou plutôt n'est-il pas compliqué, sinon dangereux, de remettre en cause les schémas simples qui veulent que la civilisation est née en Méditerranée et a peu à peu gagné les régions périphériques peuplées de barbares ? L'histoire demeure donc soigneusement organisée autour d'un "centre" (de la Mésopotamie et de l'Égypte à la Grèce et à Rome) ; [...] l'entrée dans l'histoire, la vraie, passe par l'arrivée des légions et par les victoires qu'elles remportent. »

Huit ans plus tard, il réitérait ses critiques, incriminant clairement le ministère :

> « Aujourd'hui encore, dans les manuels scolaires, de telles inepties sont monnaie courante. Pardon, je me trompe en disant "aujourd'hui", car, il y a peu, les inspecteurs généraux de l'Éducation nationale ont fait approuver par le ministre Bayrou la suppression de toute information sur la "protohistoire" de la Gaule : on parle des "grottes ornées" du paléolithique, puis l'on ne retrouvera la Gaule que lorsque César aura la bonté de venir la conquérir. Le reste, qui a fait l'objet des fouilles les plus nombreuses, les plus productives de ces vingt dernières années, le reste..., pas d'intérêt[51]. »

Ce passage atteste de l'intérêt de certains universitaires pour les programmes d'enseignement, même si Ch. Goudineau ne s'est pas lui-même consacré à la rédaction de manuels scolaires. En revanche, la publication d'ouvrages destinés à un jeune public, comme son live intitulé *Le voyage de Marcus*, montre un réel souci de vulgarisation des avancées universitaires, mais hors du cadre scolaire. Bien avant lui, Camille Jullian (1859-1933) est un autre grand antiquisant, qui n'a certes pas participé à la rédaction de manuels pour l'enseignement secondaire, mais que ses prises de position sur la nation et sa participation à des ouvrages de vulgarisation auraient pu mener à participer à des manuels. Normalien en 1877, agrégé d'histoire en 1880, docteur en

---

49. P. Labal, « L'enseignement et la recherche », *Cahiers pédagogiques* 65 (1967), p. 68.
50. Ch. Goudineau, *César et la Gaule*, Paris, Errance, 1990, p. 19-20.
51. Ch. Goudineau, *Regard sur la Gaule*, Paris, Errance, 1998, p. 32.

1884, membre de l'École française de Rome, il fut professeur à l'université de Bordeaux, puis au Collège de France, à partir de 1905. Il est difficile de savoir si c'est un manque de temps ou d'intérêt de sa part, ou encore l'absence de sollicitation de la part des éditeurs qui explique une telle situation. L'impact de ses travaux dans les manuels atteste pourtant de l'influence du savoir scientifique universitaire dans l'enseignement secondaire.

Un investissement de plus en plus réduit des antiquisants dans les manuels

Les témoignages des universitaires montrent qu'ils s'intéressent moins aux contenus enseignés dans l'enseignement secondaire qu'à la place accordée à l'Antiquité en terme de volume horaire. Or, on aurait pu s'attendre, pour les périodes prises ici en considération, à des critiques sur la façon de présenter la romanisation en lien avec la colonisation ou sur l'esprit de simplification caricatural de certains manuels. Pourtant, les réactions sont rares, peut-être parce qu'après tout les manières de faire et de penser des manuels sont le reflet de leurs temps. Dans la *RIE*, les réflexions sur le surmenage ou l'âge auquel les choses doivent être enseignées sont étonnamment plus nombreuses. De surcroît, elles n'émanent pas forcément d'universitaires et relaient les débats de l'assemblée nationale sur la place du latin par exemple[52].

Si pour la fin du XIXe et le début du XXe siècle il est relativement aisé de savoir qui a rédigé telle ou telle partie – par exemple, dans la préface chez Belin ou Delagrave, il est précisé que Toutain ou Lavedan ont rédigé la partie consacrée à Rome, ou bien, dans l'édition de 1885, chez Alcan, entièrement consacrée à Rome, il est précisé que Guiraud s'est consacré à la République et Lacour-Gayet à l'Empire – en revanche, la distinction devient moins aisée après 1945. D'une part, parce que le nombre d'auteurs par édition est de plus en plus important, sans qu'il soit précisé par qui a été rédigée telle partie. D'autre part, les auteurs de manuels sont désormais choisis pour leurs compétences didactiques et n'ont pratiquement publié aucun ouvrage non scolaire. Cette tendance est revendiquée par les Éditions Dunod, en 1969, dans les avant-propos du manuel d'histoire de la classe de 5e :

> « Les manuels que nous mettons à votre disposition ont été conçus par une équipe de pédagogues et de chercheurs. Historiens et géographes mais aussi passionnés de psychopédagogie... »

Voilà comment on en arrive à constater que certains auteurs de manuels abordant l'histoire romaine sont spécialistes d'autres périodes, comme Alfred Weiler dont le centre d'intérêt est la Réforme, mais qui est l'auteur de toute une série de manuels publiés chez Hachette après 1945.

---

52. Débat parlementaire de 1923 cité par J. BASTIER dans M. GANZIN, *L'Influence de l'Antiquité sur la pensée politique européenne (XVIe-XXe)*, CERHIP, IX, Presses universitaires d'Aix-Marseille, 1996.

Conclusion

Elle ne peut être que partielle et provisoire, dans la mesure où mes recherches sur les auteurs sont encore incomplètes. Des nuances devront donc certainement être apportées plus avant. On notera d'abord que la situation est très variable d'un antiquisant à l'autre, même s'ils ont presque tous le même parcours de formation : de Carcopino, qui se limite à donner son nom à une collection, à ceux qui publient des manuels scolaires tout au long de leur carrière, comme Duruy ou Lavedan, en passant par ceux qui n'ont participé qu'à un seul manuel, comme Piganiol ou Thouvenot. On peut cependant se demander si les antiquisants qui ont participé à des manuels présentent une spécificité.

Selon Ch. Charle, les antiquisants avaient, semble-t-il, plus de facilité à intégrer l'université :

> « Ils possèdent une voie royale qui permet d'arriver plus jeune (École normale supérieure, Écoles françaises d'Athènes ou de Rome) en soutenant une thèse plus tôt grâce à de bonnes conditions de préparation à la recherche et, de plus, hellénistes et latinistes peuvent jouer sur plusieurs tableaux : archéologie, épigraphie, littérature, voire histoire ancienne, ce qui limite la concurrence interne à cette filière classique[53]. »

Pour autant, ceux qui ont suivi ce parcours ne s'intéressent pas davantage à l'enseignement secondaire. Pour les manuels d'histoire romaine, comme pour ceux consacrés à d'autres périodes, les pédagogues remplacent les universitaires après 1945 et le phénomène est accentué pour les antiquisants, en raison du fait que la place de l'histoire romaine diminue considérablement dans les programmes scolaires, passant de la totalité de l'année de 4e jusqu'en 1902 à quelques heures aujourd'hui.

Cependant, les réseaux tissés au moment des études en particulier à l'École normale supérieure qui se prolongent tout au long de la vie professionnelle et se traduisent par des cooptations et des successions aux postes les plus importants, restent également actifs au sein de l'édition scolaire. Les universitaires ont en effet souvent été sollicités par les éditeurs chez lesquels ils publient leurs travaux scientifiques pour diriger des collections de manuels scolaires et désigner des collaborateurs. Ce sont donc peut-être davantage leurs relations que leurs démarches que les universitaires transposent de la chaire à l'école.

53. Ch. Charle, *Dictionnaire biographie des universitaires aux* XIXe *et* XXe *siècles*, vol. 2. *Dictionnaire biographique*, p. 9.

Troisième partie

L'entrelacement des réseaux personnels et institutionnels

Jeux d'influence sur le terrain archéologique tunisien (XIXe-XXe siècles) : l'École française de Rome à l'épreuve de l'histoire

Clémentine GUTRON

Dans le cadre de mon travail de thèse, je me suis attachée à analyser les différents enjeux (savants, politiques, identitaires, économiques) qui entourent la constitution d'une archéologie institutionnelle en Tunisie, tant coloniale que post-coloniale[1]. Durant la phase documentaire de cette recherche, que j'ai conduite selon une démarche généalogique, c'est à dire en interrogeant cette histoire à partir d'observations de l'aujourd'hui, l'École française de Rome (notée EFR) s'est rapidement imposée, au regard de la production scientifique à la fois livresque – avec un nombre important de publications – mais aussi sur le terrain – où plusieurs chantiers de coopération sont en cours à Pupput ou Jebel Oust notamment – comme un acteur de premier plan dans cette affaire. Seule une perspective historique permet de comprendre pourquoi cette institution est effectivement fortement présente dans le paysage archéologique tunisien mais aussi pourquoi elle apparaît, par ailleurs, dans les témoignages des chercheurs et des gestionnaires du domaine comme un partenaire de coopération privilégié, jouissant, de surcroît, d'un crédit de sympathie tout particulier.

Pour inscrire cette contribution dans les axes de recherche énoncés dans le programme sur « L'Antiquité en réseaux », je me suis plus intéressée au *comment* qu'au *pourquoi*, c'est-à-dire, à la manière dont l'EFR s'est implantée en Tunisie et a pu, et a su, maintenir une influence prépondérante en traversant des périodes de crises ; autrement dit à la manière dont un réseau fonctionne sur une longue durée, à la manière dont il se construit et se redéfinit si nécessaire. C'est à partir de sources variées (production savante, entretiens avec des acteurs du monde archéologique et documents d'archives) que j'ai pu mettre en relation une histoire générale, politique, de la Tunisie avec une histoire plus particulière, celle des institutions archéologiques, en cherchant à éclairer le rôle joué par l'EFR dans l'évolution

1. Cf. *Jeux généalogiques sur l'Antiquité : l'archéologie en Tunisie (XIXe-XXe siècles)*, Paris, Karthala, 2010 (préface d'A. Schnapp).

des structures de recherche ainsi que dans les inflexions de la politique scientifique riches de résonances sur les relations de coopération franco-tunisiennes.

J'ai volontairement mis l'accent sur les périodes où les cartes se redistribuent pour retracer la dynamique d'un réseau aux ramifications multiples – scientifiques bien sûr mais aussi diplomatiques ou carrément politiques – et aux incarnations déclinables : le réseau EFR peut se lire à travers l'action de ses directeurs successifs, de ses membres, collaborateurs, courtisans ou rivaux, en sachant qu'en fonction des situations, le rôle des uns et des autres est conduit à évoluer.

De l'établissement du protectorat à la Seconde Guerre mondiale : implantation de l'EFR en Tunisie et pérennisation de son influence

Alors que les possibilités de recherche de l'EFR, fondée en 1873, sont limitées sur le territoire italien après l'Unité, elles se voient considérablement accrues avec l'extension de la colonisation française en Afrique du Nord. Une révolution s'opère : les archéologues détournent leur regard des sites de la péninsule farouchement gardés par le jeune État italien et fixent leur attention Outre-Méditerranée. Rome est étudiée *via* ses colonies. Les anciennes provinces africaines de l'Empire romain fournissent une matière, neuve et dense, à la science française[2]. L'EFR, placée sous l'autorité scientifique de l'Académie des inscriptions et belles-lettres, a d'abord conquis le terrain algérien : Alger et son École supérieure des lettres, créée en 1880, deviennent une base pour de nombreux « romains ».

Avec l'établissement du protectorat français en Tunisie (1881) et la mise en place de structures de recherche, un nouveau pôle vient s'ajouter à l'axe institutionnel de l'archéologie romaine, Paris-Rome-Alger. Un ancien « romain » est placé à la tête du nouveau Service des antiquités de Tunisie créé en 1885 : René-Marie Moulin Du Coudray de La Blanchère, enseignant de la faculté des lettres d'Alger, y conduit une œuvre administrative fondamentale et novatrice en ce qu'il précise le cadre législatif et institutionnel de l'activité archéologique en Tunisie. Il saura, en outre, jeter les bases d'une collaboration resserrée avec l'EFR dont il a été membre (1878-1881). De fait, une pratique s'instaure qui consiste à envoyer, chaque année, une ou deux jeunes recrues du Farnèse effectuer une fouille sur l'un des sites antiques de Tunisie. Jules Toutain au Bou Kornine et à Chemtou, Auguste Audollent à Carthage, Charles Diehl qui fait une tournée étudiant les vestiges byzantins du pays, Léon Homo à Dougga, Jérôme Carcopino à Aïn Tounga sont tous accueillis dans ce cadre et apparaissent, à ce titre, comme les premiers représentants d'une tradition qui va perdurer au-delà du protectorat.

---

2. Cf. A. Merlin, « L'histoire et l'archéologie de l'Afrique du Nord », *in L'Histoire et l'Œuvre de l'École française de Rome*, Paris, De Boccard, 1931, p. 201-225.

Mais la marque de l'École de Rome sur l'archéologie tunisienne dépasse significativement le cadre limité de missions ponctuelles : quasiment tous les directeurs des Antiquités de Tunisie furent d'anciens « romains » – outre La Blanchère (1885-1890), citons Alfred Merlin (1905-1920), Gilbert Charles Picard (1942-1955) et Edmond Frézouls (1955-1956). Le poids de cette spécialisation en archéologie classique a logiquement influencé les travaux dirigés en Tunisie : une prédilection marquée pour l'étude de la période romaine est manifeste tout au long du protectorat. Orientation qui a évidemment rencontré un accueil favorable dans le contexte politique du moment où se répétait à l'envi que la France était l'héritière légitime de Rome dans les anciennes provinces africaines de son empire. Mais, faire de cette tendance générale une réalité absolue serait une simplification réductrice. Même si leur formation à l'archéologie classique et l'idéologie ambiante invitaient les archéologues à axer leurs recherches sur le niveau romain, la matérialité des vestiges pré et post romains s'imposait à des esprits qui plus est curieux de comprendre l'histoire de la Tunisie antique sur une longue durée. Chaque responsable administratif a pu donner des inflexions significatives à la politique de recherche développée par la petite structure que représentait le Service des antiquités. Merlin s'est ainsi intéressé aux pratiques religieuses carthaginoises[3] et Picard a favorisé le développement des études puniques par ses recherches sur les sites de Carthage et de Mactar notamment ; ses synthèses sur la civilisation carthaginoise comme *Le monde de Carthage* ou *La vie quotidienne à Carthage au temps d'Hannibal*[4], certes qualifiées de romano-centrées aujourd'hui, ont néanmoins participé à faire du domaine punique une spécialité à part entière.

L'après-guerre : quand l'ordre archéologique est ébranlé

L'École de Rome qui avait réussi à placer progressivement ses pions sur l'échiquier archéologique tunisien rencontre quelques difficultés à l'après-guerre : les revendications nationales s'affirment et l'hégémonie de l'archéologie classique est battue en brèche.

Gilbert Charles Picard (membre de l'EFR entre 1938-1940) arrivé dans le pays en 1942 pour assurer, par intérim d'abord, la fonction de directeur des Antiquités – poste vacant depuis le départ à la retraite de Louis Poinssot – est officiellement nommé directeur de cet organisme en 1946. D'emblée, il réfléchit aux dispositions à prendre pour protéger cent ans de recherche française d'une probable accession à l'indépendance de la Tunisie. En effet, la Direction des antiquités, liée au gouvernement tunisien, pourrait échapper à la mainmise française dans un futur qui est alors ressenti comme proche. Dès le mois d'octobre 1947, il alerte l'orientaliste

3. Cf. entre autres : *Le sanctuaire de Baal et de Tanit près de Siagu*, Paris, Leroux, 1910.
4. Publiées respectivement en 1956 et 1958 à Paris chez Corrêa – Buchet/Chastel et Hachette.

Claude Schaeffer, secrétaire général de la Commission des fouilles du ministère des Affaires étrangères[5], de l'urgence des mesures réformatrices à adopter. Il lui soumet le projet de l'établissement d'une mission archéologique française en Tunisie[6] – équivalente à celle fondée par Maurice Dunand à Beyrouth en 1946. Cet organisme, entendu comme exclusivement français, constituerait un filet opportun en cas de chute du protectorat. La Mission, mise en place en 1947, vient réparer ce qui, avec le temps, était devenu, aux yeux de l'archéologie française, une erreur stratégique institutionnalisée.

Gilbert Picard cumule ainsi les fonctions de directeur des Antiquités de Tunisie et de chef de la Mission archéologique secondé par Pierre Cintas, respectivement inspecteur et secrétaire général de ces deux organismes. Leurs travaux se concentrent sur les sites de Carthage, d'Utique et de Mactar. Les domaines des études romaine et punique constituent donc l'essentiel de l'activité de la Mission et, par voie de conséquence, de celle de la Direction des antiquités. Or, la prédominance de ces spécialités n'est pas sans irriter les lettrés tunisiens qui revendiquent alors fermement l'identité arabo-musulmane du pays. La censure ayant été supprimée en 1947, les critiques fusent, relayées par une presse à large diffusion[7].

Face à la pression nationaliste, l'Instruction publique est invitée à revoir sa politique. La résidence générale adresse un communiqué au Quai d'Orsay suggérant au ministère de recruter un spécialiste du monde arabo-musulman pour le poste de directeur de l'Instruction publique dont dépend la Direction des antiquités. En septembre 1948, Lucien Paye (1907-1972), normalien agrégé de lettres et auteur d'une thèse sur l'enseignement au Maroc, est appelé à cette fonction. Cet ancien socialiste, qui deviendra ministre de l'Éducation dans le gouvernement de Michel Debré (1961-1962), est chargé de mettre à profit ses connaissances sur les questions nord-africaines pour modifier la politique de son service en fonction des revendications syndicales et politiques locales. Une réelle inflexion se profile alors dans le domaine de la recherche archéologique. L'année de sa prise de fonction, un département d'archéologie musulmane est créé au sein de la Direction des antiquités grâce aux démarches insistantes des frères Marçais[8].

5. Cette instance est créée en 1945, cf. È. GRAN-AYMERICH, « La Commission des fouilles au ministère des Affaires étrangères », in *Archéologies. Vingt ans de recherches françaises dans le monde*, Paris, Maisonneuve et Larose, 2005, p. 31-35.
6. « Les circonstances actuelles font que ce statut [celui de la Direction des antiquités], qui n'a jamais été défini, risque d'être menacé. Il conviendrait donc de le fonder en droit, par la création d'une Mission archéologique française. », lettre du 17/10/1947. Archives de l'Institut national du patrimoine de Tunis (dorénavant signalé INP), carton « Protectorat. Salaires, ouvriers, correspondances », dossier « Correspondances, 1946-1954 ».
7. René Dussaud, secrétaire perpétuel de l'Académie des inscriptions et belles-lettres, fait part de ses inquiétudes à la Direction générale des Relations culturelles du ministère des Affaires étrangères : « Déjà une vive hostilité se manifeste notamment par une insidieuse campagne de presse dans les milieux intellectuels musulmans contre les recherches d'archéologie classique », lettre du 04/11/1947. Archives INP, carton « Protectorat. Salaires, ouvriers, correspondances », dossier « Correspondances, 1946-1954 ».
8. Sur leur rôle dans l'institution de ce département cf. A. BESCHAOUCH, « En souvenir de William et Georges Marçais, promoteurs de la dialectologie tunisienne et de l'archéologie kairouanaise », dans *Deux savants passionnés du Maghreb*, Paris, Unesco/IMA, 2001, p. 71-80, en part. p. 74.

Cette restructuration institutionnelle significative s'accompagne d'une autre mesure inédite : pour la première fois, un Tunisien accède à un poste de responsabilité au sein du Service des antiquités. Slimane Mustapha Zbiss devient inspecteur des Antiquités musulmanes en 1948 [9]. Une révolution archéologique est entamée. Archéologues français et tunisiens vont lutter : les uns pour le maintien, coûte que coûte, de leurs positions, les autres pour la conquête de ces dernières.

Mais la place faite à l'archéologie médiévale dans le Service des antiquités de Tunisie ne répond cependant évidemment pas uniquement à la pression politique ambiante : elle est l'expression d'une évolution assez générale, interne au domaine de l'archéologie qui connaît des mutations profondes après la Deuxième Guerre mondiale avec l'affirmation de nouvelles spécialités. En Tunisie, la domination de l'archéologie romaine est ébranlée à la fin des années 1940. Le temps d'une réorganisation et d'une répartition nouvelle est advenu : après la création de l'inspection des Antiquités puniques, s'ouvrent donc coup sur coup, le département des Antiquités musulmanes et celui des Études préhistoriques. Ce rééquilibrage institutionnel de la représentation des différentes périodes historiques implique des rivalités. Pierre Cintas se fait par exemple l'avocat de la cause de l'archéologie punique :

> « Il [Picard] a tenté de me faire croire que l'archéologie romaine primait sur toutes les autres en Afrique du Nord – ce contre quoi je m'inscris en faux, étant bien entendu que seuls les moyens ont manqué aux préhistoriens et aux protohistoriens jusqu'à présent pour leur permettre de démontrer le contraire, qu'incidemment des découvertes fortuites telles celles de Korba ou de Thinissut ont, par exemple, livré une série de statues de divinités dépendant d'un panthéon autrement plus intéressant que celui du Capitole, statues qui, en elles-mêmes, représentent quelque chose d'autrement appréciable que les Vénus romaines de marbre dont les catalogues sont encombrés [10]. »

L'autonomie interne : vers une nouvelle répartition des pouvoirs archéologiques

En octobre 1955, Picard quitte Tunis pour l'université de Strasbourg où il est promu maître de conférences en histoire romaine. Le poste de directeur des Antiquités est vacant et la question de sa succession problématique. Avec la signature de la convention culturelle, incluse dans les conventions du 3 juin 1955 chargées de définir les rapports franco-tunisiens à la suite de

9. Chargé de cette fonction à partir de janvier 1948, il s'est vu confirmé dans ce grade en mars 1951 à la suite d'un concours dont le jury était composé de Louis Poinssot, Georges Marçais, Henri Terrasse, Hassan Hosni Abdulwahab, Ahmed Abdelssalem et Mahmoud Messadi. Cf. S.M. Zbiss au ministre des Affaires culturelles. Lettre du 23/07/1979 ; fonds privé, papiers Zbiss.
10. P. Cintas à J. Roche. Lettre du 16/09/1954. Archives de l'Institut français de coopération de Tunis (dorénavant signalé IFC), carton 264, dossier « Correspondance générale (1948-1985) », sous-dossier « Correspondance, classement par correspondant ».

l'autonomie interne (juillet 1954), les positions archéologiques françaises sont menacées en dehors du cadre de sa Mission.

Au siège de la direction des Antiquités, situé dans l'ancienne caserne des janissaires de la rue de l'Église à Tunis, l'atmosphère devient pesante. Slimane Mustapha Zbiss, inspecteur des Antiquités musulmanes, brigue ouvertement le poste de directeur de cet organisme. Son rival est Edmond Frézouls. Le contraste entre les deux hommes est grand. Zbiss est Tunisien, Frézouls, Français. Le premier est un autodidacte, le second est le produit archétypique de l'académisme français : élève de l'École normale supérieure, agrégé de lettres, membre de l'École de Rome (1949-1951), pensionnaire de l'Institut de Beyrouth. L'un est spécialiste d'archéologie islamique, l'autre d'archéologie romaine. Si les divisions au sein du monde de l'archéologie française ont été rapidement gommées du fait de l'omnipotence du camp Picard, les divergences agitant le milieu embryonnaire de l'archéologie tunisienne sont lourdes de conséquences. L'appartenance politique de ses membres contribue fortement au dessin du paysage scientifique en cours de construction. La lutte intestine entre bourguiguistes et youssefistes qui divise alors la Tunisie a des répercutions sur le terrain archéologique. Pour Jeloulli Farès, universitaire et militant actif du Néo-Destour qui intègre le nouveau gouvernement formé le 17 septembre 1955 en tant que ministre de l'Enseignement, Zbiss, autodidacte et youssefiste, cumule les mauvais points. Le fervent défenseur de la cause tunisienne préfère donc nommer Frézouls plutôt qu'un compatriote du courant dissident à la direction des Antiquités.

Cette nomination est à mettre en relation avec les choix opérés au musée du Bardo. En vertu de l'accord signé entre l'Instruction publique de Tunisie et l'EFR, le poste de conservateur du Bardo est réservé à un ancien « romain ». Or Pierre Quoniam, en charge de cette fonction depuis 1948, est nommé assistant en Sorbonne. En l'absence de candidat au profil adéquat, ce poste est confié à un intérimaire. En janvier 1954, Jean Bayet, directeur de l'EFR, présente à Lucien Paye, directeur de l'Instruction publique de Tunisie, deux candidats potentiels à la succession de Quoniam : Edmond Frézouls et Maurice Euzénnat. Le second étant appelé à la direction des Antiquités du Maroc, le premier reste en liste. Entre temps, Noël Duval, alors membre de l'EFR, s'est rendu en Tunisie aux mois de mai-juin 1954 pour y effectuer un stage au cours duquel il a pu montrer son intérêt pour l'Afrique du Nord. L'École de Rome et la direction de l'Instruction publique dressent ainsi leur plan : Frézouls sera conservateur au Bardo puis directeur des Antiquités, Duval suivra, en décalé, ce même parcours[11]. Mais ces projets, dont la prise en compte de l'évolution politique de la Tunisie fait défaut,

11. Noël Duval a bien voulu nous préciser les choses : à propos de Frézouls « ce cursus qui s'esquissait : conservateur au Bardo puis directeur des Antiquités paraissait encore prévu quand Picard est parti [...] Comme j'avais montré mon intérêt pour l'Afrique du Nord et que j'avais eu une désillusion à la sortie de l'EFR [...], il m'a proposé le poste du Bardo en août en me prévoyant comme directeur des Antiquités au départ de Frézouls ». Courriel, mars 2006.

n'aboutissent pas. C'est à Abdelaziz Driss, professeur d'histoire au collège Sadiki, universitaire et destourien, que revient la direction du Bardo. Le ministre de l'Éducation fait coup double : il satisfait l'opinion publique en nommant un Tunisien au Bardo – et compense ainsi la promotion de Frézouls à la direction des Antiquités – et assure les positions des bourguibistes, grâce à Driss, inquiétées par les ambitions affirmées des youssefistes, représentés par Zbiss. De cette manœuvre, Driss ressort, au début de l'année 1956, conservateur au musée du Bardo, et devient ainsi le premier Tunisien titulaire de ce poste.

L'indépendance ou la nationalisation de l'archéologie ?

En moins d'un an, la Direction des antiquités va disparaître dans des conditions précisément dramatiques. Rue de l'Église, l'affrontement entre Frézouls et Zbiss gagne en intensité : ce fut une guerre de tous les instants, « une guerre parfois picrocholine » selon Noël Duval qui en a été le témoin. En avril 1956, le directeur des Antiquités s'adresse à Lamine Chebbi, nouveau ministre de l'Éducation nationale, pour demander que son subalterne, inspecteur des Antiquités musulmanes, soit suspendu de ses fonctions. Une telle requête répond à la gravité des agissements reprochés. La prise du pouvoir archéologique n'exclut aucune mesquinerie : « la serrure de la porte extérieure du Service a été changée pendant la nuit et ma clé n'ouvre plus » dénonce Frézouls qui se plaint encore d'espionnage[12]. Le quotidien du directeur des Antiquités semble infernal et son impuissance face à une situation qu'il n'est plus en mesure de contrôler le désole :

> « Je suis comme une ombre dans cette Direction, sans autorité réelle, constamment espionné et nargué par ceux qui se croient maîtres de la situation [...]. Bref, dans ce poste où je ne tiens que parce qu'il faut, à mes yeux, qu'un Français y reste en ce moment, je me sens absolument seul[13]. »

La mésentente entre les deux hommes attachés respectivement à la poursuite de la recherche française en archéologie et à la nationalisation de ce domaine aboutit à des situations vaudevillesques. Le matin du 19 avril 1956 dans la médina de Tunis, au sortir de la Direction des antiquités, Frézouls est interpellé par Zbiss qui l'accuse, devant une foule attroupée, de voler des pièces archéologiques de grande valeur. L'événement fait grand bruit : les représentants des plus éminentes autorités françaises – le haut commissariat – et tunisiennes – la présidence du Conseil – sont dépêchés sur place. Grâce à l'intervention de Charles Saumagne, spécialiste distingué de l'Afrique antique mais aussi secrétaire général honoraire du gouvernement tunisien, le ministre condamne officiellement la campagne calomnieuse menée par Zbiss en publiant un démenti dans la presse[14]. Cette réhabilita-

---

12. E. Frézouls à L. Chebbi. Lettre du 20/04/1956. Archives EFR, dossier Tunisie (hors cotation).
13. E. Frézouls à J. Bayet. Lettre du 03/05/1956. Archives EFR, dossier Tunisie (hors cotation).
14. « Le ministre de l'Éducation nationale a lu avec un grand étonnement un écho publié dans les colonnes du journal *As-Zorah* en date du 24 avril dernier au sujet du directeur des Antiquités et des

tion revêt cependant un caractère purement formel : Frézouls est révoqué de ses fonctions de directeur des Antiquités peu après cet incident. Hassan Hosni Abdulwahab, spécialiste d'histoire médiévale, lui succède en devenant, en 1957, directeur du nouvel Institut national d'art et d'archéologie (INAA).

Pour compenser cette perte d'influence significative, les archéologues français cherchent à renforcer leur Mission. L'idée de mettre en place un institut d'archéologie est notamment formulée par Alfred Merlin, secrétaire perpétuel de l'Académie des inscriptions, ancien membre de l'EFR (1900-1903) et ex-directeur des Antiquités de Tunisie, particulièrement sensible aux questions d'archéologie nord-africaine. Jean Bayet, directeur de l'École de Rome, plaide la cause de ce projet devant Georges Gorse, ambassadeur de France en Tunisie. La prise en compte de la souveraineté de l'État tunisien dicte la conception de l'institution imaginée. Les orientations de recherche sont élargies :

> « Il devrait être nettement spécifié que la préhistoire et la protohistoire relèvent des activités du Centre autant que l'histoire ancienne préislamique (punique, grecque, romaine, paléo-chrétienne, vandale et byzantine). Il resterait à discuter si, sans nuire aux études anciennes, qui restent l'essentiel, on ne pourrait étendre ces activités aux siècles islamiques [15]. »

En renonçant à la prédominance de l'archéologie classique, les auteurs du projet pensent se prémunir contre les velléités nationales tunisiennes ; Jean Bayet précise à l'ambassadeur :

> « Il ne me paraît pas que le Gouvernement tunisien puisse prendre ombrage d'un type d'établissement admis avec avantage par maints pays des plus libres et des plus conscients à commencer par la Grèce et l'Italie : ils y trouvent honneur, enrichissement, relations scientifiques permanentes, émulation sans rivalité, sans nul risque de propagande politique [16]. »

Mais ces aménagements ne suffisent pas à convaincre le nouveau ministre tunisien de l'Éducation nationale, Mahmoud Messadi, instigateur d'une vaste réforme de nationalisation de l'enseignement, qui exprime son opposition catégorique à l'établissement de ce Centre à l'ambassadeur de France [17]. Il engage la partie française à envisager une nouvelle forme d'action : l'activité de ses archéologues devrait s'exercer dans les structures tunisiennes. L'assistance technique se développe donc, permettant aux Français de maintenir leur présence sur la scène archéologique tunisienne et aux Tunisiens d'attendre de disposer de chercheurs qualifiés dans certains domaines – en

---

Arts. Il dément catégoriquement les allégations dont M. Edmond Frézouls a été l'objet et profite de l'occasion pour rendre hommage à l'intégrité et aux qualités professionnelles de ce fonctionnaire et lui exprimer toute sa confiance », *Dépêche Tunisienne* du 13 juin 1956.

15. J. Bayet à G. Gorse. Lettre du 11/03/1959. Archives EFR, dossier Tunisie (hors cotation).
16. *Ibid.*
17. L'ambassadeur rapporte au directeur de l'EFR : « M. Messadi répugne de toute évidence à admettre l'existence d'une institution étrangère du type de l'actuelle Mission Archéologie française ou du Centre d'études ou de recherches que vous envisagez », lettre du 04/04/1959. Archives EFR, dossier Tunisie (hors cotation).

archéologie classique principalement[18]. Les spécialistes français, et notamment les anciens « romains », vont ainsi participer à la formation de leurs futurs homologues tunisiens : les enseignements en histoire ancienne et en archéologie dispensés à l'Institut des hautes études de Tunis (IHET) sont essentiellement à la charge d'anciens membres de l'École de Rome comme Picard, Frézouls, Duval ou Quoniam. De même, les étudiants les plus avancés qui se rendent en France pour poursuivre leur cursus universitaire assistent aux séminaires des maîtres du domaine, traditionnellement liés à l'EFR, comme William Seston ou Jacques Heurgon. Par le biais de la filiation scientifique, des liens forts sont tissés avec l'INAA.

Mise en place d'une coopération bilatérale franco-tunisienne

Le conflit armé de Bizerte (1961) a provoqué une crise sans précédant sur le terrain archéologique tunisien : la Mission française est brutalement démantelée. Pour tenter de mettre un terme à la période de guerre froide archéologique qui s'en est suivie, Gilbert Picard, devenu professeur en Sorbonne, est délégué par le ministère français des Affaires étrangères à l'effet de mettre au point des offres de coopération dans le domaine de la recherche archéologique avec Carthage – site phare s'il en est – comme terrain privilégié en 1967[19]. Mais cette offre n'est pas isolée. Allemands, Italiens, Hollandais et Américains tentent, eux-aussi, de prendre pied dans le pays. Les enchères sont donc ouvertes : les permis de fouilles seront délivrés aux plus offrants. Dans cette conjoncture de forte concurrence internationale, la France accepte de modifier profondément sa politique archéologique : elle se plie aux exigences tunisiennes en consentant d'accorder, en plus d'une participation au financement des activités de fouilles proprement dites, un crédit conséquent aux travaux de restauration relatifs aux monuments de Carthage[20] – commune dont le secrétaire d'État aux Affaires culturelles tunisiennes, Chedli Klibi, est également maire...

18. Cette carence de spécialistes nationaux constitua en effet un obstacle majeur, plus ou moins reconnu : « Mais si une telle insuffisance est souvent reconnue de bonne fois par les Tunisiens dans d'autres domaines (l'enseignement), il faut savoir qu'il n'en va pas de même pour l'archéologie, qui est un des points sur lequel aime à s'exprimer un certain nationalisme », note de X sur la situation archéologique en Tunisie en 1959. Archives EFR, dossier Tunisie (hors cotation). Faisant fi de tout orgueil national, Abdelmajid Ennabli, ancien conservateur du musée et du site de Carthage, insiste aujourd'hui sur le « cafouillage » survenu au moment de l'indépendance, faute d'archéologues dûment formés. Carthage, mars 2006.

19. Cf. Procès-Verbal de l'audience accordée le 16 mars 1967 par Chedli Klibi à Gilbert Picard. Archives de l'Institut français de coopération de Tunis (signalé IFC) ; carton 268, dossier « Carthage-Byrsa » (2/2), sous-dossier « Coopération archéologique à Carthage, année 1967 ».

20. L'avenir de l'archéologie française en Tunisie mérite bien quelques concessions et l'ambassadeur de France en Tunisie insiste sur l'urgence des décisions à prendre : « Certes, il ne saurait être question pour nous d'aspirer dans ce domaine à une sorte de monopole, et il est certain que les entreprises en question feront nécessairement appel à des chercheurs français. Mais, la participation de ceux-ci peut être faible, et risque en tout cas d'être subalterne, et l'apparition d'une intense concurrence internationale doit nous inciter à redoubler d'efforts [...]. Aussi serais-je reconnaissant au Département de me faire connaître si, comme le professeur Parrot [secrétaire général de la Commission des fouilles] me l'avait laissé espérer, il est possible de dégager, dès 1967, quelques crédits pour une reprise des fouilles à Carthage. Je crois extrêmement important, vu la vigueur de

Un accord de coopération archéologique franco-tunisien est signé, après plusieurs mois de pourparlers, le 22 décembre 1967. Mais c'est dans un climat houleux que s'est tenue la réunion de la Commission mixte franco-tunisienne, chargée de la bonne marche de la coopération, au printemps 1968. Les représentants de la partie tunisienne en retiennent l'impression désagréable de n'y avoir figurés qu'au titre de simples témoins. Leur vexation est d'autant plus grande qu'ils ont dû réagir aux propos dédaigneux de certains de leurs interlocuteurs dont: « Vous ne devez pas oublier, Messieurs, que nous vous apportons la matière grise[21]. » Les représentants de la délégation française, quant à eux, trouvent abusives les exigences financières de leurs partenaires tunisiens – ce qu'ils expriment, dans certains cas, dans un style imagé:

> « Les Tunisiens prétendent fixer librement la part de notre budget des fouilles qu'ils s'approprieront pour leurs fouilles et leurs "restaurations". C'est la coopération idéale avec ces pays, qui nous disent sans nous dire: donne-moi ta montre et je te dirai l'heure[22]. »

Cette rencontre est, en somme, un échec cuisant: les partenaires refusent d'honorer la convention de 1967.

Renouer après ce revers diplomatique s'annonce difficile et le rôle joué par l'EFR à ce moment précis est déterminant. Par une mesure exceptionnelle souhaitée par Pierre Boyancé, directeur de cet établissement et partisan actif du développement de la coopération archéologique avec les pays maghrébins, Azedine Beschaouch, ancien pensionnaire étranger de l'École normale supérieure (1961-1967) et agrégé de grammaire (1967), est admis, comme membre étranger, à l'École française de Rome à la fin de l'année 1967. Ce recrutement, qui intervient précisément à un moment où les positions archéologiques françaises en Tunisie sont inquiétées, comporte donc une haute dimension stratégique. La prise en charge de la formation d'excellence de cet épigraphiste apparaît comme le vecteur d'une double garantie: le renforcement des liens franco-tunisiens déjà historiquement préférentiels et la démarcation d'avec les autres pays rivaux en matière d'archéologie[23]. Cette stratégie ne tarde pas à porter ses fruits: sensibles à

---

la compétition, que nous puissions préciser dès que possible nos intentions au Secrétaire d'État aux Affaires culturelles. [...] Dans le climat actuel, nous pourrons difficilement rester négatifs pour ce qui concerne la restauration ou plutôt la "consolidation" des monuments. » Lettre du 18 janvier 1967 à la Direction générale des Relations culturelles. Archives IFC, Tunis, carton 264, dossier « Correspondance, classement chronologique ».

21. Outré, Pierre Boyancé, directeur de l'EFR, s'adresse ainsi à Pierre Basdevant, responsable de la Direction générale des Relations culturelles du ministère des Affaires étrangères: « Ce mot, je dois le dire est d'autant plus maladroit qu'il est parfaitement injuste puisque la Tunisie compte maintenant ces savants dont je viens de vous rappeler l'existence », cf. sa lettre du 11/07/1968. Archives EFR, carton 44/14, dossier « Tunisie-Beschaouch 1968-1970 ».
22. X à P. Boyancé. Lettre du 09/04/1968. Archives EFR, *ibid.*
23. Ces deux dimensions ont constitué les principaux arguments du directeur de l'École de Rome: « L'avantage est aussi plus généralement pour la France, car nous lions ainsi plus étroitement à nous la jeune équipe des archéologues tunisiens qui ont été formés au lycée de Tunis et dans nos facultés. » P. Boyancé à la Direction générale des Relations culturelles, MAE. Lettre du 10/03/1969. Archives EFR, carton 44/14, dossier « Tunisie Beschaouch 1968-1970 »; et: « Ce que je tiens à

cette initiative, les archéologues tunisiens affichent aussitôt des dispositions encourageantes pour la recherche française et plus particulièrement pour l'École de Rome[24]. Dès 1968, cet établissement est sur le point de signer un accord de coopération archéologique avec l'INAA qui porterait sur le site de Bulla Regia. Le ministère français des Affaires étrangères s'estime court-circuité et s'oppose d'abord à ce projet qu'il juge contre-productif à la politique d'ensemble visée[25]. Mais, embarrassé par l'échec de l'accord général de coopération de 1967, il retire ses objections et autorise l'EFR à engager des recherches à Bulla Regia pour une durée toutefois limitée à deux ans non-renouvelables – soit d'ici à ce qu'intervienne la conclusion d'un accord général dans lequel s'inscrirait cet accord particulier. Si les exigences de la partie tunisienne relatives aux travaux de restauration et de mise en valeur du site, condamnent finalement la mise en œuvre de ce projet[26], l'École de Rome parvient néanmoins, grâce à cette action autour de Bulla Regia, à affirmer sa position au sein de l'archéologie française. Jusque-là tenu à l'écart des négociations, le directeur de l'EFR est désormais invité à siéger au sein de la Commission mixte de coopération archéologique franco-tunisienne[27]. C'est dans ce cadre que l'EFR confirme son rôle de partenaire

dire avec beaucoup de force c'est le grand intérêt qu'il y aurait pour notre prestige scientifique en Tunisie qu'une solution favorable puisse être trouvée, on n'ignore pas, en effet, que d'autres influences concurrentes de la nôtre s'exercent à Tunis. » P. Boyancé au conseiller culturel à l'ambassade de France de Tunisie. Lettre du 05/12/1967. Archives EFR, carton 44/14, dossier « Tunisie Beschaouch 1968-1970 ».

24. Hédi Slim, secrétaire général de l'INAA, écrit à Pierre Boyancé : « La Tunisie a eu le privilège, depuis la fin du siècle dernier, de recevoir de grands « Romains » qui ont contribué à la résurrection de son passé et à la mise en valeur des monuments de son histoire. Elle est heureuse d'exprimer aujourd'hui par l'organe de la Commission de la Recherche archéologique son admiration pour l'œuvre accomplie et sa reconnaissance. Cette Commission, qui coordonne et oriente les travaux de fouilles archéologiques et de recherche, espère vivement voir s'établir désormais entre elle et l'EFR une collaboration soutenue, durable et fructueuse. Elle a, dès à présent, le plaisir de compter parmi vos élèves l'un de ses membres, Monsieur Beschaouch, chef du Département d'archéologie classique et d'épigraphie latine. Elle le charge de vous transmettre de la part des archéologues tunisiens leurs vifs remerciements et leurs sentiments de parfaite considération. » Lettre du 17/01/1968. Archives EFR, carton 44/14, dossier « Tunisie Beschaouch 1968-1970 ».

25. Le rôle de l'ambassade est ainsi affirmé : « Je soulignais qu'il était particulièrement nécessaire de veiller à ce que toute négociation avec les autorités tunisiennes et en particulier avec l'INAA soit menée par notre Représentant à Tunis, agissant sur instructions du Département et dans le cadre d'ensemble des relations culturelles franco-tunisiennes. » Lettre du 20/07/68. Direction générale des Relations culturelles du MAE à la Direction des Enseignements supérieurs du ministère de l'Éducation nationale. Archives EFR, carton 44/14, dossier « Tunisie-Beschaouch 1968-1970 ».

26. Le directeur de l'EFR commente : « Mais, au moment où les difficultés se dissipaient à Paris, elles surgissaient en Tunisie. Le ministre de la Culture s'étant rendu compte à la suite d'une démarche de notre ambassadeur que cet accord particulier ne prévoyait pas de restaurations et de mise en valeur du site, enjoignait à ses subordonnés de faire insérer une clause. Or, une telle clause, dans l'esprit où les Tunisiens conçoivent ces restaurations, risque d'imposer à l'École de Rome une charge qui dépasse ses moyens », cf. sa lettre du 25/03/1969 adressée à la Direction générale des relations culturelles. Archives EFR, carton 44/14, dossier « Tunisie-Beschaouch 1968-1970 ». Ces mêmes exigences avaient déjà compromis les fouilles franco-tunisiennes de Carthage en 1967-1968.

27. Pierre Laurent, nouveau directeur général des Relations culturelles du MAE en informe Georges Vallet, nouveau directeur de l'EFR en 1970 : « Je comprends parfaitement l'intérêt que peut légitimement porter l'EFR aux recherches qui se développent en Tunisie et je conçois en même temps que ces recherches et la coopération franco-tunisienne ont beaucoup à gagner à une participation de l'École. Votre arrivée à la tête de l'École française et les heureuses évolutions qui ont pu se produire d'autre part doivent nous permettre d'écarter définitivement des ambiguïtés ou des réticences désormais révolues. J'estime donc non seulement possible, mais souhaitable, une participation

privilégié, en partie défini par les effets retours de son action en matière de formation. Les disciples tunisiens délivrent en effet préférentiellement les autorisations de fouilles à leurs maîtres « romains » : les trois premiers chantiers de la Commission mixte (1970) sont ainsi dirigés, pour ce qui concerne les équipes françaises, par Picard à Mactar, Euzénnat à Rougga et Duval à Haïdra. De retour en Tunisie, Beschaouch gravit rapidement les échelons administratifs et renforce encore ce partenariat. Nommé directeur de l'INAA en 1973, il se dit soucieux d'honorer sa qualité d'« Ancien[28] ». Il co-dirige par exemple, avec son camarade Yvon Thébert, les fouilles de Bulla Regia et permet aux équipes françaises d'occuper une place de premier plan dans le cadre de la campagne internationale pour la sauvegarde de Carthage avec la fouille du secteur de la colline de Byrsa. La marque de l'École de Rome sur l'archéologie en Tunisie se lit, plus largement, sur le panorama actuel des recherches conduites dans ce pays : la civilisation romano-byzantine demeure, aujourd'hui encore, et de loin, le secteur le plus développé bien que la mode du carthaginisme sévisse.

Un « droit d'aînesse » constamment nourri doublé d'une « force d'action » puissante aux ramifications multiples (scientifiques, diplomatiques, politiques), voici autant d'éléments d'explication à la pérennisation de l'influence de l'École de Rome en Tunisie. À cela s'ajoute une remarquable « *mètis* réactive » qui a fait que cette institution a su transmettre, former et s'ouvrir au gré de l'histoire. Cette lucidité se retrouve également au niveau de l'écriture de l'histoire. Quand tant d'établissements archéologiques font de leurs archives une chasse gardée inaccessible, Michel Gras, directeur de l'EFR, a bien voulu nous ouvrir les archives de cette institution par des paroles comme « cette histoire est ce qu'elle est ; vous faites votre travail d'historienne du contemporain en l'écrivant ». En lançant des projets sur la « Situation internationale de l'archéologie en Méditerranée : évolutions et perspectives », dirigé par Franck Braemer (CNRS), l'École de Rome confirme une ligne de conduite ouverte aux questionnements sur les pratiques archéologiques et leurs enjeux – démarche, à ce titre, exemplaire dans ce domaine.

établie aux yeux de tous, du Directeur de l'EFR à l'élaboration et à l'orientation des programmes de recherches archéologiques en Tunisie. » Lettre du 27/10/1970. Archives EFR, carton 44/14, dossier « Tunisie-Beschaouch 1968-1970 ».

28. « J'aurai à cœur, dans la sauvegarde et la mise en valeur du patrimoine archéologique, d'honorer ma qualité d'"Ancien" et d'être digne de la confiance de mes camarades et amis », écrit-il ainsi à Georges Vallet, directeur de l'EFR. Lettre du 04/04/1973. Archives EFR, carton 44/16, dossier « Carthage-Byrsa : correspondance, 1972-1974 ».

Le réseau « École française de Rome » Naissance, formes et portée

Sarah Rey

Les membres de l'École de Rome se connaissent, se suivent, se ressemblent. Ils peuvent se contredire ou collaborer, marcher d'un même pas ou suivre des directions intellectuelles opposées. Ces interactions dessinent un *réseau*, c'est-à-dire, au sens commun, un ensemble de liens entre personnes, qui prennent une part – le plus souvent active – à la construction d'un « filet » aux mailles irrégulières.

Chaque réseau se met au service de ceux qui le constituent. Dans un domaine où l'intime et le pouvoir interfèrent, il faut garder en tête les paroles modératrices de Maurice Agulhon, pour qui, dans la profession d'universitaire, « tout ne se réduit pas [...] à coteries, copinages et maffias d'anciens[1] ». L'institution romaine, fondée par décrets successifs au début de la IIIe République et qui a son siège au Palais Farnèse, n'est nullement une société secrète capable de faire main basse sur l'Université, mais compte en ses rangs des individus étroitement connectés. Ce « lobby » est certes contraignant; il connaît néanmoins quelques dysfonctionnements.

Dans ses premières années d'existence, le réseau de l'École de Rome, aux prolongements humains, scientifiques, professionnels, n'a que peu de visibilité, peut-être à dessein. Du XIXe au XXe siècle, les relations entre « Romains », parfois intangibles, inattendues, sont si variées que le terme « réseau », d'une belle commodité, les recouvre trop facilement. Plus de quatre-vingt-dix antiquisants[2], réunis par leurs années de formation et leur « moment » italien, forment la matière de cette étude: est-ce que, pour tous ceux-là, le passage fugace par quelques institutions (École normale supérieure, École française) suffit à créer un réseau? Quelles significations revêt ce quadrillage de savants?

Le « paratexte » des thèses farnésiennes, en particulier les remerciements, les dédicaces, les introductions, les notes de bas de pages, associé aux nécrologies et aux *Souvenirs*, laisse apercevoir la profondeur de rapports entre les

1. M. Agulhon, « Vu des coulisses », *Essais d'ego-histoire,* réunis et présentés par Pierre Nora, Paris, 1987, p. 54.
2. Les médiévistes et modernistes de l'École ne seront cités qu'à l'occasion.

hommes qui ont eu Rome en commun. Dans ce type d'enquête, la place des archives privées, plus spécialement des correspondances, est cruciale[3].

Ce consortium « École française », dont on cherchera à mesurer la validité, doit beaucoup aux réseaux qui lui sont antérieurs. Mais c'est à Rome et dans les espaces (Italie, Maghreb) dévolus aux jeunes historiens et archéologues qu'il se constitue véritablement. En France, le réseau de l'École prend une nouvelle ampleur, impliquant des formes d'entraide, certaines facilités de carrière, générant également quelques conflits.

Les réseaux qui mènent à Rome

Avant l'Italie, les futurs « Romains » s'immiscent dans plusieurs systèmes d'alliance qui déterminent leur entrée dans la carrière universitaire. Les attaches familiales sont un premier réseau, qu'enrichit la qualité d'élève de l'École normale ou de l'École pratique.

Des héritiers

Parmi les membres recrutés entre 1875 et 1940, le nombre d'« héritiers » n'est pas négligeable. Les Farnésiens ont souvent des pères « du métier », et il n'est pas rare que la « reproduction » marche à plein[4]. Ainsi de Maurice Albert (1854-1907, EFR 1877-1879). Il fait partie des premières promotions « romaines » et a de qui tenir : il est le fils de Paul Albert (1827-1880), titulaire de la chaire de langue et littérature française moderne au Collège de France. Élève de Rome pendant deux ans (1877-1879), Maurice Albert y prépare une thèse sur le culte de Castor et Pollux[5].

Bien vite, l'héritage symbolique père-fils prend la forme d'une succession au Farnèse même : Pierre Fabre (1894-1955, EFR 1920-1922), auteur d'une thèse consacrée à *Saint Paulin de Nole et l'amitié chrétienne* (1949), est le fils de Paul Fabre (1859-1899, EFR 1882-1886), éditeur du *Liber Censuum*, contributeur prolixe des *Mélanges d'archéologie et d'histoire*, gendre de Fustel de Coulanges.

De même, Jean Bérard (1908-1957, EFR 1933-1936 et 1939-1940), qui est à Rome de 1933 à 1936, n'arrive pas en Italie par hasard : il est le fils de l'helléniste Victor Bérard (1864-1931), ancien membre de l'École française d'Athènes et figure de proue de la science française de l'Antiquité. Il continue l'œuvre de son père en cherchant la part de vérité que contiennent

3. Cf. C. Bonnet, V. Krings (éd.), *S'écrire et écrire sur l'Antiquité. L'apport des correspondances à l'histoire des travaux scientifiques*, Grenoble, 2008.

4. Dans les promotions de médiévistes, la donne ne change guère : les héritiers y figurent en bonne place. Gabriel Monod (1844-1912) a donné à l'École de Rome un de ses fils, Bernard (1879-1905), chartiste. Edouard Jordan (1866-1946), présent à Rome de 1888 à 1891, qui – dans ses années italiennes – prépare une thèse dédiée aux *Origines de la domination angevine en Italie* (1909) est le fils de Camille Jordan (1838-1922), mathématicien, professeur au Collège de France, auteur d'un théorème qui porte son nom. Le Farnésien Julien Luchaire (1876-1962) reprend le flambeau paternel : Achille Luchaire (1846-1908) a en effet enseigné l'histoire du Moyen Âge à la Sorbonne.

5. M. Albert, *Le culte de Castor et Pollux*, Paris, 1883.

les légendes grecques et romaines, contre l'hypercriticisme d'Ettore Pais[6]. Cette recherche se limite aux cités de Grande-Grèce et Sicile, aux récits mythiques de fondation. Pour décrire la topographie de Zancle[7] ou aborder le culte d'Aphrodite à Naxos[8], Jean Bérard renvoie en permanence aux *Phéniciens et l'Odyssée* (1902-1903, 1927) et aux *Navigations d'Ulysse* (1925-1927).

Gilbert Picard (1913-1998, EFR 1938-[1940]) constitue un autre exemple de relais, d'une génération à l'autre, puisqu'il est le fils de l'helléniste Charles Picard (1883-1965), directeur de l'École d'Athènes (1919-1925), après l'avoir fréquentée comme membre. Entre les Bérard et les Picard, la similitude des « comportements » sociaux est patente. Dans les deux familles, le père est un « ancien » d'Athènes, le fils part à Rome. De plus, les sujets de thèse des fils semblent s'accorder aux thèmes de prédilection des pères : en se consacrant à une histoire des trophées antiques, Gilbert Picard fait la part belle aux antécédents grecs des trophées romains et peut s'inspirer des recherches de son père sur la sculpture hellénique[9]. Les destins des deux familles s'entrecroisent aussi quand Charles Picard dirige, en 1931, le Diplôme d'études supérieures de Bérard fils, une « Étude sur les voyages de saint Paul en Asie Mineure et sur leurs conditions économiques[10] ».

En somme, quelle est la fonction d'un réseau familial ? Il s'agit le plus souvent d'indiquer une marche à suivre au fil d'un parcours scolaire et de soutenir des choix intellectuels. La passation de pouvoir entre le père et son fils n'induit pas cependant de ressemblances idéologiques : Jean Bérard, par exemple, ne suit pas politiquement son père, sénateur du Jura, ardent polémiste au moment de la Première Guerre mondiale[11], dont les positions ne sont pas éloignées de l'Action française. Observateur du fascisme italien, Jean Bérard va, lui, témoigner de sa hantise des régimes autoritaires dans un livre publié anonymement[12]. En Italie, il est proche de savants hostiles au régime mussolinien : c'est un des correspondants d'Umberto Zanotti-Bianco, fondateur de l'*Associazione per gli Interessi del Mezzogiorno*[13].

Mais l'École de Rome n'est pas réservée aux enfants d'universitaires, les plus aptes – peut-être – à saisir les rouages des institutions scientifiques qui les accueillent. Certains « Romains » n'ont été que de simples boursiers, ayant su profiter de la méritocratie républicaine : Gustave Bloch (1848-

6. Cf. J. Bérard, *La colonisation grecque de l'Italie méridionale et de la Sicile dans l'Antiquité : l'histoire et la légende*, Paris, 1941, *passim* et E. Pais, *Storia della Sicilia e della Magna Grecia*, Torino, 1894.
7. J. Bérard, *La colonisation grecque de l'Italie méridionale et de la Sicile dans l'antiquité : l'histoire et la légende*, *op. cit.*, n. 4, p. 108.
8. *Ibid.*, n. 2, p. 91.
9. Cf. les volumes de son *Manuel d'archéologie grecque* (1935-1963).
10. Ce mémoire est conservé dans les Archives de l'EFR, à Rome.
11. Cf. notamment V. Bérard, *Un mensonge de la science allemande. Les* Prolégomènes à Homère *de Frédéric Auguste Wolf*, Paris, 1917, 288 p.
12. Ce livre est publié sous les initiales « C. M. R. » : C. M. R. (J. Bérard), *Histoire du fascisme italien (1919-1937)*, Paris, 1938.
13. N. De Haan, « Umberto Zanotti Bianco and the Archaeology of Magna Grecia during the Fascist Era », *Fragmenta (Journal of the Royal Netherlands Institute in Rome)* 2 (2008), p. 233-250.

1923), « méga » de la mémoire normalienne et père de Marc, est le fils d'un simple instituteur strasbourgeois.

Si la famille joue donc le rôle d'un premier réseau, la formation des « Romains » définit, elle, d'autres relations ramifiées. L'École normale supérieure, qui fournit toujours les contingents les plus importants de Farnésiens, crée ses propres liens de connivence et de complicité.

Les liens tissés rue d'Ulm

L'École de Rome a longtemps pu passer pour le domaine réservé des élèves de la rue d'Ulm, d'autant que les directeurs du Palais Farnèse ont souvent été des archicubes[14]. Plusieurs carrières « romaines » se décident à l'École normale, et bien avant le départ effectif pour le Palais Farnèse. Le directeur de la rue d'Ulm a longtemps conservé la haute main sur les nominations des futurs Farnésiens. Le témoignage de Romain Rolland (normalien de la promotion 1886 et « romain » de 1889 à 1891) montre ce petit jeu avec cruauté : « Tous mes camarades intriguent autour de moi, pour se faire nommer, après l'École, à Rome, à Athènes, à la Sorbonne[15] » ; « Perrot m'offre l'École de Rome, dont il avait bercé – berné – depuis trois ans le pauvre Barthe, aujourd'hui refusé, consterné de ce refus, et ne sachant plus que devenir[16]. »

Rue d'Ulm, l'esprit de corps mûrit imparfaitement. Salomon Reinach, entré à l'École normale en 1876 et qui rejoint ensuite l'École d'Athènes, côtoie des élèves qui, eux, seront « Romains ». Ses carnets, publiés par Hervé Duchêne, font apparaître la gradation de l'amitié : il y a les copains, les intimes, les inséparables[17] ; son condisciple normalien Georges Lafaye (1854-1927), qui partira pour Rome, n'est pas alors un proche de Reinach. Toutefois, des décennies plus tard, quand ce dernier dirigera la *Revue Archéologique*, il n'oubliera pas de consacrer à son ancien camarade une notice nécrologique.

En dépit des affinités et des antipathies de chacun, les années normaliennes semblent forger un sentiment d'appartenance. Les souvenirs de Normale ont une pérennité que les correspondances mettent en évidence. Dans les lettres à son maître Carcopino, Jean Gagé révèle comment les normaliens aiment à se retrouver. De Rome, le 3 janvier 1927, il lui écrit : « Nous sommes cette année, au Palais Farnèse, quatre normaliens archéologues, vos anciens disciples, et cela fait une belle camaraderie. Nous sortons souvent ensemble, nous avons fait quelques pèlerinages à la Basilique de

---

14. Albert Dumont, Auguste Geffroy, Émile Mâle, Jérôme Carcopino sont d'anciens normaliens. Edmond Le Blant, qui dirige l'EFR de 1882 à 1888, et Louis Duchesne font exception à la règle.
15. Cahiers R. Rolland (4), *Le Cloître de la rue d'Ulm. Journal de Romain Rolland à l'École normale (1886-1889)*, Paris, 1952, p. 245-246.
16. *Ibid.*, p. 314.
17. Cf. H. Duchêne, « *Notre École normale* ». *Émile Zola, Ernest Bersot, Salomon Reinach*, Paris, 1994.

la Porte Majeure[18]. » Puis, de Strasbourg, où il enseigne : « En comptant Seston, nous allons être ici trois anciens "Romains", unis par les souvenirs de l'École normale et du Palais Farnèse[19]. »

Les anciens de la rue d'Ulm et du Farnèse se remémorent souvent leur jeunesse parisienne avec plus d'intensité que leur période romaine. Le 22 novembre 1969, lors de la remise de son épée d'académicien, l'étruscologue Jacques Heurgon choisit de prononcer un éloge de l'École normale :

> « Je crois que, quoique externe, j'ai tout de suite été un normalien convaincu, mais, normalien, je le suis devenu de plus en plus comme archicube. [...] Je dois beaucoup à ce sanctuaire de ma vie profonde. Je lui dois en particulier et surtout le privilège d'y avoir rencontré, à petite dose, à raison de trois ou quatre dans chaque promotion, des élèves dont un bon nombre sont restés de mes meilleurs amis. [...] Beaucoup maintenant volent de leurs propres ailes, affirment leur autorité dans des domaines divers, et quand j'entends louer leurs travaux, je me rengorge paternellement. Je ne nommerai ni X ni Y. Ils sont presque tous ici. Ils se reconnaissent[20]. »

L'École est même l'objet de dédicace de normaliens l'ayant quittée depuis plus de trente ans : André-Jean Festugière (1898-1982, EFR 1920-1921) dédie le tome II de *La Révélation d'Hermès Trismégiste* (1949) « Scholae Normali Parisiensi quae temporibus iniquis aequa sanctaque mansit[21] ».

Au bout du compte, l'établissement parisien semble la source d'un réseau puissant, que l'École de Rome ne fait que confirmer. Les raisons qui expliquent la formation de ce réseau, préalable au voyage en Italie, sont complexes : le prestige du « cloître de la rue d'Ulm » est plus ancien que celui attaché au Palais Farnèse et l'amitié naît peut-être plus facilement à dix-huit qu'à vingt-cinq ans.

À Rome, une manière de « classe » normalienne peut se reformer, qui n'écarte pas *a priori* les élèves de l'École pratique des hautes études.

Un réseau EPHE ?

L'existence de ce réseau est plus problématique. Certains Farnésiens ont certes été élèves des Hautes Études. Dans les premières générations « romaines », Auguste Audollent (1864-1943, EFR 1888-1890), Émile Châtelain (1851-1933, EFR 1876-1877), Albert Martin (1844-1912, EFR 1879-1882). Plus tard : Louis Canet (1883-1958, EFR 1912-1916), Daniel Serruys (1875-1950, EFR 1900-1902), Pierre Boudreaux (1882-1914, EFR 1905-1907), Jean Colin (1898-1980, EFR 1920-1922). Ceux qui sont issus de la IVe Section travaillent sur divers manuscrits conservés en Italie (Achille Statius et Sidoine Apollinaire, scolies du manuscrit

18. Bibliothèque de l'Institut de France, fonds Carcopino, lettre de Jean Gagé à Jérôme Carcopino (Rome, 3 janvier 1927).
19. *Ibid.*, lettre de Jean Gagé à Jérôme Carcopino (Strasbourg, 15 septembre 1929).
20. *Remise à Jacques Heurgon de son épée d'académicien à la Maison internationale de la Cité universitaire de Paris*, Paris, 1969, p. 24.
21. A.-J. FESTUGIÈRE, *La Révélation d'Hermès Trismégiste. II. Le dieu cosmique*, Paris, 1949.

ravennate d'Aristophane, manuscrits de Thucydide, Oppien d'Apamée). D'autres confirment sur le sol italien ou africain leur vocation d'archéologue : c'est le cas d'Albert Grenier (1878-1961, EFR 1904-1907), qui voit sa thèse de l'EPHE, *Habitations gauloises et villas latines dans la cité des Médiomatrices,* publiée lorsqu'il est « romain », et qui continue de s'exercer à l'activité archéologique dans les faubourgs de Bologne, à proximité de la nécropole de la Certosa.

Les membres de l'École de Rome strictement issus de l'EPHE deviennent au fil du temps de plus en plus rares. Des normaliens, à l'instar de Pierre Grimal, se servent du laissez-passer « EPHE » pour gagner le Farnèse[22]. Une lettre de Marcel Durry à Louis Poinssot, datée du 27 avril 1927, raconte ce type de manœuvre : « Habituellement les Hautes Études repêchaient un chartiste ; maintenant M. Mâle s'efforce de repêcher ainsi des normaliens ; ce ne sont pas de vrais élèves des Hautes Études comme vous l'étiez[23]. »

Peu nombreux, les élèves des Hautes Études au sens strict ne poursuivent pas toujours de carrière scientifique : dans l'établissement fondé par Victor Duruy, le faible nombre des directions d'études explique assurément la rupture de certaines trajectoires intellectuelles. Certains sont happés par d'autres vocations, plus tardives. De la sorte, Louis Canet et Daniel Serruys ont, l'un et l'autre, abandonné leur métier de philologue pour embrasser la carrière de hauts fonctionnaires. Grand connaisseur de patristique et d'histoire biblique, exécuteur testamentaire de Loisy, Canet devient, après la Première Guerre mondiale, conseiller technique pour les affaires religieuses au ministère des Affaires étrangères, puis, plus tard, conseiller d'État.

Gage (relatif) d'accession à l'École de Rome, l'École pratique n'est pas le lieu d'émergence d'un réseau singulier : les élèves en sont trop peu nombreux, trop anonymes aussi, et divisés en des sections qui ne se croisent pas toujours. L'EPHE n'apporte pas non plus la garantie d'une insertion parfaite dans le moule universitaire.

Quoi qu'il en soit, à l'École des hautes études comme à la Sorbonne, c'est la rencontre de certains maîtres qui donne une marque originale aux études engagées, facilite les carrières et ménage donc une place dans un plus large réseau.

L'importance des maîtres parisiens

Les maîtres peuvent donner aux premiers pas d'une carrière scientifique une impulsion décisive ; le soutien des Écoles-sources où ils professent est indispensable. Les archives du ministère de l'Instruction publique versées aux Archives nationales ont conservé, par dérision, comme *unicum* pathétique, la lettre de candidature d'un jeune agrégé, qui – par méconnais-

22. Les candidats pour l'École de Rome ont longtemps dû être « présentés » par l'École normale, l'École pratique ou l'École des chartes.
23. INHA, fonds Poinssot, fiche 1327, lettre de Marcel Durry à Louis Poinssot (27 avril 1927).

sance des règles du jeu – n'a jamais dû deviner son ridicule. Il s'appelle Louis Lebailly, s'adresse directement au ministre et explique les diverses motivations qui l'appellent à Rome :

> « J'ai déjà esquissé les grandes lignes d'une étude sur la vie physique à travers l'histoire. Les monuments de la statuaire et de la poterie antiques conservés à Rome, quelques visites aux stades ruinés de la Grande Grèce fourniraient à la base même de ce travail d'incomparables matériaux. [...] Je suis normand et très curieux de tous les souvenirs qui viennent s'accrocher à l'histoire de mon pays. A-t-on, dans les Deux Siciles qui forment un coin de terre normande, dégagé tout ce qui peut éclairer cette période si attachante pour moi, et si intéressante d'autre part, de l'histoire du Moyen Âge ? [...] J'ai conçu l'idée d'un essai sur l'évolution du théâtre contemporain[24]. »

Son jeu d'influences se limite à la mention de ses parents : « J'ajoute, Monsieur le Ministre, que mon père et ma mère, tous deux professeurs au Collège Rollin, appartiennent à l'enseignement l'un depuis trente-cinq ans, l'autre depuis vingt-cinq[25]. » Ce candidat sans réseau ne se prévaut d'aucune tutelle universitaire qui accréditerait son projet. Or, qui veut sa place au soleil romain doit savoir se mettre sous la protection d'un patron reconnu : aux côtés des différents directeurs de l'ENS, René Cagnat en son temps, Jérôme Carcopino plus tard, ont fait figure de référence obligée, préparant et accompagnant le départ pour Rome. Paris constitue une étape essentielle, où démarrent les itinéraires scientifiques, sous la houlette des tuteurs qui délivrent le viatique pour l'Italie.

Le séjour romain : lieux et formes des solidarités farnésiennes

Le voyage jusqu'à Rome, accompli à deux ou trois, donne l'occasion de resserrements amicaux, avant l'accueil rituel en gare de Rome, moyen supplémentaire d'établir entre tous une proximité, d'où pourra poindre un esprit commun : le court livre de souvenirs du médiéviste Charles Samaran (1879-1982, EFR 1901-1903), *Enfance et jeunesse d'un centenaire* (1980), a mis en scène cet épisode de la sociabilité farnésienne 1900 : « Je débarquai à Rome, où était venu me chercher à la gare de Termini, alors dans sa nouveauté, un représentant de la "membrure"[26]. »

Le groupe « romain » se forme ensuite dans les murs du Palais. Les apprentis historiens et archéologues sont invités à prendre place dans une salle de travail commune, le *studio*. Les jeunes savants s'y côtoient, quelle que soit leur spécialité :

> « Le véritable cœur de notre école [était] une pièce de la bibliothèque surélevée de trois marches et que nous appelions à juste titre le "Studio". Là, dans une ambiance de thurne normalienne, autour d'une grande table

24. Archives nationales de France, F 17/13600, lettre de Louis Lebailly au ministre de l'Instruction publique (Les Moulins en Cinglais, 14 septembre 1911).
25. *Ibid.*
26. Ch. Samaran, *Enfance et jeunesse d'un centenaire*, Paris, 1980.

à la dimension des six membres réguliers que nous étions, nous installions nos dossiers coude à coude, allions, venions, fumions, écrivions, causions et surtout discutions de tout et du reste[27]. »

Hors de Rome, les jeunes savants parcourent en tout sens l'Italie pour effectuer, en petit comité, des visites de sites, de musées, de chantiers archéologiques. Antiquisants, médiévistes, modernistes se mêlent. Romain Rolland voyage ainsi avec Jean Guiraud (1866-1953). Un jour ils vont jusqu'à la Villa de Livie à la sortie de Rome, puis en Sicile. Parfois, ces déplacements dans la péninsule italienne ne sont pas de pure curiosité et suggèrent aux uns et aux autres la matière d'un article : Robert Laurent-Vibert (1884-1925, EFR 1907-1909) et André Piganiol (1883-1968, EFR 1906-1909) inspectent le territoire de Minturnes pour publier des inscriptions indiquées par Pietro Fedele, homme politique et homme de science. Un article des *Mélanges* en témoigne peu après[28]. Mais, sur le sol italien, ce type d'enquête de terrain, rendu peu à peu difficile en raison des lois de protection archéologique promulguées par étapes, prend rapidement l'Afrique comme exutoire. Dès les années 1890, avec la mise en place de services archéologiques coloniaux en Tunisie et en Algérie, beaucoup de « Romains » traversent la Méditerranée pour étudier sans entrave inscriptions et monuments. Sur les rives du Maghreb, un nouveau réseau, proprement africain, peut s'épanouir, qui continue de favoriser les rapports spontanés entre « Romains ». Ce réseau d'« Africains » a de beaux jours devant lui[29].

Au *studio* du Farnèse et aux expéditions archéologiques, il faut adjoindre un lieu symbolique : les *Mélanges d'archéologie et d'histoire*, seul organe périodique de l'École, dont le premier numéro paraît en 1881. En règle générale, les jeunes savants livrent aux *Mélanges* un ou deux articles. À la fin du XIXe siècle, la revue a accueilli de rares comptes rendus critiques : des publications d'anciens membres essentiellement. Les tout aussi rares nécrologies ont été dédiées, pour la plupart, aux anciens élèves disparus. Les *Mélanges* constituent donc, pour l'École, un espace d'autocélébration et de légitimation, tout en assurant l'ouverture de l'institution à d'autres réseaux savants. Car des cercles scientifiques liés à la personne du directeur ont leur part dans la rédaction de la revue. La direction de Duchesne y permet notamment l'intrusion d'ecclésiastiques[30].

Ce sont aussi dans les *Mélanges* que les liens avec la Villa Médicis se dévoilent au gré des articles de pensionnaires architectes. Les relations entre les deux établissements romains ne sont pas exemptes de prévention : Pierre Gros a rapporté les propos de quelques artistes du Pincio qui ont

27. *Ibid.*, p. 71.
28. R. Laurent-Vibert et A. Piganiol, « Inscriptions inédites de Minturnes », *Mélanges d'archéologie et d'histoire* 27 (1907), p. 495-507.
29. Cf. l'article de Cl. Gutron dans ce volume.
30. Voir les articles d'U. Chevalier, de l'Institut catholique de Lyon, de P. Battifol et d'A. Lepôtre.

tardé à se convertir à l'archéologie[31]. Malgré ces réticences initiales, les recrues du Palais Farnèse et de la Villa Médicis ont pris part de concert à certaines entreprises scientifiques. Au début du XXe siècle, Paul Bigot, qui œuvre à la fabrication d'une grande maquette de Rome, devient un habitué du Farnèse et Jacques Zeiller (1878-1962, EFR 1902-1905) s'est associé à Ernest Hébrard dans l'étude du palais de Domitien à Split.

Les *Mélanges* ouvrent donc leurs colonnes à d'autres plumes et d'autres institutions, à l'image des membres eux-mêmes, invités à s'extraire de leur palais romain. Ils entrent alors en contact avec les savants, nationaux ou étrangers, installés en Italie.

L'intégration dans les réseaux scientifiques locaux

Autour du Palais Farnèse gravitent de nombreux historiens et archéologues. Des Italiens d'abord : par eux, les demandes d'autorisation de fouilles ont une chance d'aboutir et l'accès aux réserves des musées est facilité. Le grand connaisseur des catacombes, Giovanni Battista De Rossi (1822-1894) fait figure de premier « parrain » de l'École française. Il est un des correspondants réguliers de Duchesne[32]. Bien après la mort du Commandeur, le travail d'Henri-Irénée Marrou sur la bibliothèque du pape Agapit répond à une enquête préliminaire de ce patron de l'archéologie sacrée[33]. Il semble qu'il n'y ait pas eu, pour les premières promotions « romaines », d'Italien autant révéré que De Rossi.

Plus tard, Rodolfo Lanciani (1845-1929) oriente les jeunes historiens français[34] dans la capitale italienne, échange avec Duchesne ses interrogations relatives à la topographie romaine, rend compte des fouilles d'Ostie pour l'École. Giacomo Boni (1859-1925), découvreur du *Lapis niger*, reçoit quant à lui les élèves de l'École française sur son chantier du Forum. Grâce à lui, Jacques Madaule (1898-1993, EFR 1923-1925) fait l'ascension de l'arc de Septime Sévère. Puis c'est au tour d'Ettore Pais (1856-1939) de conseiller Marcel Durry (1895-1978, EFR 1921-1924), qui ignorait d'abord que la Sardaigne était la chasse gardée du maître italien[35].

---

31. Julien Guadet (1834-1908), l'auteur de la formule « l'archéologie, voilà l'ennemi », a présenté son « envoi », une restauration du Forum de Trajan, en ces termes : « Il y a sur ce sujet au moins deux choses dont je suis parfaitement convaincu : l'une, c'est que ma restauration ne doit nullement être l'expression de ce qu'était le Forum de Trajan, l'autre c'est qu'il n'était du pouvoir de personne de retrouver cette expression. » Cf. P. GROS, « Transmission du savoir ou illusion d'optique ? », dans R. ÉTIENNE (éd.), *Les politiques de l'archéologie du milieu du XIXe siècle à l'orée du XXe siècle*, Paris, 2000.
32. *Correspondance de Giovanni Battista De Rossi et de Louis Duchesne (1873-1894)*, établie et annotée par P. SAINT-ROCH, Paris, 1995.
33. H.-I. MARROU, « Autour de la bibliothèque du pape Agapit », *Mélanges d'archéologie et d'histoire* 48 (1931), p. 124-169.
34. Un exemple : Maurice Besnier (1873-1933, EFR 1896-1899), qui, en ouverture de sa thèse, *L'Île Tibérine dans l'Antiquité* (1902), remercie Lanciani.
35. Mais toutes ses rencontres donnent rarement naissance à de solides amitiés. Les « idylles » scientifiques de l'après-Seconde Guerre mondiale, entre Jacques Heurgon et Massimo Pallottino, André-Jean Festugière et Ranuccio Bianchi Bandinelli, seront tout autres.

Autre figure du monde romain, Franz Cumont devient peu à peu le père spirituel de générations farnésiennes. Il infléchit leurs sujets, les guide dans leurs recherches, leur cède des thèmes d'enquête, leur ouvre sa bibliothèque romaine qu'il songe un temps donner à l'École française. Ceux qui choisissent de se dédier à l'histoire religieuse – Jean Bayet (1892-1969, EFR 1917-1920), Adrien Bruhl (1902-1973, EFR 1928-1930), Pierre Boyancé (1900-1976, EFR 1924-1926) – se placent sous son autorité. Ainsi, sous l'impulsion de Cumont, Jean Bayet étudie un sarcophage conservé au Palais Farnèse où figure le héros, Hercule, auquel il va consacrer plusieurs années de sa vie. Certains sont embauchés pour poursuivre l'édition du *Catalogue des astrologues grecs*[36]. Tous conservent le souvenir d'une égide bienveillante.

Quant aux rapports qu'entretiennent les « Romains » avec les écoles étrangères, ils participent à l'élaboration, par les Français, d'un contrôle de l'espace scientifique. En premier lieu, il fait bon amadouer les Allemands, d'évidents rivaux. Wolfgang Helbig (1839-1915), second secrétaire de l'Institut allemand (jusqu'en 1887), fréquente en visiteur assidu la jeune École française. Ses articles sont publiés dans les *Mélanges*, mais en français uniquement, car la revue n'accepte pas l'allemand[37], comme pour rester fidèle aux publications de l'ancien *Instituto di Corrispondenza*[38]. Helbig invite les Farnésiens au salon de son épouse russe, Villa Lante, sur le Janicule, où les archéologues font la connaissance d'artistes et d'écrivains. Dans les chantiers de fouilles, le savant d'outre-Rhin peut servir d'inspirateur : formulées en 1906, les interprétations d'Albert Grenier sur les nécropoles bolonaises reçoivent l'influence de l'auteur des *Italiker in der Poebene* (1879). Le successeur d'Helbig, Christian Hülsen (1858-1935), maintient cette entente cordiale. Son guide de topographie romaine est immédiatement traduit par Jérôme Carcopino, depuis Rome. Longtemps fermé, l'Institut allemand d'après-guerre n'oublie pas les pensionnaires du Palais Farnèse. Ludwig Curtius (1874-1954) invite à des banquets à l'antique ses pairs français, mais les jeunes historiens ont une suspicion qui les tient souvent à distance de la *via Sardegna*.

Dans la première partie du XXᵉ siècle, les liens avec les Britanniques sont peut-être plus sincères. Thomas Ashby (1874-1931) conseille les membres dans la définition de leurs recherches : le sujet *Sardinia* abandonné, Marcel Durry a confié ses flottements au directeur de l'École britannique, qui aurait voulu l'intéresser aux villas de la Campagne, sans succès ; la monographie de Durry est finalement consacrée aux prétoriens[39]. Haute figure de la *British School*, Eugénie Strong (1860-1943) reçoit, elle aussi, la considération des savants français établis à Rome, notamment par sa participation au débat sur la basilique de la Porte Majeure[40].

36. Tel Pierre Boudreaux.
37. Ce choix de ne publier qu'en français (ou très rarement en italien) s'observe dans les faits : aucun « statut » ne le prévoit.
38. L'*Instituto* n'avait que deux langues officielles, l'italien et le français.
39. M. Durry, *Les cohortes prétoriennes*, Paris, 1938.
40. Ses clichés de la basilique sont réclamés par Carcopino, qui veut prouver le pythagorisme de cette construction et de ses décorations.

L'École de Rome ne manque donc pas de sortir des murs du Palais Farnèse, multipliant les modes d'interaction avec les nombreux cercles savants de la Ville.

Limites d'extension du réseau « romain »

Cependant la trame du réseau « romain » peut se relâcher par manque de synergie entre les membres de l'École ou sous l'effet de conflits, personnels ou proprement scientifiques.

En d'autres occasions, le manque d'enthousiasme pour le séjour italien vient restreindre l'expansion du réseau farnésien. Camille Jullian, par exemple, n'apprécie guère son passage par l'Italie et n'y multiplie pas les rencontres. Il rejette Rome : les lettres qu'il envoie alors à ses proches sont explicites. À son ami Rébelliau, il écrit le 2 février 1881 : « Si tu savais quelle ville insipide est cette ancienne capitale de César et de Trajan[41]. » À ses yeux, aucune éminence scientifique d'Italie ne remplace son maître de Normale, Fustel de Coulanges, auquel Jullian prête allégeance dès les premières lignes de sa thèse sur *Les transformations politiques de l'Italie sous les empereurs romains (43 av. J.-C.-330 apr. J.-C.)*[42].

Ce qui nuit à la construction du réseau « École française », c'est en outre l'affirmation de quelques personnages hors norme. « Le logarithme de classification scolaire, à travers les groupes de condisciples socialement homogènes qu'il produit, favorise le rapprochement du semblable avec le semblable et, surtout, tend à exclure les "mauvaises fréquentations"[43] », selon la formule de Pierre Bourdieu. Intempérant, vantard, Jean Colin (1898-1980, EFR 1920-1922) représente une de ces « mauvaises fréquentations » qui passe entre les mailles de tous les réseaux. Son mémoire[44] sur l'*Ager gallicus* conservé aux Archives nationales parce qu'intempestif, contient plusieurs formules d'une grande rudesse, bien peu en accord avec la correction régissant les rapports de la République des Lettres. D'Innocenzo Dall'Osso, Jean Colin dit sans complexe qu'il s'agit d'un « infatigable fouilleur, mais [d'un] paresseux écrivain[45] », et rajoute que ce conservateur lui « avait ouvert d'autant plus facilement ses vitrines qu'il ne publiait rien[46] ». Après avoir fait état du bon fonctionnement des services italiens d'Antiquité, Colin ne se prive pas d'une nouvelle remarque assassine : « Je préfère ne pas esquisser un parallèle peu flatteur avec notre propre organisation et le Comité des Travaux historiques, composé de savants en tous points éminents (Reinach, Jullian, Prou), mais dirigé par des incapables. » En quête d'argent pour

41. Cité par O. Motte, *Camille Jullian. Les années de formation*, Paris-Rome, 1990.
42. C. Jullian, *Les transformations politiques de l'Italie sous les empereurs romains. 43 av. J.-C.-330 apr. J.-C.*, Paris, 1884, p. 5.
43. P. Bourdieu, *La Noblesse d'État. Grandes Écoles et esprit de corps*, Paris, 1989, p. 258.
44. Archives nationales de France, F 17/13600.
45. *Ibid.* (p. 4 du mémoire).
46. *Ibid.*

illustrer le travail qu'il entreprend sur Cyriaque d'Ancône, il se plaint des mauvaises grâces de Mgr Duchesne : « N'étant ni chartiste ni... normalien, je n'ai guère de chance de convertir sans luttes (que j'aurais voulu éviter) son directeur. » Plus tard, il n'inspire « qu'une demie confiance[47] » à Albert Grenier. Sa thèse posthume sur Cyriaque d'Ancône ne paraît jamais dans la *BEFAR*.

L'École française fait éclore par conséquent un réseau dont le tissu reçoit çà et là quelques accrocs. Il perdure et traverse les Alpes à nouveaux frais, se recompose et revit dans l'Université française.

Les suites de Rome : le long cours de la camaraderie farnésienne

Le commerce entre « Romains » se prolonge en France, au retour des années italiennes. Des pratiques endogamiques naissent dans un climat de confiance et de reconnaissance. Gaston Boissier donne l'une de ses filles à Edmond Courbaud (1868-1927, EFR 1890-1892), ancien Farnésien, auteur d'une thèse sur le bas-relief romain[48]. En 1903, Alfred Merlin (1876-1965, EFR 1900-1903) devient pour sa part le gendre de Cagnat, maître des études africaines. Georges Lafaye (1854-1927, EFR 1878-1880) épouse la fille d'Edmond Saglio (1828-1921), qui codirige la vaste entreprise du *Dictionnaire des Antiquités grecques et romaines*, dont Lafaye devient dès lors un fer de lance[49]. Maxime Collignon (1848-1917, EFR 1873-1874), de cette génération d'« Athéniens » qui a passé toute une année à Rome[50], convole avec la fille d'Édouard Goumy, professeur à l'École normale et habile « marieur[51] ». Jacques Zeiller entre par la même voie dans la famille du philosophe catholique Ollé-Laprune[52]. À peine la mixité établie, l'homogamie s'institue : l'une des premières « Romaines » devient la femme de Jean Bérard.

La camaraderie se poursuit encore par d'autres moyens : c'est la « sorcellerie des souvenirs communs[53] », qui rapprochent en esprit les compagnons

47. Bibliothèque de l'Institut de France, fonds Carcopino, lettre d'Albert Grenier à Jérôme Carcopino (30 novembre 1922).
48. E. Courbaud, *Le bas-relief romain à représentations historiques. Études archéologique, historique et littéraire*, Paris, 1899.
49. Georges Lafaye épouse Joséphine-Hortense-Suzanne Saglio en 1883. Sur la genèse du *Dictionnaire des Antiquités grecques et romaines*, cf. C. Valenti, « "Daremberg et Saglio" ou "Saglio et Pottier" ? La difficile gestation d'un dictionnaire savant », *Anabases*, 4, 2006, p. 159-167.
50. Jules Martha est aussi un de ces « doubles » élèves de Rome et d'Athènes.
51. Cahiers Romain Rolland (8), *Retour au Palais Farnèse. Choix de lettres de R. Rolland à sa mère (1890-1891)*, *op. cit.*, p. 132 (lettre du 25 décembre 1890) : « Goumy qui l'a mariée l'an passé avec un ancien membre de l'École d'Athènes, Collignon, s'occupe à présent de marier les filles de ses collègues ; il vient de réussir pour l'aînée. »
52. Bibliothèque de l'Institut de France, fonds Zeiller, faire-part de mariage : « Madame Ollé-Laprune, Monsieur René Zeiller, Membre de l'Institut, Inspecteur général des Mines, et Madame René Zeiller ont l'honneur de vous faire part du mariage de Monsieur Jacques Zeiller, Ancien Membre de l'École française de Rome, Professeur à l'université de Fribourg (Suisse), leur petit-fils et fils, avec Mademoiselle Yvonne Solacroup. »
53. Academia Belgica (Rome), fonds Cumont, lettre de Jean Bayet à Franz Cumont (Caen, 15 octobre 1927).

de promotion gardant en mémoire leur halte romaine. Leur correspondance fait entendre à plusieurs reprises l'écho d'une nostalgie de l'Italie. Comme les mousquetaires, les savants connaissent leur « vingt ans après » : Albert Grenier n'oublie jamais son départ pour l'École française et le rappelle à Jérôme Carcopino [54].

S'attendrir sur le passé romain, c'est aussi songer à la bonne marche de l'institution, à sa pérennité et à l'éclat de sa bibliothèque. Un des tout premiers membres de l'École de Rome, le médiéviste Arthur Engel (1855-1935, EFR 1878-1880) a ainsi donné sa bibliothèque de numismatique, soit plus de mille huit cents ouvrages. Mgr Duchesne a enrichi, de même, la bibliothèque de l'École. D'autres se sont contentés d'envoyer au directeur quelques ouvrages ou tirés à part, dûment dédicacés.

Le Farnèse devient lieu de mémoire, borne familière dans un trajet savant. Dès lors, l'absence de monument aux morts, où il y aurait sept noms à inscrire [55], étonne [56]. L'École d'Athènes en a élevé dans les jardins de la rue Didotou, au milieu des acanthes. Comme par compensation, les noms de ces anciens « Romains » morts au combat sont inscrits sur les stèles de la Sorbonne et de l'École normale.

En tout cas, une certaine confraternité « romaine » existe par-delà les ans, au long des carrières, au fil des postes et des titres à conquérir.

L'efficacité du réseau romain

Le « filon » farnésien ouvre les portes des autres instituts français à l'étranger : après Rome, Eugène Albertini (1880-1941, EFR 1903-1906) continue son tour de Méditerranée en Espagne, où Pierre Paris lui demande de trouver une autre « Dame d'Elche ». Adrien Bruhl (1902-1973, EFR 1928-1930) rejoint de même les rangs de l'École de Madrid, future Casa Velázquez. Jean Lassus (1903-1990, EFR 1927-1929) fréquente l'Institut de Damas, nouvellement créé. Grâce à l'Institut de Naples, Henri-Irénée Marrou rallonge son séjour italien.

L'étiquette symbolique que le Farnèse octroie donne aussi aux historiens leurs entrées à la Sorbonne, ainsi qu'aux grandes universités de province. Quand sont recrutés, après 1918, les agents de l'université de Strasbourg, pensée comme vitrine par l'État français et le doyen Pfister, d'anciens membres de l'École se retrouvent en Alsace. Les postes les plus prisés des Musées nationaux leur reviennent : Alfred Merlin (1876-1965, EFR 1900-1903)

54. Citons deux lettres conservées à l'Institut de France : « Mon cher ami [...]. Te rappelles-tu notre départ commun, un soir de novembre 1904 ? » (lettre d'Albert Grenier à Jérôme Carcopino, Strasbourg, 18 décembre 1922) ; « Je pense, avec un peu de mélancolie – qu'il y a en ce moment près d'un quart de siècle que nous nous embarquions ensemble pour l'Italie » (lettre d'Albert Grenier à Jérôme Carcopino, Strasbourg, 9 décembre 1928).

55. Cinq antiquisants (Dominique Anziani, Jean Martin, Pierre Boudreaux, Ernest Babut, Félix-Georges de Pachtère) et deux médiévistes (Robert André-Michel et Émile Bertaux) sont morts à la guerre.

56. Le fait que Palais Farnèse ne soit que loué explique peut-être cette absence.

puis Étienne Michon (1865-1939, EFR 1887-1889) sont à la direction des antiquités grecques et romaines du Louvre. Et le Collège de France devient une ambition légitime. L'élection de Camille Jullian à la chaire des Antiquités nationales, et celle de Stéphane Gsell, en histoire de l'Afrique du Nord, attestent une première fois la force du réseau « École normale-École française », qui subit malgré tout quelques revers. À la succession de Jullian, Albert Grenier n'est pas élu du premier coup et s'attire les foudres de son collègue strasbourgeois Lucien Febvre, qui soutient Marc Bloch. Après Grenier, finalement vainqueur, un petit quota de « Romains » se maintient toujours : Eugène Albertini, André Piganiol, Jean Gagé, plus tard Paul Veyne. Ces cursus brillants sont accompagnés de toutes les récompenses scientifiques, et d'une place à l'Institut, « terme de la course[57] ». Du reste, Marc Bloch désigne en peu de mots le groupe de pression sur lequel sa candidature a achoppé, « un groupe si bien organisé et si conquérant : Rome et Athènes, c'est-à-dire l'INSTITUT[58] ».

Les carrières sont souvent réussies et les opportunités de publication sont nombreuses. La Collection des Universités de France est largement confiée aux anciens « Romains ». Les contrats passés entre les Presses Universitaires de France et les membres de Rome sont monnaie courante. Chacun participe aux grandes revues d'histoire et d'antiquité. Dès sa fondation en 1943, *Gallia* est par exemple l'œuvre d'Albert Grenier, entouré d'anciens « Romains ».

Les historiens, philologues, archéologues qui sont passés par Rome n'ont donc pas de peine à poursuivre au mieux leur *cursus honorum*, par l'obtention de postes prestigieux et par de multiples publications. Cependant, ces carrières ont aussi leurs dissonances : certains s'éloignent du monde universitaire, d'autres font fi du passé commun.

L'oubli des années italiennes

Parfois, l'uniformité du groupe Farnèse vient à se fissurer. De vraies animosités peuvent séparer des savants aux parcours similaires. Directeur entreprenant de l'École française, Jérôme Carcopino choisit ainsi de rapatrier en Italie des fragments de l'*Ara Pacis*, en oubliant de consulter son confrère du Louvre, Alfred Merlin. Carcopino signe un protocole d'échange d'œuvres d'art avec le Gouvernement italien sans en avertir Merlin, qui s'offusque de « cette mesure qui méconnaît de façon si évidente les attributions des conservateurs des Musées nationaux[59] ».

Les différends ne sont pas que formels. Il arrive que l'idéologie et les positionnements politiques séparent les « Romains », comme dans le cas de l'affrontement Seston/Marrou qui a marqué les annales de la Sorbonne

57. P. Bourdieu, *La Noblesse d'État. Grandes Écoles et esprit de corps, op. cit.*, p. 79.
58. *Correspondance Marc Bloch/Lucien Febvre, II*, édition établie, présentée et annotée par B. Müller, Paris, 2003, p. 132 (Lettre de Marc Bloch à Lucien Febvre, 1er-2 août 1934).
59. Archives de la Réunion des musées nationaux, dossier Merlin.

d'après-guerre. Étudiant parisien, Jacques Le Goff s'est souvenu que le premier, dont il a rapporté les propos, menait contre le second une sorte de conspiration bibliographique :

> « "En ce qui concerne l'histoire de l'éducation, il y a un livre qui s'impose, c'est la *Paideia* de Jäger. Si vous ne lisez pas l'allemand, vous pouvez voir l'adaptation que M. Marrou en a donnée en français." Il faut dire que Seston détestait Marrou : c'était le protestant en face du catholique et puis, à la fin de sa vie, leur évolution politique a rendu leurs rapports encore plus difficiles. Seston s'est tourné vers l'extrême droite, il est devenu terriblement "Algérie française"[60]. »

En vérité, la tension entre les deux est davantage personnelle, extérieure à la science. Plus que Marrou, Seston s'est intéressé à l'Afrique romaine. Son étude de la *Tabula banasita* a fait date[61]. Cet engagement « africain » a pu l'amener à défendre l'Empire colonial français, contre l'auteur de la profession de foi, « France, ma patrie[62] ». De surcroît, l'adversaire de Marrou aime privilégier l'érudition allemande : lui-même donne à la *Propyläen-Weltgeschichte* un *Verfall des römischen Reiches im Westen*[63] et au *Reallexikon für Antike und Christentum*, l'article « *Diocletianus* ». Et, peut-être inconsciemment, Seston joue la carte du coreligionnaire Jaeger contre le catholique fervent.

La scission survient d'autres fois sur le terrain de l'interprétation historique. Après 1945, les rapports Piganiol/Carcopino, qui avaient déjà connu des hauts et des bas, n'ont plus rien de cordial. En 1949, au lendemain de la publication des *Secrets de la correspondance de Cicéron*[64], démolition en règle de l'orateur, Piganiol signe un billet d'humeur passionné :

> « J'aime Cicéron, à cause de sa passion pour la liberté, à cause de ses belles musiques aux mouvements surprenants, à cause du grand effort qu'il fit pour fonder la morale en raison, et surtout à cause de cette correspondance, qui est la plus naïve et la plus vivante des "confessions". C'est dire avec quel chagrin j'ai lu les deux volumes que M. Jérôme Carcopino vient d'écrire pour le discréditer[65]. »

Piganiol n'a pas supporté qu'un tel mépris soit déchargé contre l'orateur. Mais au fond, entre les deux anciens camarades, le fossé est également politique : l'épisode vichyste les a définitivement séparés[66].

---

60. J. LE GOFF, *Entretiens avec Marc Heurgon. Une vie pour l'histoire*, Paris, 1996, p. 45.
61. M. EUZENNAT et W. SESTON, « La citoyenneté romaine au temps de Marc-Aurèle et de Commode d'après la *Tabula Banasitana* », *Comptes rendus de l'Académie des Inscriptions et Belles-Lettres*, 1961, p. 317-324.
62. Le texte de Marrou, publié dans *Le Monde* du 5 avril 1956, n'hésite pas à parler de « laboratoires de torture ».
63. W. SESTON, « *Verfall des römischen Reiches im Westen* », in *Propyläen – Weltgeschichte*, Berlin-Frankfurt-Wien, 1961, p. 489-603.
64. J. CARCOPINO, *Les secrets de la correspondance de Cicéron*, Paris, 1947.
65. A. PIGANIOL, « Un ennemi de Cicéron (à propos d'un livre récent) », *Revue historique*, 1949, p. 224.
66. Le fils d'André Piganiol, Pierre (1915-2007), normalien, agrégé de chimie, est résistant : cf. S. ISRAËL, *Les études et la guerre. Les normaliens dans la tourmente (1939-1945)*, Paris, 2005, p. 143.

Hors les cours et les articles véhéments, l'espace discret des échanges épistolaires permet à chacun de s'épancher et de révéler les fâcheries. Marcel Durry sert ainsi d'agent de liaison pour son maître Carcopino qui publie son ouvrage sur les Gracques[67] : « Je vous communique ci-joint le compte rendu de vos "Gracques" fait par Piganiol à ses étudiants d'agrégation de Strasbourg, le document me vient d'un étudiant grenoblois qui a émigré en Alsace [...]. Quant à M. Homo – il considère que votre livre ne change rien à rien ! Oh les gens qui ont peur d'avoir à changer une virgule à leurs cours éternels[68]. » Sans éclat de voix, sans confrontation directe, les lettres divulguent les mésententes.

Les « Romains » ne vivent pas dans un régime d'entente parfaite. Les discordes, historiographiques et individuelles, perturbent les conjonctions idéales entre les membres d'une même communauté scientifique.

L'École de Rome dispose donc d'un réseau évolutif, au tissage complexe. L'expérience romaine a rapproché des historiens, déjà camarades le plus souvent, qui ont appris à vivre et travailler ensemble en Italie. La portée de ce réseau n'a jamais été mineure. Dans une carrière, avoir été « Romain » n'est certainement pas indifférent. L'intégration des savants passés par Rome dans l'Université et le monde scientifique est souvent remarquable : l'ancien Farnésien, c'est l'*homo* très *academicus*. Bien peu jouent le rôle d'enfants terribles.

Les contestations, les récriminations, les brouilles ont certes leur place dans cette association scientifique, qui préfère cependant les moments d'unanimité : le plus souvent, le sentiment d'avoir partagé un privilège, les deux ou trois années à Rome, unit les « anciens ». En notes discrètes, quelques « Romains » avouent qu'un signe distinctif les relie : pour paraphraser Jacques Heurgon, nul besoin de nommer X ou Y, ils se reconnaissent.

67. J. Carcopino, *Autour des Gracques*, Paris, 1928.
68. Bibliothèque de l'Institut de France, fonds Carcopino, lettre de Marcel Durry à Jérôme Carcopino (24 mars 1929).

La correspondance de Joseph Déchelette
Reconstitution et histoire d'un réseau de savants européens

Sandra Péré-Noguès

Considéré comme le père de la Protohistoire, Joseph Déchelette[1] (1862-1914) reste l'une des figures majeures de l'archéologie française de la fin du XIXe et du début du XXe siècle. Nommé conservateur du Musée municipal de Roanne en 1892, il réussit une brillante carrière scientifique dont le chef-d'œuvre fut une remarquable synthèse, le *Manuel d'archéologie préhistorique, celtique et gallo-romaine*, qui resta une référence pendant des décennies pour les recherches sur les âges des métaux. Bien que menée en marge des grandes institutions françaises, la carrière de Joseph Déchelette lui valut une réputation exceptionnelle qui dépassa les limites de sa province et même de la France. Un témoignage en est donné par sa correspondance qui est conservée à la bibliothèque du Musée de Roanne et qui rassemble plus de cinq mille lettres soigneusement reliées en quarante-trois volumes in-quarto à l'initiative de Madame Déchelette[2]. Depuis la mise en œuvre du Programme collectif de recherche « Archives et correspondance de Joseph Déchelette[3] », des récolements sont progressivement réalisés, et leur exploitation permettra à terme la publication commentée de l'ensemble des

1. Parmi les études sur Joseph Déchelette, il faut citer la thèse publiée de M.-S. Binétruy, *De l'art roman à la Préhistoire. Des sociétés savantes à l'Institut, itinéraires de Joseph Déchelette*, Lyon, 1994. Cette thèse s'attache surtout à la personnalité de Joseph Déchelette, mais nous souhaiterions saluer la mémoire de son auteur qui avait donné là un bon point de départ pour toute recherche. Voir aussi Fr. Déchelette, *Livre d'or de Joseph Déchelette (Centenaire 1862-1962)*, Roanne, 1962. Plus récemment l'intéressante étude de L. Olivier, « Joseph Déchelette 1862-1914 », *Encyclopedia of Archaeology: the Great Archaeologists*, vol. I, Oxford, 1999, p. 275-288 ; et dernièrement S. Lewuillon, « Des fouilles aux tranchées. Les jalons de Déchelette », *Anabases* 9 (2009), p. 249-260.
2. Ce travail fut effectivement réalisé par la veuve de l'archéologue roannais jusqu'à sa mort. Le 43e et dernier volume regroupe toutes les lettres de condoléances. Un certain nombre de lettres qui furent trouvées après la constitution des tomes est encore dispersé dans plusieurs dossiers et devrait être prochainement archivé. Il manque encore un comptage exhaustif des documents liés à la correspondance, mais il est en cours. Une autre partie est composée de la correspondance active (quelques centaines de lettres) mais elle n'a pas encore été recensée de manière précise.
3. Ce programme pluriannuel est financé par la DRAC Rhône-Alpes et réunit le laboratoire TRACES (UMR 5608), le Centre européen d'archéologie de Bibracte et la bibliothèque du musée de Roanne. Ce programme est aussi adossé à une campagne de numérisation de la correspondance réalisée sous la responsabilité de M. Petiot.

correspondances européennes. Ce séminaire nous donne donc l'occasion d'établir un premier inventaire des principaux interlocuteurs européens de Joseph Déchelette, inventaire qui prolonge l'analyse préliminaire que nous avions publiée dans la revue *Anabases*[4]. Nous avons aussi souhaité proposer la publication et le commentaire d'une vingtaine de lettres pour l'essentiel inédites.

Le but de la présente enquête est de donner quelques repères sur les différents réseaux et correspondants avec lesquels Joseph Déchelette était en contact. L'étude de la correspondance passive permet en effet une analyse approfondie du « réseau personnel[5] » de l'archéologue roannais, dans la mesure où il est possible de reconstituer l'ensemble des relations qu'il avait établies avec tel ou tel interlocuteur, ainsi que leur nature, leur durée. Cette première étape d'analyse égocentrée est un préalable non seulement pour mettre en évidence l'ensemble de son réseau relationnel, mais aussi pour discerner tous les liens qui ont existé entre ces correspondants hors de la médiation de Joseph Déchelette. À terme, il sera possible de confronter ce réseau avec d'autres réseaux personnels connus et de mesurer sa place dans les réseaux plus larges de l'archéologie pré- et protohistorique[6].

La correspondance contient presque un tiers d'interlocuteurs européens, ce qui tend à confirmer la démarche comparatiste et la vocation européenne du travail de Joseph Déchelette, et ce dès ses origines[7]. De fait, la plupart des pays européens y sont représentés, comme si la volonté de l'auteur du Manuel avait été de décloisonner une archéologie souvent nationale – parfois nationaliste. On constate aussi que l'évolution de la correspondance est profondément liée à son activité scientifique : c'est effectivement à partir de 1899, moment où Joseph Déchelette a enfin la possibilité de passer la main dans les affaires commerciales, que cette activité se déploie au-delà de la France. L'archéologue prépare alors la publication des fouilles de Bibracte[8] et met en chantier son premier ouvrage de référence, les *Vases céramiques ornés de la Gaule romaine*[9].

Une première recension a permis d'établir le nombre de correspondants en fonction de leurs pays d'origine. Ce découpage peut paraître arbitraire et dénaturer quelque peu la démarche de Joseph Déchelette, mais il a le mérite de mettre en relief les disparités d'un groupe de correspondants à l'autre.

4. S. Péré-Noguès, « Étude préliminaire sur les réseaux de correspondants de Joseph Déchelette », *Anabases* 9 (2009), p. 205-220.
5. Sur les réseaux, et plus particulièrement les analyses égocentrées, voir Cl. Lemercier et Cl. Zalc, *Méthodes quantitatives pour l'historien*, Paris, 2008, p. 86-88.
6. En l'état de nos recherches, il n'est pas encore possible de donner une représentation graphique, ni dans le temps, ni dans l'espace, de cette correspondance, mais c'est un des objectifs de notre enquête au terme d'une recension exhaustive de la correspondance.
7. Sur l'approche et la contribution de Joseph Déchelette à l'archéologie « celtique », voir J. Collis, « Déchelette's contribution to Iron Age Studies : theory and practice », *Anabases* 9 (2009), p. 239-247.
8. J. Déchelette, *L'oppidum de Bibracte*, Paris, 1903.
9. J. Déchelette, *Les vases céramiques ornés de la Gaule romaine*, Paris, 1904.

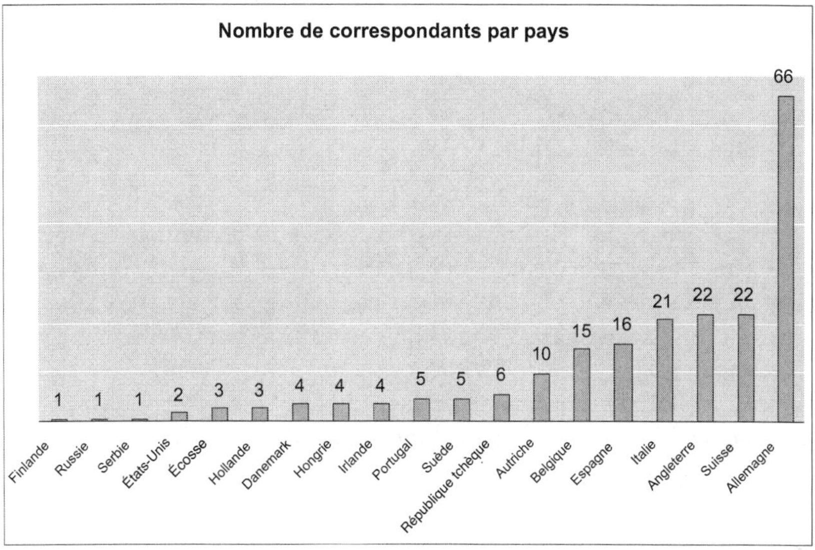

Une forte majorité est d'origine allemande, alors que les correspondants suisses, italiens, anglo-saxons, belges et espagnols sont proportionnellement moins nombreux. Cette disproportion provient pour une grande part des recherches entreprises sur la céramique sigillée de part et d'autre du Rhin. Il n'est d'ailleurs pas étonnant de constater que Joseph Déchelette avait noué dès 1899 des relations étroites avec certains de ces spécialistes comme Hans Dragendorff.

On doit aussi signaler qu'une bonne moitié de ces correspondants – toutes nationalités confondues – appartient à des institutions (musées, sociétés savantes et universités), ce qui devrait permettre de retrouver une partie de la correspondance active. Que la correspondance ait aidé à l'élaboration et à la rédaction de l'œuvre de Joseph Déchelette ne fait enfin aucun doute, puisque plus de la moitié d'entre eux sont cités dans le *Manuel d'archéologie préhistorique, celtique et gallo-romaine*[10]. Chaque information semble d'ailleurs avoir été soigneusement archivée par l'archéologue pour servir sa réflexion : un exemple assez éloquent est fourni par une lettre d'Edoardo Brizio datée du 1er juin 1898 dont les informations sont largement utilisées dans le *Manuel*[11].

Ces échanges épistolaires passaient pour l'essentiel par le français, mais quelques exceptions apparaissent : si les correspondants espagnols ou portugais ont écrit selon l'usage scientifique de l'époque, les Allemands, et dans une moindre mesure les Anglais, ont privilégié leur propre langue. La mau-

10. Sur l'usage des correspondances dans la construction du savoir : C. Bonnet, V. Krings, « Échos à la réception des *Textes et Monuments figurés relatifs aux mystères de Mithra* dans la correspondance de Franz Cumont », *in* C. Bonnet, V. Krings (éd.), *S'écrire et écrire sur l'Antiquité. L'apport des correspondances à l'histoire des travaux scientifiques*, Grenoble, 2008, p. 303-309.

11. *Infra.*

vaise maîtrise de la langue française est souvent la raison invoquée, comme s'en excuse le céramologue allemand August Oxé dans sa première lettre :

> « Da die französische Sprache mir nicht so geläufig ist und Sie das Deutsche so gut lesen wie Italienisch und Latein, so gestatten Sie mir, diese Zeilen in deutscher Sprache an Sie zu richten [12]. »

Ces usages linguistiques différents d'un pays à l'autre freinaient sans nul doute la circulation des informations, notamment la promotion des travaux étrangers dans le milieu archéologique français. Cette question causait du reste un réel souci à Joseph Déchelette : dans une lettre adressée à Salomon Reinach, il souhaitait ainsi « que l'on continue à insérer dans ce recueil [*Revue archéologique*] quelques articles en langues étrangères. Pour ne pas soulever les doléances des archéologues peu polyglottes, ne pourrait-on, du moins dans certains cas et à l'exemple des Scandinaves, donner un court résumé en français [13] » ?

De grands noms [14] de l'archéologie préhistorique et protohistorique apparaissent et leurs relations épistolaires – même si elles furent limitées à une seule lettre – témoignent de l'ampleur du travail de collecte accompli par Joseph Déchelette et du rôle crucial qu'a joué la correspondance. Dans certains cas, il est possible de savoir comment ces relations ont vu le jour : si elles sont souvent le fait d'une initiative de Joseph Déchelette, ou à l'inverse de ses interlocuteurs, elles sont quelquefois induites par des tiers, à savoir des correspondants français qui avaient un réseau personnel étendu comme Camille Jullian, Émile Cartailhac et surtout Salomon Reinach. On peut aussi accorder une attention particulière aux formules de salutation qui sont un bon indicateur du type de relations engagées et de leur évolution, tout comme aux visites faites à plusieurs de ses correspondants ou aux voyages à Paris, notamment au musée de Saint-Germain-en-Laye. Ces rencontres ont eu pour effet de réduire quelquefois les échanges épistolaires.

Si les correspondants allemands sont les interlocuteurs privilégiés de l'archéologue roannais, la raison en incombe aux travaux réalisés sur la céramique. Ainsi, les relations avec Hans Dragendorff sont-elles nées de cet intérêt partagé pour ces productions comme en atteste une lettre qu'il adressa le 14 juillet 1899 à Joseph Déchelette (lettre 1). Malgré la proposition faite par ce dernier de traduire en français l'ouvrage *Terra sigillata* paru en 1895, le projet ne put aboutir, car il nécessitait une remise à jour des données que H. Dragendorff ne pouvait réaliser avant une année [15]. Les relations entre les

12. August Oxé à Joseph Déchelette, Crefeld, lettre du 27 décembre 1901.
13. Joseph Déchelette à Salomon Reinach, Roanne, lettre du 2 janvier 1908.
14. En annexe, des tableaux recensent les correspondants que nous avons retenus en raison du nombre de lettres reçues ou de leur renom.
15. Joseph Déchelette avait déjà traduit l'étude de son collègue allemand pour l'adjoindre à un répertoire qu'il souhaitait préparer sur les reliefs céramiques de la Gaule. En effet, s'étant retrouvé dépossédé de la publication de la collection du docteur Plicque, il s'était lancé dans ce nouveau projet, plus vaste, qui l'obligea à prendre contact avec plusieurs spécialistes de céramique gallo-romaine en France et dans les pays voisins. Dans une lettre adressée à Vincent Durant, l'un de ses proches, le 7 décembre 1899, il ne cachait pas ses intentions : « Le moment est venu de s'occuper d'un répertoire des types sigillés gallo-romains, car les Allemands songeraient à le préparer. Il ne faut pas les

deux hommes se poursuivirent toutefois jusqu'en 1911, et H. Dragendorff rendit même visite au conservateur du musée de Roanne.

Parmi les 66 correspondants allemands, on peut noter la place prépondérante d'Oscar Bohn, épigraphiste et collaborateur du *Corpus Inscriptionum Latinorum*; il lui écrivait indifféremment en allemand et en français, et était aussi en relations avec Émile Espérandieu [16]. De la même manière, une correspondance assez régulière fut entretenue entre 1899 et 1909 avec Paul Reinecke [17], autre spécialiste de la Protohistoire. Il faut enfin signaler la présence d'une carte de Gustav Kossina qui remerciait Joseph Déchelette pour les encouragements qu'il lui avait adressés au moment de la création de la *Deutsche Gesellschaft für Vorgeschichte* et qui lui ouvrait les pages de sa nouvelle revue (lettre 2) [18].

Dans le groupe des 29 correspondants anglo-saxons, c'est la personnalité d'Horace Sandars qui reste prépondérante. Archéologue amateur, cet ingénieur des mines eut des contacts très suivis avec Joseph Déchelette entre 1902 et 1914, leurs intérêts étant communs pour la péninsule ibérique mais aussi pour la métallurgie. Horace Sandars entra en contact avec l'archéologue roannais sur les conseils du directeur du musée de Reading qui lui avait signalé la découverte, dans les environs de Roanne, de moules de fabrication (lettre 6) ; la visite envisagée n'eut pas lieu mais les deux hommes se rencontrèrent à plusieurs reprises à Paris, notamment au Musée de Saint-Germain (lettre 7). Correspondant régulier et ami, Horace Sandars se rendra à Roanne seulement au mois de juin 1912.

Des conservateurs du British Museum, comme Reginald Allender Smith, Charles Hercules Read ou encore Henry Beauchamp Walters, furent eux aussi des interlocuteurs importants de Joseph Déchelette. C'est d'ailleurs à la suite d'une demande transmise par R. A. Smith que Sir Arthur J. Evans écrivit à Joseph Déchelette à propos de bronzes découverts en Crète (lettre 5). Une certaine connivence existait entre ses collègues britanniques et l'archéologue roannais comme le prouvent les félicitations qu'ils lui adressèrent lors de son mariage en 1905 [19]. Son érudition et sa méthode eurent aussi une profonde influence, notamment sur les études consacrées à la céramique [20].

laisser chasser ainsi sur nos terres. » Pourtant il suivit la classification élaborée par Hans Dragendorff et bénéficia même des corrections de son ami Oscar Bohn. Sur ce point, M.-S. Binétruy, *De l'art roman à la Préhistoire. Des sociétés savantes à l'Institut, itinéraires de Joseph Déchelette*, Lyon, 1994, p. 104-108.

16. M. Altit-Morvillez, « La correspondance Espérandieu-Déchelette reconstituée : un apport à l'histoire de l'archéologie », *Anabases* 9 (2009), p. 221-237.
17. Paul Reinecke [1842-1958] qui fut conservateur au *Römisch-Germanisches Zentral Museum* de Mayence introduisit une nouvelle subdivision de la période Hallstatt et de celle de La Tène.
18. Cette nouvelle Société fut créée par l'archéologue allemand le 3 janvier 1909 et se dota d'une revue, *Mannus*. Sur la personnalité de G. Kossina, voir entre autres L. Klejn, « Gustaf Kossina 1858-1931 », *Encyclopedia of Archaeology: the Great Archaeologists*, vol. I, T. Murray (éd.), Oxford, 1999, p. 233-246.
19. Reginald Smith à Joseph Déchelette, Londres, lettre du 22 juin 1905.
20. Lire à ce sujet la lettre d'Alfred Cartier, 26 juillet 1914 (lettre 8).

Joseph Déchelette entretint aussi des relations privilégiées avec l'archéologue irlandais George Coffey, dont il fit connaître les travaux grâce à plusieurs comptes rendus dans la revue *L'Anthropologie* (lettre 3). Il fut élu membre de la *Royal Irish Academy* en 1911 (lettre 4). Il est à noter que sur l'ensemble des courriers examinés, peu de savants français sont évoqués[21].

La Suisse fut au cœur des attentions de Joseph Déchelette, car il avait su y tisser des liens aussi riches sur le plan scientifique qu'humain. Sur les 22 correspondants helvétiques, Albert Naef, Alfred Cartier et David Viollier occupent une place particulière par le volume et la nature de leurs échanges. Après leur rencontre au Congrès de Mâcon[22] en 1899, Albert Naef[23] continua en effet à entretenir une correspondance suivie avec Joseph Déchelette jusqu'en 1912. Figure incontournable de l'archéologie helvétique, cet architecte de formation devint suffisamment proche de Joseph Déchelette pour ne pas hésiter à lui faire quelques confidences (lettre 10). Accablé par des responsabilités multiples, il accepta volontiers l'aide que Joseph Déchelette proposait pour la publication de la nécropole de Pully-Chamblandes, projet qui ne verra pas non plus le jour faute de temps.

Les mêmes relations amicales existaient avec le conservateur du musée de Genève, Alfred Cartier[24]. Leurs échanges durèrent jusqu'à la veille de la déclaration de la guerre qui mit un terme au projet de voyage que le conservateur genevois avait préparé jusqu'à la villégiature d'Allevard pour lui faire expertiser des « fragments » (lettres 8 et 9). C'est aussi par l'intermédiaire d'Alfred Cartier que Joseph Déchelette fit la connaissance de David Viollier, conservateur du musée de Zurich et spécialiste du second âge du fer en Suisse[25]. Appelé en 1913 avec Oscar Montelius auprès de la duchesse de Mecklenbourg-Schwerin qui avait repris des fouilles en Carniole, Joseph Déchelette avait recommandé son jeune collègue suisse, « collaborateur de métier[26] » pour la publication des innombrables trouvailles. David Viollier y passera un séjour studieux et fort agréable (lettre 11).

L'archéologue de Roanne eut aussi des relations étroites avec les archéologues du canton de Neuchâtel, plus particulièrement tous ceux qui travaillaient sur le site de La Tène comme Paul Vouga, Hermann Zintgraff, et avec ses collègues du musée de Berne (Jacob Wiedmer-Stern ou Otto Tschumi).

21. À l'exception de Salomon Reinach, un nom apparaît, celui de Camille Enlart [1862-1927], historien de l'art, spécialiste du Moyen Age, et directeur du musée de Sculpture comparée : voir la notice de A.-C. Celimon-Paul, « Enlart, Camille », in *Dictionnaire critique des historiens de l'art actifs en France de la Révolution à la Première Guerre mondiale*, Ph. Sénéchal, Cl. Barbillon (dir.), Paris, site web de l'INHA, date de mise en ligne le 9 février 2009.
22. Plus précisément ce fut au 66ᵉ congrès archéologique de Mâcon, le 18 juin 1899, où J. Déchelette fit la lecture de l'étude de J.L. Pič sur l'oppidum de Stradonice.
23. 1862-1936. Il fut à partir de 1899 chef du Service des Monuments historiques du Canton de Vaud puis professeur d'archéologie à l'université de Neuchâtel en 1905.
24. 1854-1921. Alfred Cartier fut directeur du musée de Genève et président de la Société suisse de préhistoire (1901).
25. David Viollier à Joseph Déchelette, Zurich, lettre du 15 juillet 1909. David Viollier [1876-1965] fut d'abord l'assistant d'Albert Naef.
26. Joseph Déchelette à Salomon Reinach, Roanne, lettre du 15 octobre 1913.

En multipliant ses voyages en Suisse où les découvertes étaient nombreuses et l'archéologie protohistorique en plein essor, Joseph Déchelette était devenu sans doute l'un des collaborateurs français les plus estimés[27]; lors du Congrès de Genève en 1912, où il réussit à promouvoir, outre ses travaux, ceux du marquis de Cerralbo, il laissa à Eugène Pittard, le directeur du comité scientifique, ce souvenir: «Joseph Déchelette avait tenu une large place, et tous les congressistes se rappellent non seulement ses vastes connaissances mais encore sa parfaite urbanité[28].»

Si ses relations avec l'Italie furent plus ponctuelles, elles n'en demeurèrent pas moins importantes dans l'élaboration du *Manuel.* Il réussit à tisser quelques contacts avec les archéologues qui s'intéressaient en tout premier lieu aux «Gaulois d'Italie[29]». C'était le cas de Pompeo Castelfranco, professeur de langue et littérature française à l'université de Milan et aussi inspecteur des fouilles dans la région de Milan, avec lequel Joseph Déchelette entra en liaison par l'intermédiaire du docteur Magni (lettre 13).

Par ailleurs, l'écho de ses publications fut assez important pour attirer l'attention de l'archéologue syracusain Paolo Orsi, spécialiste lui aussi de la Protohistoire de la Sicile (lettre 14). Enfin une lettre d'Edoardo Brizio, inventeur des grands sites «celtiques» de la région de Bologne, permit à Joseph Déchelette d'en exploiter les informations pour le *Manuel* bien après la disparition de son collègue italien (lettre 12). Comme pour la Grande-Bretagne, l'essentiel des échanges passaient par les musées que Joseph Déchelette avait visités lors de ses tournées de «commis-voyageur» ou lors de ses voyages d'études[30].

Un autre terrain important d'études fut l'Espagne qu'il visita aussi à de multiples reprises. Une personnalité domine l'ensemble des correspondants espagnols, le marquis de Cerralbo, avec lequel Joseph Déchelette noua des relations très étroites. Émile Cartailhac, qui comme Henri Breuil, s'intéressait de près aux travaux sur la Préhistoire du marquis de Cerralbo, facilita leur rencontre. Dans une lettre datée probablement de 1911, il présentait ainsi le marquis à son ami Déchelette:

> «Le Marquis de Cerralbo me demandait de le renseigner sur les ouvrages qu'il doit lire pour se documenter sur le 1er âge du fer. Je lui ai aussitôt écrit: Moi je ne sais rien, adressez-vous à Déchelette. Allez le voir et vous me direz Merci. Il sera votre guide parfait. Comme le Marquis veut quitter Montecarlo le trois. Il n'y avait pas de temps à perdre il fallait lui faire savoir si vous êtes à Roanne et j'espère que dans ce cas, il comprendra qu'il doit aller vers vous. Vous serez satisfait de connaître cet excellent homme, très simple quoique plusieurs fois Grand d'Espagne, qui s'est pris d'amour pour l'archeol. préhist. Nous a déjà beaucoup aidé et pourra nous rendre encore

27. Il fut élu membre d'honneur de la Société suisse de Préhistoire en 1913.
28. E. Pittard, *Archives suisses d'anthropologie générale*, 1914-1915, p. 228.
29. Selon la formule qu'il annota de sa main sur la lettre de Pompeo Castelfranco.
30. Pour reprendre le beau titre de M.-S. Binétruy, «Joseph Déchelette, commis voyageur de l'Europe», *in Réseaux culturels européens. Des constructions variées au cours du temps,* R. Deloince, G. Pajonk (dir.), 125e congrès national des sociétés historiques et scientifiques, Lille, 2000, p. 173-188.

maints services. Breuil et moi lui avons une particulière reconnaissance et vous-même quand vous ferez votre tour en Espagne vous serez heureux de son patronage. S'il va à Roanne il sera sans doute accompagné de la fille de sa femme défunte depuis longtemps. Cette demoiselle est richement laide mais c'est une bien bonne personne tout à fait sans façons et pas gênante du tout. Elle fait suivre sa vieille nourrice qui est également un bon type. Accueillez-les ! Ils le méritent[31]. »

Deux ans plus tard, Joseph Déchelette fit un séjour sur les chantiers de son collègue espagnol et enthousiasmé par les découvertes, il l'aida à présenter ces travaux lors du congrès de Genève en 1912 (lettre 16). Ce fut une occasion exceptionnelle pour le marquis de gagner la reconnaissance des meilleurs archéologues européens, et de pouvoir présenter l'année suivante ses découvertes à l'Institut[32].

Joseph Déchelette porta aussi une attention particulière au Portugal où deux archéologues, José Fortès et José Leite de Vasconcellos[33], furent ses interlocuteurs. Les premiers contacts se nouèrent en 1903, et de façon assez originale, puisque c'est de sa propre initiative que José Fortès se présente à Joseph Déchelette en lui indiquant qu'il étudie la palethnologie de son « petit pays, le Portugal, cette région si intéressante dans ses multiples stations pré- et protohistoriques[34] ». Quant à José Leite de Vasconcellos, c'est Camille Jullian qui fait suivre directement le courrier qu'il a reçu en précisant à Joseph Déchelette qu'il lui transmet un mot du « bibliothécaire de Lisbonne, charmant homme, fort instruit, et dont vous devez du reste connaître les travaux sur les antiquités préhistoriques et autres au Portugal[35] ».

Du côté de la Belgique, Joseph Déchelette sut aussi trouver des contacts précieux avec une quinzaine de correspondants. Comme avec ses interlocuteurs allemands, les échanges portèrent essentiellement sur des découvertes archéologiques et des questions de céramologie[36]. Une seule lettre émane de Louis Siret, autre spécialiste de la péninsule ibérique, ce qui peut s'expliquer par le profond désaccord qui existait entre eux. De la même manière, les échanges furent assez polémiques avec le préhistorien Aimé Rutot dont les thèses avaient été discutées par Joseph Déchelette (lettre 18).

Enfin, c'est aussi dans les pays du Nord que Joseph Déchelette avait noué des relations confraternelles. Son admiration pour les travaux d'Oscar

31. Émile Cartailhac à Joseph Déchelette, sans lieu, lettre du 1er mars [1911]. Quelques mois plus tard, le marquis de Cerralbo proposa la candidature de Joseph Déchelette à la *Real Academia de Historia* de Madrid (lettre 15).
32. Les relations entre Joseph Déchelette et le marquis de Cerralbo ont fait l'objet d'une communication présentée à la journée d'études qui s'est tenue à Roanne le 6 novembre 2009 dans le cadre des activités du PCR : voir S. Péré-Noguès, « Joseph Déchelette au Congrès d'anthropologie et d'archéologie préhistorique de Genève (1912) », dans *Histoire et patrimoine de Roanne* (en préparation).
33. 1858-1941. Il fut le fondateur et le directeur du Musée Ethnographique Portugais.
34. José Fortès à Joseph Déchelette, lettre du 08 février 1903. Voir l'échange de portraits entre les deux hommes, lettre 17.
35. Camille Jullian à Joseph Déchelette, lettre non datée (janvier 1903).
36. C'est le cas pour les lettres de Georges Cumont et de Lucien Renard-Grenson.

Montelius fut renforcée par une correspondance qui devait beaucoup compter pour l'archéologue de Roanne. En témoignent les remerciements du maître suédois de l'âge du Bronze européen pour la participation de son homologue français au volume d'hommages qui lui fut consacré pour ses 70 ans (lettre 19). Joseph Déchelette fut l'unique archéologue français à apporter sa contribution à cette occasion aux côtés de son ami suisse David Viollier[37]. Enfin d'autres projets ne furent pas concrétisés : Frederik Poulsen l'avait ainsi invité à venir donner une série de conférences à la Glyptothèque de Copenhague, invitation que Joseph Déchelette ne souhaitait pourtant pas refuser (lettre 20)[38].

Si la correspondance a indéniablement joué un rôle déterminant dans la diffusion des découvertes scientifiques et dans la circulation des informations, elle révèle aussi les facettes de la personnalité de Joseph Déchelette : apprécié pour sa disponibilité et sa générosité, il devint souvent un correspondant précieux non seulement pour son érudition, mais aussi sa capacité à mettre en relation entre eux les archéologues des quatre coins de l'Europe. Par le biais de cette correspondance, c'est finalement une communauté savante qu'il est possible d'étudier dans ses structures et ses règles de fonctionnement. Le dialogue qu'il sut instaurer au sein de cette communauté permit à Joseph Déchelette d'acquérir une place à part dans les réseaux européens et nationaux de l'archéologie, et une reconnaissance incontestable à l'exemple des titres de membre ou de correspondant qu'il avait reçus d'une vingtaine de sociétés savantes étrangères de renom.

Choix de lettres[39]

La sélection proposée a privilégié quelques lettres « remarquables » tant par leur contenu que par la tonalité des échanges. La plupart sont inédites et, afin de respecter leur forme, nous avons délibérément choisi de les retranscrire *in extenso* et sans correction aucune.

L'astérisque qui apparaît pour certaines lettres signifie que Joseph Déchelette a répondu[40].

37. Un hommage signé par 14 éminents savants suédois sera adressé à Madame Déchelette le 20 janvier 1915.
38. Quelques semaines après sa disparition, Frederik Poulsen se souviendra : « Il y a une année, j'ai eu une correspondance avec lui concernant une série de conférences qui devaient avoir lieu à la Glyptothèque. Malheureusement, le projet ne fut pas réalisé, bien que Déchelette y fût très intéressé. » (*Copenhague*, 5 décembre 1914.)
39. Nous remercions chaleureusement Daniela Bonanno et Allard Mees pour leur précieux concours dans la retranscription des lettres italiennes et allemandes, ainsi que Corinne Bonnet pour son attentive lecture. Les lettres sont transcrites telles quelles, sans corrections, même lorsqu'elles sont fautives.
40. L'ordre suivi dans la présentation des lettres est géographique.

I

Lettre de Hans Dragendorff à Joseph Déchelette, Bâle, 14 juillet 1899

Basel d. 14.7.99

Hochgeehrter Herr!

Ueber Bonn bin ich in den Besitz Ihres geehrten Schreibens gelangt, für welches ich Ihnen meinen besten Dank aussprechen möchte. Ihr Vorschlag, meine Arbeit über die Terra sigillata[41] ins französische zu übersetzen, ist mir sehr ehrenvoll und es freut mich aufrichtig, daraus die Anerkennung eines Kenners der gallisch-römischen Keramik zu erkennen. Dass diesem Versuch, zum ersten Male dieses Thema zusammenfassend zu bearbeiten, viele Mängel anhaften, weiss ich wohl. Ich wollte in erster Linie zur Beschäftigung mit dem grossen und weitverstreuten Material anregen. Wenn Sie glauben, dass eine Übersetzung der Arbeit ins französische einem Bedürfnis entspricht und unsere Altertumsforschung fördern kann, so bin ich principiell natürlich mit Ihrem Vorschlage vollkommen einverstanden.

Nun sind seit dem erscheinen meiner Arbeit bereits mehrere Jahre verstrichen. Es ist manches neues Material hinzugekommen, mehrere Einzelarbeiten sind erschienen, die die Untersuchung auf einzelnen Punkten wesentlich gefördert haben. Vor allem habe ich selbst in fortgesetzter Beschäftigung mit dem Gegenstand meine Ansichten zum Teile modificiert, wie auch die beiden kleinen Aufsätzen, die ich seitdem in den Bonner Jahrbüchern veröffentlicht habe, zeigen. Es scheint mir daher unmöglich, die Arbeit einfach in der alten Form zu übersetzen. Ich müsste eine Reihe von Änderungen und Zusätzen machen, u. mehrere Kapitel ganz umarbeiten, damit sie den jetzigen Stande der Forschung und meinen eigenen Ansichten entsprechen. Die französische Übersetzung, welche Sie anregen, würde also eine Art zweiter Auflage werden, deren Umfang allerdings ziemlich der alten bleiben würde. Ich glaube, dass auch Sie, hochgeehrter Herr, mir hierin zustimmen werden.

Nun würde es sich um den Zeitpunkt des erscheinens handeln. Ich bin durch meine Tätigkeit als Professor an der Basler Universität sehr in Anspruch genommen, daneben augenblicklich beschäftigt, die Ausgrabungen in der Nekropole von Thera zur Publication zu bringen. Diese Arbeit muss ich beenden, ehe ich eine neue Arbeit beginne. In etwa 8-9 Monate hoffe ich so weit zu sein, dass ich energisch an die Umarbeitung der Terra sigillata gehen könnte. In einem Jahre könnte also frühestens mit der Übersetzung des Manuscriptes begonnen werden.

---

41. H. Dragendorff, *Terra sigillata. Ein Beitrag zur Geschichte der griechischen und römischen Keramik. Mit 6 Tafeln*, Bonn, 1895.

Ich möchte mir nun die Anfrage erlauben, ob Sie dann eine Übersetzung der Arbeit noch für nützlich halten und wie Sie überhaupt zu diesem Vorschlage stehen? Wenn in etwa in einem Jahre eine französische Bearbeitung begonnen wurde, so wird dadurch Gelegenheit geboten, ein Material für die arretinischen Töpfereien, dessen Herausgabe von anderer Seite bevorsteht, mit zu verwerten.

Wie gesagt, kann der Text unverändert nicht übersetzt werden. Aber ich glaube, Sie werden meine Ansicht teilen, dass wir gerade durch eine Ergänzung und Verbesserung dasselben versuchen wollen, der Übersetzung einen selbständigen Wert zu verleihen.

Ihrer geneigten Antwort, wie Sie sich diesen Erwägungen stellen, sehe ich gerne entgegen. Meine Adresse ist bis zum 24. Juli Basel (Schweiz) Missionsstrasse 4h. Von da an Bonn a/Rhein, Arndstr. 33.

Zu meinem Bedauern habe ich keinen Separatabzug meines Aufsatzes aus den Bonner Jahrbücher 1898 mehr, den ich Ihnen schicken könnte, hoffe aber von der Redaction der Zeitschrift noch ein Exemplar zu erhalten, den ich Ihnen dann zugehen lassen werde.

Mit dem Ausdruck vorzüglichster Hochachtung

Ihr sehr ergebener

H. Dragendorff

De la main de Joseph Déchelette : R. le 18. Demande 5 mois. Offt faire frais. Lui donne le nombre d'exempl. qu'il jugera convenable./Le 7 août remercie du [courrier] du 31 juillet et annonce visite à Bâle dans q.q. mois.

II

Carte de Gustav Kossina à Joseph Déchelette, Berlin, 5 mars 1909

Deutsche Gesellschaft für Vorgeschichte

Monsieur le Conservateur,

Je vous remercie sincèrement de ma part et de la part de notre nouvelle société préhistorique d'Allemagne, de vos aimables vœux pour notre succès et la prospérité de notre société, dont vous êtes un de ses membres les plus éminents[42]. Il serait heureux, si je puisse espérer, de recevoir par vous

42. La *Deutsche Gesellschaft für Vorgeschichte* fut effectivement fondée par G. Kossina en janvier 1909.

un mémoire, pour faire imprimer dans notres nouvelles archives préhistoriques : Zeitschrift für Vorgeschichte, qui bientôt paraîtront.
Votre dévoué
Gustav Kossina

Berlin, Gr Lichterfelde J den 5 mars 1909

III

Lettre de George Coffey à Joseph Déchelette, Dublin, 22 novembre 1904

Carte postale [1904]
November 22d
Royal Irish Academy. Dublin

My dear Sir,
I have to thank you for your post card. And I am very glad to hear you have written a notice of my paper for l'Anthropologie[43], you are so well known as an authority on the La Tène period. We have given a plastic reproduction of the Turoe stone[44] to S. Germain. It would photograph well for reproduction. I shall have pleasure in sending you any papers I may publish. Romilly Allen[45] has just published an important work on Celtic Art which contains most of the English and Irish examples. I am
Yours faithfully
George Coffey

IV

Lettre de George Coffey à Joseph Déchelette, Dublin, 18 mars 1911*

National Museum, Ireland,
Department of Agriculture and Technical Instruction

Dublin, 18 March 1911

My dear Sir,
Allow me to congratulate you on having been yesterday elected as honorary member of the Royal Irish Academy in the section of Polite Literature

43. J. Déchelette, *L'Anthropologie*, 1904, p. 398 ; J. Déchelette, *L'Anthropologie*, 1905, p. 241.
44. Turoe, comté de Galway – Irlande.
45. J. Romilly Allen, *Celtic Art in Pagan and Christian Times*, Londres, 1904.

and Antiquities[46]. If you visit Ireland at any time the membership of the Academy will be of use to you and I shall myself hope to meet you.

Yours very truly,
George Coffey

V

Lettre d'Arthur John Evans à Joseph Déchelette, Youlbury, 5 janvier 1910*

Youlbury,
Berks,
Near Oxford

5 janvier 1910

Monsieur,

M. Reginald Smith m'a adressé votre demande sur l'analyse des bronzes de l'« Early Minoan ». Jusqu'à présent nous avons très peu de choses de cette époque des fouilles de Knossos. Les Américains – Mr Seager surtout – ont trouvé des poignards en cuivre – à ce que je crois a Mochlos et Pseira – et les Italiens dans le tholos primitif de Hagia Triada. S'il y a quelque analyse fait par les Italiens a pourrait consulter Mosso – Le armi più antiche di rame e di bronzo (R. Acad. Dei Lincei XII-1907)[47].

Ce qui c'est sur, c'est que les lames de métal de cette epoque primitive en Crète correspondent parfaitement avec celles d'Amorgos de Syre et d'autres îles grecques de l'Egéenne. Et qu'elles doivent être de cuivre commes ces dernières.

Agréez, Monsieur, l'expression d'une considération distinguée
Arthur J. Evans

46. Il est élu membre le 16 mars 1911.
47. A. Mosso, *Le armi più antiche di rame e di bronzo*, R. Accademia dei Lincei, (Memorie, 5, XII), Rome, 1908.

VI

Lettre de Horace Sandars à Joseph Déchelette, Westminster, 31 juillet 1902*

10.H QUEEN ANNE'S MANSIONS,
WESTMINSTER, S.W.

31 juillet 1902

Monsieur,

Le directeur du Musée à Reading[48] m'a dit que vous lui avez dit, quand vous avez visité son Musée il y a deux ou trois semaines, que vous avez découvert un grand nombre de moules dans les environs de Roanne. Je présume que ces moules sont au Musée qui est sous votre habille [*sic*] direction, et qui doit être très intéressant. Je compte être dans votre partie de la France le mois prochain. Voulez-vous avoir l'obligeance de me faire savoir quels jours de la semaine votre Musée être ouvert au public. Je désirerais beaucoup le visiter, si possible.

Veuillez agréer, Monsieur, avec mes remerciements anticipés l'assurance de mes sentiments distingués.

Horace Sandars

VII

Lettre de Horace Sandars à Joseph Déchelette, Westminster, 29 juillet 1905*

10.H, QUEEN ANNE'S MANSIONS,
WESTMINSTER, S.W.

London
29 juillet 1905

Cher Monsieur,

J'ai beaucoup regretté de ne pas avoir eu le plaisir de vous voir à Paris quand vous y étiez à la fin du mois de Mai dernier. M. Salomon Reinach que j'ai vu alors m'a dit que vous y étiez. Il m'a dit, en même temps, que vous aviez publié, au commencement de cette année, un article sur les fibules espagnoles[49]. Je m'intéresse beaucoup à tout ce qui touche à l'archéologie en Espagne et si vous aviez un exemplaire de votre article que vous pouviez me donner je vous en serais vraiment très reconnaissant.

48. Dans le Berkshire, comté au sud-ouest de Londres.
49. J. Déchelette, « Petits bronzes ibériques », *L'Anthropologie* X, 1 (1905), p. 29-40.

Je me permets de vous envoyer la photographie de quelques fibules qui ont été trouvées dans la Sierra Morena dans la province de Jaén et qui ne se rencontrent, je crois, qu'en Espagne et au Portugal. Comme j'en ai plusieurs de ces fibules j'aurai grand plaisir de vous en envoyer un exemplaire si cela vous ferait plaisir. Permettez-moi, Monsieur, de vous présenter mes meilleurs congratulations à l'occasion de votre mariage, et agréez, je vous prie, l'assurance de mes sentiments distingués

Horace Sandars

VIII

Lettre d'Alfred Cartier à Joseph Déchelette, probablement Genève, 26 juillet 1914*

Dimanche 26 juillet

J'ai reçu votre bonne lettre et j'ai été heureux de penser que je pourrai sans tarder vous aller retrouver à Allevard[50]. Si vous le voulez bien, j'arriverai samedi prochain 1er août à 7 h du soir et je passerai avec vous la journée du dimanche. Le train partant de Genève à 1 h 30 est le seul qui soit un peu rapide ; les autres sont destinés sans doute aux escargots et comportent près de 2 heures d'arrêt à Chambéry.

Je vous apporterai surtout mes fragments, beaucoup plus intéressants que mon Catalogue et je pourrai vous soumettre ainsi les questions qui me paraissent nouvelles mais dont je n'oserais décider seul.

Je crois que nous possédons au Musée à peu près tout ce qui a été publié en Allemagne, depuis votre ouvrage, sur la poterie sigillée et les vases ornés. On connaît un peu mieux les centres de production en Germanie, mais la diffusion de leurs produits ne me paraît pas avoir été étendue et je ne vois pas que cet amas de monographies soit de nature à modifier une ligne de vos conclusions qui demeurent fermes comme le roc. Quant au Catalogue du British publié par Walters[51] en 1908, c'est d'un bout à l'autre une adhésion sans réserve aux principes que vous avez établis, soit pour la détermination des fabriques, soit pour la classification des décors et des types.

À bientôt donc, cher ami, mille hommages dévoués à Madame Déchelette et bien affectueusement à vous

Alfr. Cartier

50. Allevard, station thermale de l'Isère.
51. H. B. Walters, *Catalogue of the Roman Pottery in the Departments of Antiquities, British Museum*, Londres, 1908.

IX

Lettre d'Alfred Cartier à Joseph Déchelette, Genève, 31 juillet 1914*

Ville de Genève
Musée d'Art et d'Histoire

Vendredi 31 juillet [1914][52]

Cher ami,

Merci de votre dépêche reçue hier au soir. J'espère encore pouvoir aller jusqu'à vous, mais la situation est assez sérieuse pour être envisagée de près. Il faut que je sois de retour à Genève lundi et si la mobilisation venait à être décrétée, la ligne Chambéry Grenoble serait sûrement fermée aux voyageurs pendant un jour ou deux et je me trouverais bloqué.

Peut-être la situation sera-t-elle plus nette demain matin et je vous télégraphierai immédiatement si je pars ou s'il me paraît plus prudent d'attendre à mercredi prochain, date à laquelle nous saurons sûrement à quoi nous en tenir.

L'heure est grave pour chacun et ici tout est prêt pour la mobilisation générale, mais la catastrophe serait telle pour l'Europe que l'on se cramponne à l'espoir d'une détente.

En hâte et très affectueusement à vous
Alfr. Cartier

Vendredi après-midi

Cher ami,

Je venais à peine de poster ma lettre qu'un ordre du Conseil fédéral mettait de piquet toute l'armée, élite, landwehr et landsfurm. Comme j'appartiens encore au service des Étapes, je puis être mobilisé d'un jour à l'autre, avant même les régiments de marche, et c'est à chaque instant que peut m'arriver le pli renfermant les ordres.

Me voici donc, au moins pour l'instant, dans l'impossibilité de m'éloigner. C'est un gros regret de ne pouvoir vous rejoindre. Y parviendrai-je la semaine prochaine ? Il ne faut pas désespérer avant la dernière minute, mais les nouvelles qui arrivent à l'instant sont très mauvaises. L'état de siège vient d'être décrété à Berlin ; il est bien à craindre que cette mesure qui s'étend à toute l'Allemagne ne soit l'avant-coureur des décisions irréparables. En

52. Leur correspondance continua en dépit des événements comme en témoigne une lettre du 5 septembre dans laquelle Alfred Cartier finit par cette phrase : « Disons nous au revoir, cher ami, des temps meilleurs reviendront. »

présence de l'éventualité d'une telle catastrophe, il semble que l'on se débat dans un abominable rêve.

Mon cœur tout entier est avec mes chers amis de France, avec vous tout particulièrement. Il n'y a pas un genevois qui ne sache où est le bon droit ; et que Dieu protège la France !

À vous et Au revoir malgré tout

Cartier

Le cours légal des billets de banque vient d'être décrété. On ne peut plus trouver 50 fr. en écus ; mais heureusement la Banque nationale a une réserve de numéraire considérable qui garantit toutes ses émissions de billets. Et la Suisse est sur des roses en comparaison de ce qui se passe ailleurs !

X

Lettre d'Albert Naef à Joseph Déchelette, Lausanne, 12 février 1911

Lausanne, dimanche le 12 février 1911

Mon cher ami,

J'aurais voulu pouvoir vous remercier immédiatement de votre charmante lettre du 7 courant, mais cela m'a été littéralement impossible. – J'ai été plusieurs fois absent, surchargé de travail et, hier encore, je devais présider une séance de notre Commission archéologique suisse (sous-commission de la Commission fédérale des M. H., à laquelle sont renvoyés tous les objets antérieurs au premier Moyen Âge, période des invasions barbares y compris). –

En reprenant votre bonne lettre, je vous remercie tout d'abord de la façon dont vous acceptez le pillage de votre Manuel ; c'est que, lorsqu'on l'étudie sérieusement, on ne peut s'empêcher de le piller. – Entre nous, tout à fait entre nous, je possède le cours presque sténographié de M. S. Reinach et malgré sa profonde science, sa documentation et sa mémoire inouïes, je trouve qu'il manque parfois de pondération de jugement : il s'emballe, à fond parfois, dans des théories et des déductions, sans observer si la base est vraiment inattaquable. – Je sais bien qu'il a alors la franchise de reconnaître ensuite, tout simplement, qu'il s'est trompé, mais pour foncer tout aussi brusquement dans une autre direction. – N'avez-vous pas eu cette impression, ou est-ce que je fais erreur ? – Tout cela strictement entre nous, car je m'incline devant l'immense science de cet homme ; mais c'est son enseignement qui pourrait être dangereux pour des jeunes. –

Certes oui, ce que vous dites de la nécessité de pouvoir surveiller les fouilles est bien exact. – Nous avons reçu à Berne, par voie officielle, le projet de la loi française y relative, et on me l'a renvoyée pour étude. – Tout cela est parfait, en principe, mais la difficulté c'est l'application pratique ; – il vaut mieux ne pas faire de loi que de donner des coups d'épée dans l'eau, car l'effet est alors déplorable et nuit à la cause. – C'est très, très délicat, et cependant ce serait terriblement nécessaire[53]. –

Puisque vous voulez bien me parler de mon travail de Vevey[54], il faut que je vous dise que j'ai eu deux nouvelles sépultures, il y a q.q. années. L'une est spécialement importante pour deux constatations précises :

1°/ la longueur exacte de la lame, mesurée en place

2°/ la preuve d'une sépulture à parois lambrissées, par opposition aux cercueils antérieurs. – (La Tène II)... C'est une de ces innombrables choses que j'ai encore en porte-feuilles, et qu'il faudrait cependant publier ! – Cela me donne parfois des remords et du noir ; pensez-vous que nous avons un immense cimetière burgonde-franc, à St-Sulpice, tout près de Lausanne, nécropole qui a déjà donné des objets de toute beauté et, au beau milieu parfois, des sépultures à incinération du Bel Age du Bronze ! – J'ai suivi les choses au début, mais après la 30e ou 35e sépulture, cela ne m'a plus été possible ; – j'ai été obligé de remettre les choses à de Molin[55] et au musée. – Cela se fait soigneusement, je crois, mais.... c'est toujours la même chose ! – On ne fait guère attention qu'aux objets et Dieu sait toutes les constatations importantes qu'on pourrait faire par une observation rigoureuse des moindres détails ! – Mais je ne puis plus. – Je suis éreinté, brisé, je n'en peux plus ; – de tout cet hiver, dès l'automne dernier, il n'y a pas eu une nuit où j'ai pu me coucher avant 2 heures du matin,... et souvent plus tard. – Je sens que cela n'ira plus longtemps, malgré toute mon énergie et ma volonté ; – je vous demande pardon de ces détails, un peu puérils et peu intéressants, mais j'ai parfois des moments de découragement horriblement pénibles, en face de tout ce qu'il serait de mon devoir de faire et du peu que j'arrive à faire. – Je crois que, dans quelques jours, je serais obligé de tout lâcher, brusquement, et d'aller passer deux ou trois jours à Paris, à flâner ; cela me changera les idées. –

J'en reviens aux questions plus intéressantes. – Si, pour une raison quelconque, vous désirez des détails sur les 2 nouvelles sépultures de Vevey (ci-dessus signalées), je vous en ferais envoyer le relevé exact par un employé qui le copiera sur mon rapport ; – ce serait utile, peut-être, comme complément. –

53. Sur ce point voir M.-S. Binétruy, *De l'art roman à la Préhistoire. Des sociétés savantes à l'Institut, itinéraires de Joseph Déchelette*, Lyon, 1994, p. 164-169 ; surtout A. Hurel, *La France préhistorienne de 1789 à 1941*, Paris, 2007, p. 179-203.

54. A. Naef, « Le cimetière gallo-helvète de Vevey », *Anzeiger für Schweizerische Altertumskunde* 3 (1901), p. 14-30 et 105-114 ; 4 (1902/1903), p. 18-44 et 260-270.

55. Aloys de Molin (1861-1914) : conservateur du Musée historique de Lausanne et professeur d'archéologie et d'histoire de l'art à l'université de Lausanne. Sur le site de Saint-Sulpice-En-Pétoleyres (canton de Vaud), voir G. Kaenel, « Vevey, Münsingen, Saint-Sulpice... Où sont les autres nécropoles celtiques du Plateau suisse ? » *in Münsingen-Rain, ein Markstein der keltischen Archäologie : Funde, Befunde und Methoden im Vergleich*, Berne, 1998, p. 49-50.

Possédez-vous la relation de Wiedmer-Stern[56] de la nécropole de Münsingen, très importante à mon sens à cause des sépultures dans lesquelles on a la transition du Hallstatt au La Tène I ; – je trouve que W.S. n'a pas assez insisté sur ce point, de toute importance cependant. – J'ai suivi les fouilles, faites consciencieusement, mais trop vite ; on sentait le conservateur de musée, impatient de récolter le plus et le plus vite. – J'ai donné q.q. conseils, qui ont été suivis en partie, mais j'aurais voulu beaucoup plus de calcul et moins de précipitation ; – j'ai l'impression que cette nécropole aurait donné encore beaucoup plus, non pas d'objets mais de constatations utiles, si l'on avait procédé moins hâtivement. – Cela entre nous. – Savez-vous que Wiedmer-Stern a été plus ou moins renvoyé, à cause de spéculations ? – Il n'est plus directeur du Musée de Berne depuis l'automne dernier ; il a été en Turquie et vient de rentrer, mais je ne sais à quoi il s'occupe. –

À propos de mon travail de Vevey, j'ai encore un remords, qui m'obsède : c'est le titre, qui est idiot. – J'aurais dû dire : le cimetière « gaulois » de Vevey, et non pas « gallo-helvète », car il n'est nullement prouvé qu'il renferme un seul Helvète ! – Le contraire même est probable ; il semble que les sépultures s'arrêtent précisément à l'invasion helvète. – Enfin je vous laisse juge, mais ne voudrais pas que vous croyiez que cette bêtise m'ait échappé[57]. –

À propos du hallstattien, chez nous, je pourrais peut-être vous communiquer certaines constatations de 2 tumulus que j'ai fouillés moi-même ; – l'un très important, rien n'est publié ! –

Vouga, à Neuchâtel, est un très gentil garçon, qui mérite d'être encouragé et pressé. Il compte reprendre systématiquement l'exploration des sépultures d'Auvernier, et je l'y encourage[58]. –

Autre chose, très importante. – Vous ai-je dit, ou savez-vous, que dans une grotte près d'Arlesheim, le Dr Fritz Sarasin[59] a découvert des galets coloriés en rouge, comme ceux du Mas d'Azil ? – Inutile d'insister sur l'importance de cette découverte qui vient commencer à combler la lacune chez nous aussi. –

J'aurais un immense plaisir, et un immense profit, à pouvoir parcourir avec vous nos différents musées suisses, pour m'instruire ; – je frémis en voyant parfois dans des vitrines de véritables salades russes, sans compter

---

56. J. Wiedmer-Stern, « Das gallische Gräberfeld bei Münsingen (Kanton Bern) », *Archiv des Historischen Vereins des Kantons Bern* 18 (1908), 3, p. 1-93.

57. Joseph Déchelette a repris cette question dans le *Manuel* (t. II, 3e partie, p. 1083, n. 1) : « M. Naef a reconnu que l'expression "gallo-helvète" serait à modifier. Les Helvètes, d'après les données de l'histoire n'occupaient pas encore la Suisse aux premières phases de La Tène : les tombes de Vevey seraient donc gauloises, mais non pas helvètes. M. Viollier incline cependant à admettre qu'à l'époque de La Tène I une partie des Helvètes occupait déjà le territoire suisse, les autres étant alors cantonnés sur le Rhin moyen. »

58. Il s'agit du palafitte d'Auvernier, sur les bords du lac de Neuchâtel, voir J. Déchelette, *Manuel*, t. II, 1re partie, 1910, p. 159.

59. Arlesheim, dans le canton de Bâle, fut fouillé par le directeur du Musée zoologique de Bâle, Fritz Sarasin (1859-1942).

un nombre incalculable de faux… à mon humble avis. – Je ne demande pas mieux que d'être détrompé. –

Chamblandes[60]. – Je ne saurais assez vous dire combien je vous suis reconnaissant de votre bonne réponse. – Mais cela ne fait rien du tout que cela attende jusqu'en septembre, même plus tard, maintenant que j'ai la certitude que vous voulez bien vous en occuper, quand vous le pourrez. – Mais vous comprendrez que cela m'aurait fait de la peine que tout cela soit perdu ; c'était même un gros tracas moral pour moi. – Vous poussez la gentillesse jusqu'à me proposer un travail en collaboration ! – Autrement dit un travail pour lequel vous auriez toute la peine, tout le jugement. – Je vous reconnais bien là, mais malgré l'immense plaisir que me procure votre si gentille proposition, je ne sais si je pourrais l'accepter, car ce serait vraiment un peu exagéré de ma part. – L'essentiel pour moi est d'avoir votre bonne acceptation, et je vous en suis très reconnaissant ; cela m'enlève un gros souci, car croyez, en bonne conscience, je ne pourrais plus[61] ! – J'ai d'autres grandes publications, Chillon[62] surtout, qu'il faut que je fasse moi-même et que je sais que personne d'autre ne pourrait faire à ma place, à moins d'y consacrer d'abord des années de travail. – Et puis les affaires fédérales me prennent actuellement un temps tel, qu'il faudra probablement que je lâche tôt ou tard ma charge d'archéologue cantonal vaudois ; – à côté des présidences des deux commissions fédérales (Mon. Histor. et commission archéologique spéciale), j'ai été appelé depuis le 1er janvier 1910 à la charge d'inspecteur général des M. H. pour la Suisse, ce qui me donne un travail fou. – Et puis ma chaire à Neuchâtel ! – Et cependant il faut absolument que je ne tombe pas malade pour de bon ; – les gens ne sont pas raisonnables. – Sans penser à mal, on m'accable de tant de besogne que je n'y tiendrai bientôt plus. –

Merci encore. – Avec toutes mes amitiés

Cordialement votre
Naef

60. Albert Naef fouilla dans la nécropole de Pully-Chamblandes vingt-trois tombes entre 1901 et 1910.
61. Le projet sera sans lendemain.
62. Ce château médiéval situé sur les bords du lac Léman fut restauré sous la responsabilité d'Albert Naef. Une publication richement illustrée en sera faite par Albert Naef et Fred Boissonnas, et paraîtra en 1922.

XI

Lettre de David Viollier à Joseph Déchelette, Wagensberg, 18 juin 1914*

DIREKTION DES SCHWEIZERISCHEN LANDESMUSEUMS

~~Zürich~~ Wagensberg le 18 juin [19]14

Mon cher collègue,

Me voici installé depuis dimanche auprès de la Duchesse[63]. La réception, grâce à vous, a été des plus cordiales. Il y a au château le Duc et la jeune Duchesse. Chaque jour nous faisons tous ensemble une excursion. Jusqu'à présent la Duchesse a fouillé dans une faille de rocher, remplie de terre, où elle espérait trouver une grotte habitée. Cela n'a rien donné. Hier elle a entrepris un tumulus qui paraît n'être qu'une butte naturelle. Aujourd'hui elle pense en entreprendre un autre. Espérons qu'il donnera, car j'aimerai bien assister à quelque belle découverte.

Je commence à avoir un petit aperçu de la collection. Mais il est bien difficile d'en avoir une vue un peu clair, car tout est empaqueté, si bien, que l'on n'ose vraiment pas défaire tous ces paquets. La publication de tout ce matériel sera une grosse, très grosse affaire, car il faudra commencer par mettre un peu d'ordre là dedans, grouper les sépultures trouvées sous un même tumulus, puis surtout nettoyer ces milliers d'objets, pour pouvoir les reproduire. Mais c'est là un travail dont je ne puis me charger. Il faudra que je trouve quelqu'un de sûr qui puisse faire toute cette besogne mécanique. La Duchesse aurait voulu que le travail paraisse tout de suite, afin de faire affluer de nouveau les fonds ; mais cela est matériellement impossible : je compte au moins 3 ans de travail avant que le livre puisse paraître...

La Duchesse aurait vivement désiré que vous puissiez venir à Wagensberg pendant que j'y suis – c'est-à-dire jusqu'à la fin de la semaine prochaine (27 juin). – Je vous transmets l'invitation, et si vous pouviez lui annoncer votre prochaine arrivée, vous lui feriez le plus grand plaisir possible... et à moi aussi. Car j'aurai aussi été très heureux que nous puissions discuter ensemble bien des points.

Voyez si vous pouvez répondre aux vœux de la Duchesse. Prenez votre frac dans une valise et en route !

63. La duchesse Marie de Mecklenbourg-Schwerin avait repris des campagnes de fouilles dans les stations de la Carniole depuis 1895. C'est sur la recommandation de Joseph Déchelette, comme en atteste une lettre qu' il adressa à Salomon Reinach le 15 octobre 1913, que David Viollier fut sollicité pour la publication des découvertes. Sur les relations entre Joseph Déchelette et la duchesse : M.-S. Binétruy, *De l'art roman à la Préhistoire. Des sociétés savantes à l'Institut, itinéraires de Joseph Déchelette*, Lyon, 1994, p. 184-187.

J'ai vu en venant les musées de Trieste et de Laibach[64]. Que de belles choses, et combien intéressantes pour l'étude de la civilisation gauloise.

Recevez, mon cher collègue, mes plus cordiales salutations

D. Viollier

XII

Lettre d'Edoardo Brizio à Joseph Déchelette, Bologne, 1er juin 1898

Bologne 1 juin 1898

Monsieur

Par un douloureux événement de famille, il m'a été impossible de répondre plus vite à la vôtre dernière lettre.

Je m'empresse de le faire à présent. J'ai examiné avec soin tous les *alari* en terre cuite de ce Musée terminés en têtes d'animal. La plus grande partie sont d'une exécution ainsi négligée, qu'il serait bien difficile, par eux seuls, de déterminer l'espèce de l'animal représenté.

Mais dans l'exemplaire publié par le Comte Gozzadini[65] et dans un autre tout à fait semblable, mais encore inédite, les têtes sont sans doute de chevaux. Elles ont les oreilles verticales et aigues et la crinière.

Il faut encore remarquer une particularité. Dans plusieurs exemplaires plus petites, les têtes sont unies deux à deux, comme il est très convenable pour têtes de chevaux[66].

Agréez, Monsieur, la nouvelle expression de mes sentiments de considération

Votre tout dévoué

E. Brizio

XIII

Lettre de Pompeo Castelfranco à Joseph Déchelette, Milan, 12 mars 1908*

Milan 12 III 1908

Monsieur et très éminent confrère,

Mon excellent ami Magni me transmet l'expression du désir que vous avez d'avoir un tiré à part de mon dernier ouvrage sur une épée anthropoïde

64. Aujourd'hui Ljubljana.
65. Le Comte Gozzadini (1810-1887) a découvert la culture de Villanova, voir È. Gran-Aymerich, *Les chercheurs du passé 1798-1945*, Paris, 2007, p. 840-841.
66. Ce dossier est repris dans une longue note par Joseph Déchelette dans le *Manuel* (t. II, 3e partie, p. 1406, n. 4).

trouvée en Lombardie, à Malnate près de Varèse. Je vous envoie donc la brochure demandée que je vous prie d'agréer comme un modeste hommage très respectueux[67].

Vous m'honorerez beaucoup si vous avez la bonté de me donner votre avis au sujet de cette épée que j'attribue, comme vous verrez, Monsieur, aux Gaulois de la Marne, et si vous voulez bien aussi m'envoyer votre intéressant écrit sur Montefortino et Ornavasso. Je suis impatient en même temps de connaître votre Manuel d'Archéologie celtique, et en attendant je relirai bien volontiers, si vous me les envoyez, les intéressants mémoires que vous avez déjà publiés et que je connais déjà en grande partie.

Connaissez-vous, cher confrère, la petite brochure que j'ai publiée sur « les sepolcri gallici dell'Ossola » laquelle a paru en 1896, dans les Atti et Memorie della R. deputazione d'Etruria patria per le province di Romagna ? Je n'ai plus de tirages à part de cette courte étude. Dites-moi, s'il vous plaît, si vous la connaissez.

Pardonnez-moi tant d'indiscrètes demandes, mais il s'agit de nos Gaulois bien aimés, et cela me servira d'excuse auprès de vous.

Veuillez agréer, Monsieur, l'expression de mes meilleurs sentiments
P. Castelfranco

Pompeo Castelfranco
5- Via Principe Umberto
MILANO

Notes manuscrites de JD : Gaulois en Italie
c.p. aussitôt retour répondrai

XIV

Lettre de Paolo Orsi à Joseph Déchelette, Syracuse, 10 février 1909*

Siracusa, 10 febbr. 09

Ch. mo collega,

Le sarò grato se a suo tempo vorrà favorirmi l'estratto della sua « Chronologie prèhist. de la pen. Ibérique », che ora si viene pubblicando nella Rev. Arch.[68], e possibilmente anche quello del suo precedente articolo sulla colorazione dei cadaveri[69]. Tutto ciò mi interessa in sommo grado per

67. P. Castelfranco, « Spada antropoide e tombe galliche di Malnate (Varese) », *Rivista archeologica della Provincia e antica Diocesi di Como*, 1907, 53-54, 24 p., 2 pl. La brochure se trouve dans les tirés à part de la bibliothèque.
68. J. Déchelette, « Essai sur la chronologie préhistorique de la péninsule ibérique », *Revue archéologique*, II, juill.-déc. 1908, p. 218-263 et p. 390-415.
69. J. Déchelette, « La peinture corporelle et le tatouage », *Revue archéologique*, janv.-fev. 1907, p. 38-50.

i miei studi sulla Sicilia preellenica, ed io confido che Ella avrà piacere di entrare con me in scambio delle nostre pubblicazioni scientifiche.

Colgo questa occasione per esprimere l'ammirazione all'opera sua scientifica

Del di Lei obl.mo collega

P. Orsi

XV

Lettre du marquis de Cerralbo à Joseph Déchelette, Biarritz, 11 août 1910*

Grand Hôtel
Biarritz

11 août 1910

Mr Joseph Dechelette

Je suis rentré en France il y a quelques jours et je par cet soir pour Bordeaux, où je crois rester quatre jours par les passer avec nos savants confrères Mr Harlé et Mr Daleau : apres j'ai l'idée d'aller faire un tour dans la Vezere pour visiter ces celebres stations paleolitiques mais du moment que j'avai reçu votre admirable libre sur la Chronologie iberique et pressenté l'exemplaire que vous dediée à l'Academie de l'Histoire ont m'avait chargé de vous presenter ses plus vives remerciements, et apres j'eu l'honneur de vous presenter en candidature pour Academicien correspondant de la Royal Academie de L'Histoire à Madrid et j'ai la satisfaccion de vous faire part comment vous avait été élu à l'unanimité[70].

Les documents de nomination de l'Académie sont avec moi et je vous prie de me faire savoir si vous vous trouvait à Roanne pour vous les remetre par la Poste.

Je serai ces quatre jours à Bordeaux dans l'Hotel de France.

Je regret que vous ne pouvet pas aller en Espagne pour voir mes fouilles, puis que je crois vous intereseront : dernierement j'ai decouvert une Necropolis iberique qui ma donnait enorme quantité des objets extraordinaires en armes, mors de chavl, ornements en bronze des costumes des guerrieres, presque une traintene des epées à antenes, braçalets, fibules, idoles et une foule d'objets de la plus grande rareté.

Dans une graviere, bien loin de l'autre contrée, j'ai trouvai un crane quaternaire.

A Torralba encore des os d'elephas <u>meridionalis</u> et <u>antiquus</u> avec des aches que je crois sont quelques unes avant les Chellenses.

---

70. Il en devient correspondant le 25 juin 1910.

Et bien d'autres chosses de grande rareté dans les 18 Stations archeologiques que j'ai decouvert et je fouille dans mon païs, sur une etendue de plus de 80 kilometres.

J'entendu parler de un Congres prehistorique qu'aura lieu le 21 à Tours[71] : est que vous assistez?

Je vous demande pardon de vous entretenir avec ma letre çi longue, ecrite dans un mauvais français.

Veuiller agréer Monsieur Déchelette l'expression de mes sentiments les plus distinguées

Le Marquis de Cerralbo

XVI

Lettre du marquis de Cerralbo à Joseph Déchelette, Madrid, 14 mai 1912*

Senado
Particular

Cher monsieur et ami,

Je viens de reçevoir votre lettre et je vous répondre de suite parce que est pour moi un plaisir de vous reppeter comment nous sommes restées enchantées des jours que nous avons passés dans votre intimité et celle de Madame Déchelette.

Nous vous sommes reconaissantes d'avoir fait le voyage jusqu'à Santa Maria de Huerta et nous regretons toujours du mauvais temps que nous avons eu, et de n'avoir pas pu vous ofrir du confort dans la maison.

Je vous remercie infiniment des paroles d'eloge que vous avait la grande bonté de dedié à mes traveaux et aussi de vous occuper de ceux la dans votre admirable Manuel dans le volume III, qu'est l'ouvrage d'Archeologie plus complete et plus savante et j'attend le troissième volume avec impatiance.

Je comprend tres bien que vous soyez tres content du resultat des elections municipales quà donné la liberté à votre ville, d'avant tiranisé par le [mot illisible].

Mr. Cabre et moi nous vous envoyons les photografies et dessins qui vous avait indiqué et d'autres pour Mme Déchelette, vues de Santa Maria de Huerta.

Je vous remercie d'avoir eu la bonté d'écrire au Président du Congrès Préhistorique à Genève[72] et je suis décidé à assister : je soumetre à votre

71. Il s'agit de la 6ᵉ session des Congrès préhistoriques de France qui eut lieu entre le 21 et le 27 août 1910.

72. Ce congrès qui allait se tenir du 9 au 14 septembre permit au marquis de faire connaître ses travaux sur les nécropoles celtibériques et d'acquérir une notoriété internationale grâce à l'appui de son ami Joseph Déchelette. Sur le congrès voir S. PÉRÉ-NOGUÈS, « Joseph Déchelette au Congrès d'anthropologie et d'archéologie préhistorique de Genève (1912) », *in Histoire et patrimoine de Roanne* (en préparation).

opinion mon idée d'apporter des photographies de mes plus importantes fouilles, mais aussi de porter une machoire entière d'elephas meridionalis avec quelques pierres pre-chellenses, et aussi une o deux sepultures entires celtiberiennes, des plus interesantes : encore une sépulture de Dame et deux ou trois urnes cineraraires de Luzaga des celles qu'ont le petit vases adherantes : encore quelques fibules, mors et pieces rares.

Je ferai trois petites caisses avec tout ça expédié en grande vitesse, ou encore sera mieux de l'apporter moi-même dans une malle avec mon bagase ; qu'est-ce que vous pensez de tout ça ?

Veuillez cher Monsieur et ami presenter mes respectueux hommages à Madame Dechelette et agrer l'assurance de mes sentiments les plus dévouées

Le Marquis de Cerralbo
14- mai 1912 Madrid

PS Dans le moment de finir cette lettre, je reçois une très expresive de Mr le Dr Eugène Pittard[73] de Genève en me dissant que vous l'avait écrit en faissant des eloges sur mes trouvailles (je vous remercie infiniment de votre grande bonté pour moi) et me prie d'assister au Congrès et d'apporter quelques objets de mes fouilles et de faire une explication dans une séance. Alors je repondre que j'accepte tel honneur et que j'apporterai quelques objets. Vous trouvait bien ma réponse ?

XVII

Lettre de José Fortès à Joseph Déchelette, Porto, [11] janvier 1906

José FORTES
R. Rainha, 126 – Porto
Portugal

[XI]- I – 06

Cher Monsieur,

Je viens de recevoir votre portrait avec le plus vif plaisir ; à titre d'<u>échange</u> je vous envoie ma photographie par cette poste, tout en vous remerciant vivement, cordialement de votre aimable offre.

J'ai communiqué tout de suite à mon ami, Mr Ricardo Severo[74], vos remerciements et vos gentilles félicitations auxquelles il a été très sensible. Il

73. Eugène Pittard, professeur de renom, était le président du comité d'organisation du Congrès de Genève.

74. Ricardo Severo (1869-1940) fondateur, éditeur et directeur de la revue *Portugália : Materiais para o Estudo do Povo Português.*

m'autorise à vous dire que la section Varia de Portugalia vous reste franchement ouverte ; on se ferait un vrai plaisir et un grand honneur de pouvoir y publier quelques-unes de vos notes avec des sujets archéologiques de notre Portugal. Il faut néanmoins vous informer préalablement que Portugalia ne se publie qu'à de longs intervalles, cette publication était très dispendieuse et presque nul son résultat commercial. Un n° est sous presse à présent.

Je pense que le sujet des sépultures cupriformes ~~et~~ serait très bien choisi ; il n'a pas été traité chez nous sous l'aspect dont vous me parlez.

Voici de petites informations complémentaires là-dessus :

C'est au sud du Portugal, provincias (département) de l'Alentejo et de l'Algarve, qu'on trouve fréquemment des monuments funéraires, qu'on peut appeler cupriformes ; il y en a des échantillons aux musées de Beja e de Lisbonne ; tous portent des inscriptions sépulcrales romaines.

A côté de cette classe de monuments on trouve aussi d'autres similaires – sorte de couvercles semi cylindriques en pierre, qui font penser à ces sarcophages cupriformes ; vous pouvez en voir des gravures pag. 248 et 249 de l'O Arch. Port.[75], vol. I. Dans l'épigraphie hispanique il y a aussi le mot cupa = sarcophage ; cfr C.I.L. II, 6178. Vous pouvez de même rencontrer des inscriptions funéraires sur des monuments « forma dolii », « dolium lapidorum », cfr. C.I.L., II, 16, 67, 83, 102, 106, 5143, 5145, 5147, 5149, et 5691.

J'ai vu votre nom très cité chez M. Dottin, Manuel de l'Ant. c.[76]

Encore une fois : merci de vos amabilités.

Tout à vous,

José Fortès

XVIII

Carte d'Aimé Rutot à Joseph Déchelette, Bruxelles, [1908]*

Aimé Rutot
Ingénieur honoraire des Mines
Conservateur au Musée Royal d'Histoire Naturelle

s'empresse d'accuser réception à Mr. Déchelette de son Manuel d'Archéologie préhistorique[77] et de le remercier vivement de cet envoi. Il regrette n'être d'accord avec l'auteur sur aucun point relativement à la question des Eolithes et sur ce qui concerne le Paléolithique inférieur et renouvelle son offre de prouver à l'évidence, pièces en mains, tout ce

75. *O Arqueólogo Português.*
76. G. Dottin, *Manuel pour servir à l'étude de l'Antiquité celtique*, Paris, 1906.
77. J. Déchelette, *Manuel d'archéologie préhistorique celtique et gallo-romaine,* t. I *: archéologie préhistorique*, Paris, 1908.

qu'il annonce. C'est, au reste à Bruxelles, un perpétuel défilé de ce que la Préhistoire compte de plus distingué. Mes dernières visites de Vendredi jusqu'à ce jour, sont le Dr Heierli de Zurich et le Dr Paul Sarasin[78] de Bâle. Vous pouvez leur demander leur avis sur ce qu'ils ont vu à Bruxelles.

177 rue de la Loi – Bruxelles

XIX

Lettre d'Oscar Montelius à Joseph Déchelette, Stockholm, 14 septembre 1913*

Stockholm, le 14/IX 1913

Cher Confrère,

De tout mon cœur je Vous remercie de Votre aimable dépêche et de l'article extrêmement intéressant que Vous avez eu la bonté d'écrire pour les « Opuscula archeologica » qui m'ont été offerts à mon jubilée[79]. C'est un très grand honneur et un très beau volume !

Ci-inclus un extrait d'une lettre que je viens de recevoir de la Duchesse[80]. Je lui ai écrit, que j'aurai l'honneur d'être à Littai le 30. Vous viendrez, j'espère, deux ou trois jours avant ou après ce jour.

Au plaisir de Vous voir bientôt

Votre tout dévoué

Oscar Montelius

De la main de JD : Sera le 3 octobre à Littai

78. Jacob Heierli (1853-1912), spécialiste des palafittes suisses ; Paul Sarasin (1856-1929), naturaliste.
79. J. Déchelette, « Agrafes et ceinturons ibériques d'origine hellénique », *Mélanges Montelius*, Stockholm, 1913, p. 233-240. Il est le seul archéologue français qui ait participé à ce volume qui fêtait les 70 ans d'Oscar Montelius.
80. Voir lettre de David Viollier (lettre 9).

XX

Lettre de Frederik Poulsen à Joseph Déchelette, Copenhague, 21 août 1913*

Kjobenhavn B D. 21 août 1913

NY Carlsberg Glyptotek

Cher Monsieur!

Je vous suis infiniment reconnaissant pour votre permission de reproduire des images d'après votre grand manuel dont je regrette de n'avoir lu que le tome I. Mais cette faute à laquelle est due mon ignorance sur vos citations de mes opuscules, sera bientôt rétabli, quoique j'ai déjà un peu quitté la science préhistorique pour me confiner à la tache qui m'a été imposé ici dans notre collection, celle de donner un catalogue de nos portraits gréco-romains.

Pour votre demande je me suis adressé au plus grand runologue du monde, le professeur Ludwig Wimmer[81] qui se tient malade au bain de Skodsborg. J'y joins sa lettre. Après avoir dit qu'il ne peut pas s'occuper de la question à fond, vu sa maladie, il ajoute: « En répondant à la demande de M. Déchelette je peux pourtant sans réquisition nouvelle lui communiquer que les runes sur la lance de Münchenberg[82] contiennent un nom d'homme (masculin) en forme gotique: Raninga, et que l'inscription sur la lance de Torcello est un falsum, fait après l'inscription de Münchenberg.

Toutes les informations nécessaires sur ces inscriptions et d'autres de la même catégorie M. D. trouvera dans mon traité: Die Runenschrift. Berlin 1887, et aussi dans mon traité: "les monuments de runes allemands" dans Aarboger for Nordisk Oldkyndighed og Historie 1894 (en français, Les monuments runiques de l'Allemagne, dans les Mémoires de la Société royale des Antiquaires du Nord. 1895). »

Avec cela, j'espère d'avoir donné satisfaction à vos désirs. Ne viendriez-vous pas, un beau jour, voir nos collections à Prinsens Palais et ici à la Glyptothèque? C'est curieux, comme vous voyagez peu, vous autres français? J'ai passé 8 fois par Paris et la France, mais je n'ai jamais eu la joie de recevoir un savant français ici. Des allemands en masse – récemment M. Loeschke de Berlin avec 18 élèves – des anglais, des américains, des autrichiens, hongrois, italiens, même un grec, mais les français paraissent croire que notre pays est sous les glaces du pôle nord et emplis d'ours blancs ou au moins de loups. Le dernier loup danois fut tué en 1794, si bien que vous pouvez sans trop de danger rompre la glace et revenir en France, en

81. La lettre de L. Wimmer est dans la correspondance.
82. Il s'agit d'une pointe de lance trouvée en Brandebourg en 1865.

assurant vos compatriotes étonnés que c'est un pays tolérable, pas trop sauvage et au moins demi-civilisé.

Je pourrais peut-être vous faire faire une série de conférences ici dans notre glyptothèque, si bien que votre voyage et tous vos frais seraient payés. Pensez-y, s'il vous plaît[83].

En attendant, je vous demande de recevoir l'expression de mes sentiments les plus respectueux.

Frederik Poulsen

PS Merci pour vos paroles flatteuses sur mon : Orient, etc.

Les principaux correspondants de J. Déchelette

Correspondants britanniques	
Horace Sandars [1852-1922]	24 lettres [1902-1914]
Reginald Allender Smith [1873-1940]	15 lettres [1904-1914]
George Coffey [1857-1916]	11 lettres [1904-1914]
Henry Beauchamp Walters	5 lettres [1904-1905]
Sir Charles Hercules Read	1 lettre [1905]
Sir Arthur John Evans [1851-1941]	1 lettre [5 janvier 1910]
Sir John Rhys [1840-1915]	1 lettre [1909]

Correspondants suisses	
Alfred Naef [1862-1936]	27 lettres [1901-1912]
Alfred Cartier [1854-1921]	22 lettres [1908-1914]
David Viollier [1876-1965]	16 lettres [1909-1914]
Jacob Wiedmer-Stern	8 lettres [1908-1912]
Otto Tschumi	8 lettres [1911-1913]
Philippe Rollier (pasteur)	5 lettres [1910-1911]
Paul Vouga [1880-1940]	3 lettres [1911-1913]
Hermann Zintgraff	1 lettre [1912]

83. Une note de la main de Joseph Déchelette indique : « À partir de fin mai-juin m'entendrai avec lui sur le sujet. »

Correspondants italiens	
Innocenzo Dall'Osso	9 lettres [1912-1914]
Luigi Pigorini [1842-1925]	7 lettres [1904-1914]
Antonio Magni	5 lettres [1908-1909]
Pompeo Castelfranco [1843-1921]	4 lettres [1908]
Paolo Orsi [1859-1935]	3 lettres [1909]
Edoardo Brizio [1846-1907]	1 lettre [1898]

Correspondants espagnols	
Enrique de Aguilera y Gamboa, marquis de Cerralbo [1845-1922]	21 lettres [1910-1913] 1 lettre à Madame Déchelette
Manuel Cazzuro Ruiz [1865-1935]	12 lettres [1910-1914]
Juan Rubio de la Serna	7 lettres [1909-1913]

Correspondants portugais	
José Fortes	27 lettres [1903-1909]
José Leite de Vasconcellos [1858-1941]	14 lettres [1903-1914]

Correspondants belges	
Georges Cumont [1852-1913]	5 lettres [1906-1910]
Lucien Renard-Grenson [1876-1919]	7 lettres [1903-1914]
Aimé Rutot [1847-1933]	4 lettres [1907-1908]
Louis Siret [1860-1934]	1 lettre [1908]

Correspondants suédois et danois	
Oscar Montelius [1843-1921]	5 lettres [1902-1914]
Ture J. Arné [1879-?]	7 lettres [1905-1913]
Frederic Poulsen	1 lettre [1913]

Correspondants allemands	
Oscar Bohn	50 lettres [1901-1911]
August Oxé	18 lettres [1901-1913]
Paul Reinecke [1842-1958]	17 lettres [1899-1909]
Hans Dragendorff [1870-1941]	15 lettres [1899-1911]
Gustav Kossina [1858-1931]	1 lettre [1909]

Des cercles académiques aux réseaux savants de la première moitié du xxe siècle Stratégie, apport et devenir des réseaux d'archéologues en Espagne (1900-1936)

Grégory Reimond

Introduction

Il est admis que le xixe siècle voit naître l'archéologie moderne. Rompant avec l'« antiquarisme » de l'époque moderne, la nouvelle discipline s'affirme comme une science ayant pour objectif la recherche et l'étude des vestiges matériels du passé. Pour l'Antiquité classique, la méthode archéologique qui se met alors en place repose sur deux piliers : l'organisation d'un vaste programme de fouilles et la consolidation de la méthode philologique. D'un point de vue institutionnel, ce modèle, qui est avant tout celui de l'école allemande, repose sur une étroite collaboration entre le milieu universitaire et les institutions publiques orientées vers la recherche scientifique, comme l'Institut de correspondance archéologique, fondé à Rome autour d'Edward Gerhard (1829) [1]. Si ce modèle germanique triomphe dans plusieurs pays européens, il prend une forme particulière en Espagne en raison du poids des structures traditionnelles héritées de l'Ancien Régime : jusqu'au début du xxe siècle, l'archéologie n'est pas une discipline universitaire. Elle se développe au sein des milieux académiques, dans lesquels prédomine encore la tradition antiquaire, sans qu'il soit possible de parler d'un complet immobilisme. À ces cercles académiques très restreints, s'ajoutent les bataillons d'archéologues amateurs, souvent des érudits locaux (aristocrates, prêtres, médecins, ingénieurs, hommes de loi, etc.) qui consacrent leur temps libre – et leurs deniers – à la recherche, la protection, l'étude et la diffusion du patrimoine de leur province ou de leur ville [2].

1. A. Momigliano, « L'histoire ancienne et l'antiquaire », *in Problèmes d'historiographie ancienne et moderne*, Paris, Gallimard, 1983, p. 244-293 ; A. Schnapp, *La conquête du passé. Aux origines de l'archéologie*, Paris, Éditions Carré, 1993 ; È. Gran-Aymerich, *Les chercheurs de passé (1798-1945)*, Paris, CNRS, 2007. Dans une perspective plus globale, M. Díaz-Andreu, *A world history of nineteenth-century archaeology. Nationalism, colonialism, and the past*, Oxford, Oxford University Press, 2007.
2. Parmi une abondante bibliographie : M. Almagro-Gorbea, « La Real Academia de la Historia, una institución al servicio de la arqueología española », *in* M. Ayarzagüena, G. Mora (éd.), *Pioneros de*

L'organisation institutionnelle de la discipline évolue dans les deux premières décennies du XXe siècle. Alors que les premières chaires d'archéologie apparaissent dans les universités, les créations d'institutions scientifiques dédiées exclusivement à la recherche préhistorique et archéologique se multiplient. Ces réformes favorisent l'ascension de nouveaux cadres dirigeants, à la fois héritiers de la tradition du XIXe siècle et résolument ouverts sur la « République des Lettres » européenne et le monde moderne. Autour de ces maîtres se regroupent de nombreux disciples, véritables pionniers qui jettent les bases d'une préhistoire et d'une archéologie autonomes, disposant d'outils législatifs et de structures efficaces dans lesquelles se développer[3]. Dans ce contexte, l'étude des réseaux savants peut se révéler d'une grande richesse : en analysant leur configuration et leurs diverses stratégies, c'est le processus, lent et parfois conflictuel, d'institutionnalisation et de professionnalisation de la discipline que nous voyons défiler devant nos yeux. Un processus complexe et non linéaire, inscrit dans un contexte historique tumultueux qui agit sur le devenir de ces réseaux. Dans cette histoire, la guerre civile (1936-1939) et la mise en place du régime national-catholique, guidé par le fanatisme religieux et l'obscurantisme scientifique, ne sauraient être envisagées autrement qu'en termes de profonde et violente rupture, une rupture qui bouleverse la géopolitique et les généalogies scientifiques.

L'archéologie en Espagne à la fin du XIXe siècle : académisme et « impérialisme » scientifique

À l'aube du XXe siècle, si les universités allemandes et françaises sont parvenues à s'ériger en moteur du développement scientifique, en revanche, l'université espagnole reste un acteur secondaire dans ce domaine. Étroitement contrôlée par l'État grâce à la Loi Moyano de 1857[4], l'université s'est érigée en défenseur des deux piliers de la nation : tout enseignement portant atteinte au dogme catholique ou à l'institution monarchique est interdit, sous peine de suppression. Les professeurs doivent présenter et faire valider par l'administration le programme qu'ils ont choisi d'étudier au cours de l'année, ainsi que les manuels qu'ils comptent utiliser. Dans ce contexte pour le moins étouffant, rares sont les universitaires qui osent regarder vers l'étranger pour y chercher un modèle qui permettrait de réformer des structures archaïques, ou pour introduire les dernières avancées théoriques et méthodologiques mises au point outre-Pyrénées.

---

la arqueología en España (del siglo XVI a 1912), Alacalá de Henares, Museo Arqueológico Regional, 2004, p. 55-68 ; J. Maier Allende, « La Real Academia de la Historia y la arqueología española en el siglo XIX », *Eres, arqueología/bioantropología* 12 (2004), p. 91-121. Pour une vision globale : M. Díaz-Andreu, G. Mora, J. Cortadella (coord.), *Diccionario histórico de la arqueología en España*, Madrid, Marcial Pons, 2009 (notamment « Introducción », p. 13-57).

3. G. Pasamar Alzuria, I. Peiró Martín, « El nacimiento en España de la arqueología y la prehistoria (academicismo y profesionalización, 1856-1936) », *Kalathos. Revista del Seminario de Arqueología y Etnología Turolense* 9-10 (1989-1990), p. 9-30.
4. *Gaceta de Madrid*, « Ley de Instrucción Pública », 1710 (10/09/1857), p. 1-3.

L'archéologie préhistorique est directement concernée. Cependant, à la suite du renversement du régime d'Isabelle II, la période du *Sexenio democrático* (1868-1874), dominée par la pensée libérale et les idées progressistes, est un moment privilégié pour les partisans de la préhistoire (la liberté d'enseignement est instaurée après la Glorieuse Révolution de septembre 1868). Grâce à un petit nombre de pionniers, les thèses de Darwin sur l'évolution et les acquis de la recherche européenne sur l'origine et l'antiquité de l'homme sont diffusés dans plusieurs universités espagnoles (Augusto González de Linares à Saint-Jacques de Compostelle, Antonio Machado y Nuñez à Séville, etc.). Mais après la Restauration de 1874, le régime reprend en main l'institution universitaire. L'élan libéral est brisé. En 1875, le marquis Manuel de Orovio, ministre du Développement (*ministro de Fomento*) en charge de l'Instruction publique, prend des mesures afin d'interdire tout enseignement allant à l'encontre du dogme catholique ou portant atteinte à l'institution monarchique (c'est cette même « Circulaire Orovio » qui, en supprimant la liberté d'enseignement, amène un groupe de professeurs à quitter l'université et à fonder, autour de Francisco Giner de los Ríos, l'Institution libre d'enseignement)[5]. Ainsi, en matière d'archéologie préhistorique, si les initiatives individuelles ne font pas défaut (pensons aux précurseurs Casiano de Prado, Juan Vilanova i Piera, Antonio Machado y Nuñez, etc.), il faut reconnaître que les institutions officielles restent réticentes et ne semblent pas toujours disposées à appuyer les travaux de ces pionniers[6]. Et si la préhistoire amorce un timide développement, c'est avant tout dans le cadre des sciences naturelles (géologie, paléontologie) et de l'anthropologie, non dans celui des sciences historiques[7]. Évoquer une archéologie officielle au XIXe siècle, c'est donc renvoyer avant tout à celle de la protohistoire ibérique (que l'on découvre alors) et de l'Antiquité classique, une discipline ou histoire de l'art, philologie, tradition antiquaire et archéologie moderne doivent cohabiter[8]. Qu'en est-il de l'organisation institutionnelle ?

5. Le texte de la circulaire dans *Gaceta de Madrid*, « Real Decreto y circular sobre la Instrucción Pública », 58 (27/02/1875), p. 531-532. Cf. également J. Caro Baroja, « El "miedo al mono" o la causa directa de la cuestión universitaria en 1875 », in *Centenario de la Institución Libre de Enseñanza*, Madrid, Tecnos, 1977, p. 23-41. Plus largement, A. Jiménez, *Historia de la universidad española*, Madrid, Alianza Editorial, 1971.
6. Rappelons le jugement lancé par Marcelino Menéndez y Pelayo, sans doute l'un des plus grands intellectuels de la fin du XIXe siècle, mais aussi le représentant le plus emblématique de la pensée traditionaliste : « *la falsa ciencia anda hoy casi tan insurrecta contra Dios como en el siglo XVIII. No hay descubrimiento, teoría ni hipótesis de las ciencias geológicas y antropológicas, tanto más audaces cuanto más problemáticas, v. gr., la llamada prehistoria, que se invoque contra la narración mosaica* ». Cf. *Historia de los heterodoxos españoles*, vol. 6, Madrid, La Editorial Católica, 1978, p. 335.
7. J. Maier Allende, « Los inicios de la prehistoria en España : ciencia *versus* religión », *in* J. Beltrán Fortes, M. Belén Deamos (éd.), *El clero y la arqueología española. II reunión andaluza de historiografía arqueológica*, Sevilla, Universidad de Sevilla, 2003, p. 99-112 ; J. Beltrán Fortes, M. Belén Deamos, « La arqueología en la universidad de Sevilla. 1. El siglo XX », *in* J. Beltrán Fortes, M. Belén Deamos (éd.), *Las instituciones en el origen y desarrollo de la arqueología en España*, Sevilla, Universidad de Sevilla, 2007, p. 93-142.
8. M.J. Berlanga Palomo, « Algunas referencias sobre el concepto de arqueología en España en el siglo XIX », *Gerión* 21-1 (2003), p. 379-394 ; M. Díaz-Andreu, « Arte y arqueología : la larga historia de

À la fin du XIXe siècle, les études sur le passé restent contrôlées par l'Académie royale d'histoire[9] (la RAH, *Real Academia de la Historia*), patronnée et protégée par la monarchie[10]. En promulguant la *Real Cédula* de juin 1803, le roi Charles IV confiait à la RAH le soin d'inventorier, de protéger, d'étudier et de mettre en valeur le patrimoine « artistique et monumental » hispanique[11]. Depuis 1792, elle disposait déjà d'un Cabinet des Antiques (placé sous la garde de l'*anticuario perpetuo* – la charge existe toujours). En 1844, s'y ajoutent les Commissions des monuments historiques et artistiques (une dans chaque province) qu'elle contrôle conjointement avec l'Académie royale des Beaux-arts de San Fernando, à travers la Commission centrale chargée de coordonner l'activité des différentes commissions provinciales[12]. Toutefois, cet encadrement institutionnel ne doit pas faire illusion : malgré des efforts importants de la part des correspondants locaux et un bilan parfois très positif, leurs moyens financiers dérisoires et leur dépendance envers l'administration provinciale condamnent souvent ces commissions à l'inefficacité et à l'impuissance[13]. La RAH peine à s'adapter au nouveau contexte scientifique moderne et à faire face à la tâche que lui a confiée la *Real Cédula*. Il faut reconnaître que le contexte ne favorise pas l'action de l'Académie, le XIXe siècle étant marqué par l'instabilité politique, le manque de moyens économiques et humains, ainsi que l'inexistence d'une sensibilité et d'un appui social envers le patrimoine, tel qu'on le connaît aujourd'hui. Au-delà de ces questions matérielles, la tradition antiquaire héritée de l'époque moderne reste omniprésente.

D'autre part, la suppression de la mainmorte ecclésiastique (la *desamortización* du ministre Mendizábal) et la nationalisation d'une partie des biens du clergé ont considérablement augmenté le patrimoine artistique de l'État (1836). Il devenait urgent de prendre les mesures nécessaires pour gérer efficacement ces biens nationaux – quand ils n'ont pas été vendus pour combler le déficit de l'État. C'est dans ce but que sont créées les Commissions des monuments que nous venons d'évoquer, ainsi que de nombreux musées et archives. Dès lors, l'État se devait de former un personnel capable de gérer ces nouvelles institutions. S'inspirant du modèle français de l'École des chartes, il crée, en 1856, l'École supérieure de diplomatique (ESD). Dès ses débuts, cette dernière dispose d'une chaire d'archéologie, de numismatique

---

una separación », in *VII jornadas de arte. Historiografía del arte español en los siglos XIX y XX. Madrid, 22-25 de noviembre de 1994*, Madrid, Alpuerto, 1995, p. 151-160.

9. I. Peiró Martín, *Los guardianes de la historia. La historiografía académica de la Restauración*, Zaragoza, CSIC, 2006 (2e éd.) ; B. Pellistrandi, *Un discours national ? La Real Academia de la Historia entre science et politique (1847-1897)*, Madrid, Casa de Velázquez, 2004.
10. G. Mora, *Historias de mármol. La arqueología clásica española en el siglo XVIII*, Madrid, CSIC, 1998.
11. J. Maier Allende, « II centenario de la Real Cédula de 1803. La Real Academia de la Historia y el inicio de la legislación sobre el patrimonio arqueológico y monumental en España », *Boletín de la Real Academia de la Historia* 200-3 (2003), p. 439-473.
12. T. Tortosa, G. Mora, « La actuación de la Real Academia de la Historia sobre el patrimonio arqueológico : ruinas y antigüedades », *Archivo Español de Arqueología* 69 (1996), p. 191-217.
13. M. Á López Trujillo, « Las Comisiones Provinciales de Monumentos, Quijotes del pasado », *in* M. Ayarzagüena, G. Mora, *Pioneros de la arqueología*, p. 363-369.

et d'épigraphie, et s'assure la collaboration des plus éminents archéologues-antiquaires de la RAH (notamment Juan de Dios de la Rada y Delgado et Manuel de Assas y Ereño). Ses promotions alimenteront désormais le *Cuerpo Facultativo de Archiveros, Bibliotecarios y Anticuarios* qui fournira le personnel nécessaire à la gestion des musées, archives, et bibliothèques de l'État[14]. Cette politique ambitieuse se poursuit au cours du siècle : l'année 1867 voit naître le Musée archéologique national (MAN)[15].

Il faut attendre la décennie 1870 pour qu'apparaissent les premières revues spécialisées (relativement) stables et durables : celle du *Cuerpo Facultativo*, la *Revista de Archivos, Bibliotecas y Museos* (1871), celle du MAN, *Museo Español de Antigüedades* (1872), dirigée par l'académicien de la Rada, et le *Boletín de la Real Academia de la Historia* (le premier numéro paraît en 1877). Néanmoins, aucune n'est exclusivement dédiée aux études classiques ou archéologiques, à l'exception de l'éphémère *Museo Español de Antigüedades*. Précisons que dans le même temps, les sociétés savantes se multiplient et assument une partie des responsabilités nouvelles, contribuant à la consolidation des études archéologiques en promouvant son enseignement, la diffusion des découvertes, l'organisation de débats, la naissance de publications spécialisées, etc.[16]. Certaines prétendent même s'imposer comme une alternative face à la RAH, sans succès[17]. Cependant, les cas de dissidence restent rares. En général, ces sociétés regroupant les érudits locaux constituent plutôt la première marche du *cursus honorum*, la base d'une pyramide dont le sommet serait constitué par les Académies royales madrilènes : acquérir une solide réputation d'érudit dans sa province ou dans sa ville peut ouvrir les portes des académies présentes dans les grandes villes du pays, Barcelone et Séville, ou permettre d'être nommé correspondant de la RAH ou de celle des Beaux-arts.

Le tableau que nous venons de présenter permet de prendre conscience de la force des milieux académiques au XIXe siècle. Toutes les institutions qui s'intéressent de près ou de loin aux études archéologiques sont liées, ou dépendent, de la RAH ou de l'Académie royale des Beaux-arts, qu'il s'agisse du Cabinet des Antiques, des Commissions des monuments historiques, de l'ESD ou du MAN. C'est dans ces institutions qu'il faut chercher l'existence

14. G. Pasamar Alzuria, I. Peiró Martín, *La Escuela Superior de Diplomática. Los archiveros en la historiografía española contemporánea*, Madrid, ANABAD, 1996.

15. A. Marcos Pous (coord.), *De gabinete a museo : tres siglos de historia*, Madrid, Ministerio de Cultura, 1993 ; M. Almagro-Gorbea, J. Maier Allende, « El futuro desde el pasado. La Real Academia de la Historia y el origen y funciones del Museo Arqueológico Nacional », *Boletín de la Real Academia de la Historia* 196-2 (1999), p. 183-207 ; C. Papí Rodes, « La creación del Museo Arqueológico Nacional : el Casino de la Reina, sus facultativos y sus fondos », *in* M. Ayarzagüena, G. Mora, *Pioneros de la arqueología*, p. 389-397.

16. G. Mora, « La arqueología en las sociedades científicas madrileñas del siglo XIX. Enseñanza y difusión de una disciplina », *in* J. de Alarcão *et alii.*, *Actas 3° Congresso de arqueologia peninsular*, vol. 1, *Historia, teoría e pratica da arqueologia*, Porto, Associação para o desenvolvimento da cooperação em arqueologia peninsular, UTAD, 2000, p. 261-272.

17. Par exemple : S. Calle Marín, « La academia frustrada. La Real de Arqueología y Geografía del Príncipe Alfonso (1837-1868) », *in* J.L. Gómez-Pantoja (éd.), *Excavando papeles. Indagaciones arqueológicas en los archivos españoles*, Alcalá de Henares, Letras de Alcalá (2), p. 121-151.

d'un réseau savant espagnol. Le fait est que des figures aussi importantes que Juan de Dios de la Rada y Delgado, Fidel Fita, Juan Catalina García López, Rodrigo Amador de los Ríos, Manuel Gómez-Moreno ou encore José Ramón Mélida y sont intimement liées. Un réseau où la capacité des nouveaux venus à établir des contacts étroits avec un protecteur influant est une nécessité absolue s'ils veulent « faire carrière », et où les convictions politiques qu'ils affichent sont tout aussi importantes, si ce n'est plus, que leurs compétences scientifiques. Il s'agit en somme d'un système volontiers clientéliste, à l'image du régime de la Restauration. Le parcours de nombreux savants l'atteste[18].

Ce tableau, aussi bref soit-il, resterait incomplet si nous n'évoquions pas l'une des principales caractéristiques de l'archéologie espagnole du XIXe siècle finissant : le phénomène d'« impérialisme » archéologique auquel est soumise la péninsule[19]. Dans un contexte international marqué par l'affrontement entre grandes puissances, la lutte pour la suprématie culturelle porte les savants français et allemands vers l'Espagne[20]. La richesse de ses vestiges est considérable, qu'il s'agisse des sites préhistoriques du royaume (San Isidro, Altamira, etc.), de sa culture protohistorique, ou des ruines de l'époque hispano-romaine. Issus de pays où l'institutionnalisation de l'archéologie est plus solide, et disposant de subventions importantes, les Français Pierre Paris, Arthur Engel, Émile Cartailhac ou Henri Breuil, l'Anglais George Bonsor, les Belges Louis et Henri Siret, les Allemands Emil Hübner, Adolf Schulten et plus tard Hugo Obermaier, bénéficient de l'appui d'institutions étrangères pour mener des fouilles en Espagne. « C'est le moment de conquérir l'Espagne ! », s'exclame Pierre Paris dans une lettre adressée à Léon Heuzey le 3 janvier 1898[21]. Breuil et Obermaier reçoivent ainsi l'appui de l'Institut de paléontologie humaine de Paris (l'IPH, créé en 1910 par le prince Albert Ier de Monaco) pour fouiller les sites préhis-

18. Usant du concept d'*invisible college*, très en vogue dans le monde anglo-saxon, M. Díaz-Andreu s'est récemment penchée sur le cas de Mélida. Cf. « Revisiting the "invisible college". José Ramón Mélida in early twentieth-century Spain », *in* N. SCHLANGER, J. NORDBLADH (éd.), *Archives, ancestors, practices. Archaeology in the light of its history*, Oxford, Berghahn Books, 2008, p. 121-129. Voir aussi G. PASAMAR ALZURIA, I. PEIRÓ MARTÍN, *La Escuela Superior de Diplomática*, p. 88-90.

19. Sur les concepts d'archéologies nationaliste, colonialiste, et impérialiste, nous renvoyons à l'article de B. G. TRIGGER, « Alternative archaeologies : nationalist, colonialist, imperialist », *Man* 19-3 (1984), p. 355-370. Sur l'application de ce modèle à l'Espagne : M. DÍAZ-ANDREU, « La arqueología imperialista en España : extranjeros *versus* españoles en el estudio del arte prehistórico de principios del siglo XX », in *Historia de la arqueología. Estudios*, Madrid, Ediciones Clásicas, 2002, p. 103-117.

20. Voir notamment : È. et J. GRAN-AYMERICH, « Les échanges franco-espagnols et la mise en place des institutions archéologiques (1830-1939) », *in* J. ARCE, R. OLMOS (éd.), *Historiografía de la arqueología y de la historia antigua en España (siglos XVIII-XX)*, Madrid, Ministerio de Cultura, 1991, p. 117-124 ; P. ROUILLARD, « Le Pays Valencien et les archéologues français à la fin du XIXe siècle », *Saguntum* 29-1 (1995), p. 105-112 ; M. BLECH, « Las aportaciones de los arqueólogos alemanes a la arqueología española », *in* S. QUERO CASTRO, A. PÉREZ NAVARRO (coord.), *Historiografía de la arqueología española. Las instituciones*, Madrid, Museo de San Isidro, 2002, p. 83-117 ; dans le même volume, P. ROUILLARD, « Las aportaciones de los arqueólogos franceses a la arqueología española », p. 143-163 ; G. MORA, « Pierre Paris y el hispanismo arqueológico », *Anejos de Archivo Español de Arqueología*, 30 (2004), p. 27-42. Enfin È. GRAN-AYMERICH, *Les chercheurs de passé*, p. 308-319.

21. Cité dans È. GRAN-AYMERICH, *Les chercheurs de passé*, p. 309.

toriques cantabriques, tandis que le Kaiser Guillaume II finance les fouilles de Schulten à Numance. Dans le même temps, les hispanistes du midi de la France portent leur regard vers la péninsule, cherchant à développer les relations culturelles entre les deux pays, tout en favorisant la fondation d'institutions qui devraient assurer la présence d'une mission française permanente en Espagne, et qui compléterait la politique culturelle de la République autour du bassin méditerranéen. Après les premières missions d'Arthur Engel et de Pierre Paris dans les années 1880-1890, ce dernier est ainsi à l'origine de la naissance de l'École des hautes études hispaniques (1909), ancêtre de la *Casa de Velázquez* qu'il inaugure en 1928[22].

L'importance et l'apport de ce(s) réseau(x) étranger(s) cohérant(s), et en constante communication comme le montrent les correspondances qui nous sont parvenues[23], ne sauraient être négligés. Tout en participant à l'élaboration et à la diffusion de préjugés et de stéréotypes sur l'Espagne ancienne et contemporaine[24], il(s) contribue(nt) à la rédaction des premières synthèses d'archéologie sur la péninsule ibérique, sans oublier de se livrer à un véritable pillage archéologique du pays, destiné à enrichir les collections des grands musées européens, à commencer par le Louvre[25]. Un exemple significatif est fourni par José Ramón Mélida en 1913. Il est alors directeur du MAN. Dans un compte rendu de l'*Historia de los heterodoxos españoles* de Marcelino Menéndez y Pelayo, Mélida évoque la nécessité de publier une nouvelle synthèse sur l'archéologie hispanique, les nouvelles découvertes rendant les manuels disponibles dépassés, puisque non actua-

22. J.-M. Delaunay, *Des palais en Espagne. L'École des hautes études hispaniques et la Casa de Velázquez au cœur des relations franco-espagnoles du XXe siècle (1898-1979)*, Madrid, Casa de Velázquez, 1994. Voir également A. Niño, *Cultura y diplomacia. Los hispanistas franceses y España. 1875-1931*, Madrid, CSIC Casa de Velázquez, 1988.
23. Cf. J. Maier Allende, *Epistolario de Jorge Bonsor (1886-1930)*, Madrid, RAH, 1999. Sur la correspondance entre Bonsor et Paris, voir, du même auteur : « En torno a la génesis de la arqueología protohistórica en España. Correspondencia entre Pierre Paris y Jorge Bonsor », *Mélanges de la Casa de Velázquez*, XXXII (1996), p. 1-34.
24. F. Wulff Alonso, « Franquismo e historia antigua : algunas notas europeas con P. Paris y A. Schulten », *in* J. M. Candau Morón, F. J. González Ponce, G. Cruz Andreotti (éd.), *Historia y mito. El pasado legendario como fuente de autoridad*, Málaga, CEDMA, 2004, p. 447-496.
25. La découverte de la célèbre Dame d'Elche (1897), près d'Alicante, et son achat par le Musée du Louvre grâce à l'intermédiaire de Pierre Paris, en constituent l'exemple le plus célèbre. Mélida évoquait ainsi « la tristísima nueva de que el busto estaba vendido para el Museo del Louvre », tandis qu'Antonio García y Bellido, dans un témoignage bien plus tardif, et alors même que le célèbre buste avait rejoint les collections madrilènes, écrivait en 1943 : « No sin vivo sentimiento de dolor y no sin más de una protesta justificada contra los que podían evitar el éxodo lento, pero continuo, de estas obras españolas hacia las vitrinas de los museos extranjeros, los arqueólogos españoles veían cómo las piezas citadas y otras muchas salían de España a menudo sin otro primer conocimiento de ello que la noticia venida de fuera, en alguna revista o en algún libro, cuando ya las referidas piezas habían traspasado las fronteras y se hallaban en los almacenes o vitrinas de alguna colección oficial o privada de fuera de España. » Voir respectivement J.R. Mélida, « Busto ante-romano descubierto en Elche », *Boletín de la Real Academia de la Historia* 31 (1897), p. 427, et A. García y Bellido, *La Dama de Elche y el conjunto de piezas arqueológicas reingresadas en España en 1941*, Madrid, CSIC, 1943, p. IX. Sur l'achat de la Dame, C. Papí Rodes, « La venta de la Dama de Elche. Desmontando algunas justificaciones », *Recerques del Museu d'Alcoi* 14 (2005), p. 157-168. Sur les collections espagnoles du Louvre, cf. P. Rouillard, *Antiquités de l'Espagne*, Paris, Éditions de la Réunion des musées nationaux, 1997.

lisés. Or sur les quatre œuvres qu'il mentionne, trois sont signées par des savants étrangers : il cite *La arqueología de España*, publiée par Hübner en 1888, *Les âges préhistoriques de l'Espagne et du Portugal* de Cartailhac (1886), l'*Essai sur l'art et l'industrie de l'Espagne primitive* de Paris (1903-1904), et, seul volume publié par des savants espagnols, la *Geología y protohistoria ibérica* (1893) de Rada y Delgado et Vilanova i Piera[26], premier tome de la nouvelle *Historia general de España* que publie la RAH sous l'égide de son directeur, Antonio Cánovas del Castillo. Il met ainsi en évidence, indirectement, le poids de l'historiographie non espagnole dans les études archéologiques péninsulaires. Les membres de ce réseau étranger – notamment français – ont su tirer profit de l'absence d'une législation destinée à réglementer les fouilles et l'exportation des pièces découvertes, tout en se montrant assez habile pour créer, partout dans le pays, un réseau de correspondants destiné à les informer de la moindre découverte. Le poids de certains est tel qu'il leur permet de contrôler directement l'élaboration du discours historique et archéologique. Pensons au rôle joué par Émile Cartailhac dans la non-reconnaissance de l'authenticité et de l'ancienneté des peintures rupestres d'Altamira[27], ou au poids des interprétations de Pierre Paris qui marqueront durablement les études sur l'art des Ibères[28].

Un nouveau contexte politique et culturel : le « Régénérationisme »

L'année 1900 marque le début d'une période d'intense modernisation, qui touche à la fois les structures d'enseignement et de recherche archéologiques, mais aussi les méthodes et les techniques. Dans le nouveau système qui se met en place, les savants étrangers ont bien sûr toujours leur place. Mais désormais, il s'agit d'échanges fondés sur des rapports de réciprocité, alors que l'archéologie espagnole cherche à acquérir une dimension internationale. Cette petite révolution, qui ouvre la voie aux « décennies d'or de l'archéologie espagnole[29] », est intimement liée au nouveau contexte politique et culturel qui caractérise l'Espagne d'après 1898, celui du « Régénérationisme ». Une rapide présentation s'impose, afin de

26. J. R. Mélida, « La arqueología hispana en la *Historia de los heterodoxos españoles* de don Marcelino Menéndez y Pelayo », *Revista de Archivos, Bibliotecas y Museos* 27 (1913), p. 214.
27. Cf. B. Madariaga de la Campa, *Sanz de Sautuola y el descubrimiento de Altamira. Consideraciones sobre las pinturas*, Santander, Fundación Marcelino Botín, 2000, ainsi que M. Ayarzagüena, « Altamira en el Congreso Internacional de Antropología y Arqueología Prehistóricas de Lisboa de 1880 », *Zona Arqueológica* 7-1 (2006), p. 40-46. Il faut attendre le début du XXe siècle pour que Cartailhac accepte la datation préhistorique des peintures d'Altamira. Une fois encore, sa prise de position joue un rôle moteur dans la « conversion » de la communauté scientifique internationale. Cf. É. Cartailhac, « Les cavernes ornées de dessins, la grotte d'Altamira, Espagne. "Mea culpa" d'un sceptique », *L'anthropologie*, 13, p. 350-352.
28. Cf. R. Olmos, P. Rouillard (éd.), *Formes archaïques et arts ibériques*, Madrid, Collection de la Casa de Velázquez (59), 1996 ; des mêmes auteurs, « Sculpture préromaine de la péninsule ibérique », *Documents d'archéologie méridionale*, 25 (2002), p. 269-283. Voir enfin R. Olmos, « Algunos problemas historiográficos de la cerámica e iconografía ibérica de los pioneros a 1950 », *Revista de Estudios Ibéricos* 1 (1994), p. 311-333.
29. M. Díaz-Andreu, *Historia de la arqueología*, p. 42.

mieux comprendre pourquoi les institutions scientifiques sont refondues entre 1900 et 1912, et quelle est la place de l'archéologie en leur sein. Nous verrons que c'est l'ensemble des réseaux d'archéologues qui vont être peu à peu réorganisés.

En 1898, la guerre hispano-américaine, qui oppose les deux nations à propos de Cuba, se solde par un cuisant échec pour Madrid. Avec le traité de Paris, l'Espagne perd ses dernières possessions outremer en Amérique et au Pacifique (Cuba, Porto Rico et les Philippines). Si l'événement ne fait que révéler un malaise plus ancien et plus profond, il marque suffisamment les contemporains pour déclencher une crise identitaire profonde qui marque les intellectuels de cette époque – « me duele España[30] » écrit Miguel de Unamuno –, donnant naissance à la « Génération de 98[31] ». En réaction à cette crise surgissent deux attitudes radicalement antagonistes, et qui révèlent l'existence de « deux Espagne » : d'une part le mouvement *Regeneracionista*, conscient du déclin, mais bien décidé à restaurer la grandeur nationale passée et à dynamiser la vie culturelle et scientifique du pays grâce à un esprit résolument moderne et ouvert sur le monde. L'idéologie de l'Institution libre d'enseignement marque profondément ses partisans, lesquels trouvent un appui politique parmi les libéraux comme le comte de Romanones ou Amalio Gimeno. Face à eux, le mouvement traditionaliste qui adopte une attitude de repli face à la crise, se présentant comme le défenseur de l'*Espíritu Nacional* et de ce qu'ils considèrent comme l'essence de la patrie (le monarchisme autoritaire et le catholicisme), rejetant toute ouverture sur l'étranger, attitude considérée comme dangereuse, causant la perte de l'identité nationale. Politiquement, il trouve un soutien parmi les membres des milieux conservateurs et du National-catholicisme naissant. Dans un premier temps, grâce aux soutiens politiques et à l'action de grandes figures du monde scientifique (Romanones, Gimeno, Ramón y Cajal, Castillejo, Menéndez Pidal, etc.), la première tendance semble l'emporter. Grâce à ce nouvel état d'esprit, la science espagnole s'engage dans un profond processus de réforme. En effet, nombreux sont les intellectuels et les hommes politiques qui considèrent que c'est dans le retard accumulé par l'Espagne sur le terrain scientifique que réside la cause profonde de la défaite (entendons, d'une part, une carence d'infrastructures permettant de développer la recherche, de l'autre, l'absence presque totale, dans le monde universitaire, d'une volonté de se consacrer à la recherche au profit de la simple transmission de connaissances). Dans un article publié dans le journal *El liberal* (26/10/1898), Santiago Ramón y Cajal affirme que « hemos caído ante los Estados Unidos por ignorantes y por débiles, que, hasta negábamos su ciencia y su fuerza. Es preciso, pues, regenerarse por

30. Cité dans J. Pérez, *Histoire de l'Espagne*, Paris, Fayard, 1996, p. 627.
31. P. Cerezo Galán, « La doble crisis, ideológica e intelectual, del 98 », *in* O. Ruiz-Manjón, A. Langa Laorga (éd.), *Los significados del 98 : la sociedad española en la génesis del siglo XX*, Madrid, Editorial Biblioteca Nueva, 1999, p. 603-623.

el trabajo y el estudio[32] ». Cette idée trouve assez vite un écho dans l'arène politique puisque huit mois plus tard, le député Eduardo Vincenti reprend la même idée :

> « Yo no cesaré de repetir que, dejando a un lado un falso patriotismo, debemos inspirarnos en el ejemplo que nos han dado los Estados Unidos. Este pueblo nos ha vencido no sólo por ser más fuerte, sino también por ser más instruído, más educado ; de ningún modo por ser más valiente. [...] No ha habido lucha. Se nos ha vencido en el laboratorio y en las oficinas, pero no en el mar o en la tierra[33]. »

Cependant, si la défaite infligée par les États-Unis permet de faire prendre conscience à l'Espagne de la nécessité de réagir pour montrer au monde qu'elle est encore une puissance qui compte, capable de se hisser au rang des nations de haute culture, à l'heure de la réforme, le modèle viendra non pas d'outre-Atlantique mais d'Europe, et plus précisément de France et d'Allemagne, notamment dans le domaine des sciences humaines.

Concentrons-nous sur ce qu'il advient des sciences historiques. Une première étape est franchie en 1900 avec la création du ministère de l'Instruction publique et des Beaux-arts, et avec la réorganisation des facultés de philosophie et lettres. Dans ce dernier cas, l'esprit d'ouverture et de modernisation est clairement affiché par l'auteur de la réforme, le ministre Antonio García Alix, pour qui il s'agit d'enrichir les facultés de nouvelles disciplines, et de faire en sorte que les professeurs « enseñen á los futuros profesores á manejar las fuentes y á emplear los métodos modernos, de manera que la enseñanza de la historia no sea un vano ejercicio de la memoria, sino el resultado de investigaciones y estudios verdaderamente positivos y seguros[34] ». Quelles sont les conséquences immédiates de cette nouvelle politique pour l'archéologie ? Avec la réforme de l'université, l'ESD est supprimée, tandis que ses attributions sont transférées à l'Université centrale de Madrid (actuelle Complutense), marquant par la même l'entrée de notre discipline dans le milieu universitaire : la chaire d'archéologie de l'Université centrale est créée. D'abord confiée à Juan Catalina García López (ancien professeur de l'ESD, proche des milieux catholiques et, par la même, bénéficiant de solides appuis académiques), elle est dédoublée à sa mort (1912), sans raison scientifique apparente, mais plutôt pour satisfaire les ambitions de deux grandes personnalités : Antonio Vives occupe alors la chaire d'épigraphie et de numismatique, José Ramón Mélida celle d'archéologie classique[35]. La même année est créée la chaire d'archéologie

32. Cité dans J.M. Sánchez Ron, « Arcaismo y modernización en la España de 1898 », *in* O. Ruiz-Manjón, A. Langa Laorga, *Los significados del 98*, p. 729.
33. *Ibid.*, p. 729-730.
34. *Gaceta de Madrid*, « Real Decreto suprimiendo la Escuela Superior de Diplomática é incorporando las enseñanzas que la constituyen á la Facultad de Filosofía y Letras, y reformando ésta », 203 (22/07/1900), p. 310.
35. Contrairement aux règles habituelles, aucun concours n'est organisé pour donner un titulaire à chacune de ces chaires. Mélida et Vives sont nommés par Ordre royal du 26/12/1911 (paru au journal officiel le 13/01/1912), sur proposition de la faculté de philosophie et lettres. Le doyen déclare ainsi que « no puede menos de aceptar con el mayor gusto esa doble y unánime propuesta,

arabe pour Manuel Gómez-Moreno. Dès lors, elles ne vont cesser de se multiplier partout en Espagne.

Précisons en outre qu'en 1911, le royaume se dote d'une très attendue Loi sur les fouilles archéologiques et les antiquités, destinée à réglementer la pratique sur le terrain et à protéger le patrimoine de la nation, afin d'empêcher le pillage archéologique que l'achat de la Dame d'Elche avait révélé au grand jour[36]. Le Conseil supérieur des fouilles et des antiquités (la *Junta Superior de Excavaciones y Antigüedades*), créé en 1912, sera l'organisme chargé de l'application de cette nouvelle réglementation.

Cette politique réformiste est couronnée, en 1907, par la création de la *Junta para Ampliación de Estudios e Investigaciones Científicas*[37] (JAE), institution suprême chargée de coordonner l'ensemble de la recherche scientifique (à travers des centres de recherche autonomes), et d'envoyer à l'étranger les futurs savants du pays, grâce à une ambitieuse politique de bourses d'études[38]. Influencés par les membres de l'Institution libre d'enseignement et par la pensée « régénérationiste », les pères de la JAE sont persuadés qu'en favorisant les contacts entre les figures prometteuses de la science et les maîtres de la recherche européenne, ils feront entrer en Espagne un nouvel esprit, moderne et dynamique, qui permettra de régénérer le pays et de lui faire surmonter la crise qu'il traverse. Entre 1910 et 1912, la JAE témoigne de l'intérêt qu'elle porte aux études historiques (et archéologiques) en créant les deux principaux centres à l'intérieur desquels s'écrira l'*historia patria* jusqu'en 1936. C'est en ces murs que se structure peu à peu l'École madrilène d'archéologie.

---

que recae en dos verdaderas notabilidades científicas, como lo prueban las numerosas é interesantes obras á que se refieren las adjuntas notas, además de los títulos de Académicos de la de la Historia y Archiveros, Bibliotecarios y Anticuarios, en cuyo cuerpo el Sr. Mélida ocupa el distinguido puesto de director del Museo de Reproducciones Artísticas, así como el Sr. Vives es arabista del Museo Arqueológico Nacional » [nous respectons l'accentuation du texte original]. Cf. *Gaceta de Madrid*, « Nombrando á D. José Ramón Mélida y Alinari, catedrático numerario de arqueología de la Facultad de Filosofía y Letras de la Universidad Central », 13 (13/01/1912), p. 110. Voir également Díaz-Andreu, « Revisiting the "invisible college" », p. 124.

36. *Gaceta de Madrid*, « Ley de Excavaciones y Antigüedades », 189 (8/07/1911), p. 95-96. Son règlement d'application est publié l'année suivante : *Gaceta de Madrid*, « Real Decreto aprobando el Reglamento provisional para la aplicación de la Ley de 7 de julio de 1911 », 65 (5/03/1912), p. 671-673. Sur ces questions législatives, cf. A. Yáñez Vega, « Estudio sobre la Ley de Excavaciones y Antigüedades de 1911 y el Reglamento para su aplicación de 1912 », *in* G. Mora, M. Díaz-Andreu (éd.), *La cristalización del pasado : génesis y desarrollo del marco institucional de la arqueología en España*, Málaga, Servicio de Publicaciones de la Universidad de Málaga, 1997, p. 423-429, ainsi que A. Yáñez Vega, A.C. Lavín Berdonces, « La legislación española en materia de arqueología hasta 1912 : análisis y evolución en su contexto », *Patrimonio Cultural y Derecho*, 3 (1999), p. 123-146.

37. Une traduction possible : « Conseil des hautes études et de la recherche scientifique. »

38. *Gaceta de Madrid*, « Ley creando la Junta para Ampliación de Estudios e Investigaciones Científicas », 15 (15/01/1907), p. 165-167. Sur l'histoire de l'institution, cf. F. Laporta *et alii*, « Los orígenes culturales de la Junta para Ampliación de Estudios, 1ª parte », *Arbor* CXXVI-493 (1987), p. 17-87, la seconde partie se trouvant, sous le même titre, dans *Arbor* CXXVII-499 (1987), p. 9-137. Cf. également J.M. Sánchez Ron (coord.), *1907-1987. La Junta para Ampliación de Estudios e Investigaciones Científicas, 80 años después*, 2 vol., Madrid, CSIC, 1988. Plus récemment, M.Á. Puig-Samper (éd.), *Tiempos de investigación. JAE-CSIC 100 años*, Madrid, CSIC, 2006.

Pour la science et la patrie : la mise en place du réseau madrilène

Grâce à l'impulsion donnée par la JAE, le Centre d'études historiques (CEH) est créé en 1910[39], placé sous la direction du philologue Ramón Menéndez Pidal[40]. L'institution souhaite œuvrer pour une meilleure étude des monuments, documents, traditions, etc., permettant d'approfondir la connaissance de l'histoire nationale. Il s'agit aussi de former une poignée d'élèves aux nouvelles méthodes de la recherche historique afin qu'ils puissent, le plus tôt possible, collaborer aux travaux du CEH. Pour plus d'efficacité, des sections spécialisées sont créées, placées sous la direction d'un spécialiste jouissant de la meilleure autorité et intégré au cercle des intellectuels « régénérationistes ». Parmi elles, celle d'archéologie, dirigée par Manuel Gómez-Moreno[41], qui se met en place dès 1914, ou encore la section d'histoire de l'art d'Elías Tormo (fig. 1). Ces deux dernières fournissent un cadre institutionnel qui permet la mise en place d'une communauté scientifique structurée, disposant d'outils efficaces pour mener à bien sa mission scientifique, la diffuser, et dialoguer. De sorte que presque tous les grands historiens et archéologues de l'entre-deux-guerres et de l'après-guerre civile, fréquentent le palais de la rue du duc de Medinaceli : Hugo Obermaier, Pere Bosch Gimpera, Antonio García y Bellido, Martín Almagro Basch, Juan Cabré Aguiló, Alberto del Castillo, Luis Pericot, José de Calasanz Serra Ráfols, Cayetano de Mergelina, Antonio Tovar, Juan de Mata Carriazo[42], Joaquín María de Navascués, etc. Aussi, l'image de ceux qui n'auront pas la chance d'être associés aux travaux du CEH en pâtira (dans une certaine mesure, c'est le cas de José Ramón Mélida[43]), la future élite scientifique préférant travailler avec les grandes figures présentes à la fois dans le milieu universitaire et de la recherche : Gómez-Moreno et Tormo.

Les travaux du CEH concernent surtout les études protohistoriques et classiques. Qu'en est-il de l'archéologie préhistorique ? En 1912, la Commission pour la recherche paléontologique et préhistorique (la CIPP, *Comisión de Investigaciones Paleontológicas y Prehistóricas*) est créée à l'intérieur de la JAE, rattachée aux sciences naturelles selon la tradition héritée

39. *Gaceta de Madrid*, « Real Decreto creando el Centro de Estudios Históricos », 78 (19/03/1910), p. 582-583. Sur son histoire, cf. J.M. López Sánchez, *Heterodoxos españoles. El Centro de Estudios Históricos (1910-1936)*, Madrid, Marcial Pons, 2006.
40. F. Rodríguez Mediano, *Pidal, Gómez-Moreno, Asín. Humanismo y progreso. Romances, monumentos y arabismo*, Madrid, Nivola Libros y Ediciones, 2002.
41. L. López-Ocón Cabrera, « Manuel Gómez-Moreno en el taller del Centro de Estudios Históricos », in J. Blánquez Pérez & L. Roldán Gómez (éd.), *La cultura ibérica a través de la fotografía de principios de siglo : las colecciones madrileñas*, Madrid, UAM, 1999, p. 145-153.
42. Juan de Mata Carriazo a laissé un témoignage intéressant sur la figure de son maître, M. Gómez-Moreno, et le labeur de la section d'archéologie du CEH : *El maestro Gómez-Moreno contado por él mismo. Discurso leído el día 8 de mayo de 1977, en su recepción pública por el Excmo. Sr. D. Juan de Mata Carriazo y Arroquia y contestación del Excmo. Sr. D. Emilio García Gómez*, Sevilla, RAH, p. 1977.
43. M. Díaz-Andreu, « Mélida : génesis, pensamiento y obra de un maestro », *in* J.R. Mélida, *Arqueología española*, M. Díaz-Andreu (éd.), Pamplona, Urgoiti, 2004, p. xcvi-cvii.

du XIXe siècle, à travers l'Institut national de sciences physico-naturelles[44] (fig. 1). À l'évidence, cette création répond au désir de mettre un terme au contrôle exclusif d'institutions étrangères sur l'archéologie préhistorique péninsulaire, à commencer par celui de l'Institut de paléontologie humaine de Paris (IPH). L'initiative part d'Eduardo Hernández-Pacheco, titulaire de la chaire de géologie de l'Université centrale depuis 1910. Ce dernier connaît bien le monde scientifique français, puisqu'il a effectué un séjour à Paris comme boursier de la JAE, où il a travaillé aux côtés du professeur Boule, le premier directeur de l'IPH. Le Décret royal du 30 mai 1912 officialise la création d'une Commission pour les prospections spéléologiques[45]. Il s'agit de mettre un terme au monopole étranger, en confiant l'élaboration de l'histoire des premiers âges de l'Espagne aux Espagnols. L'IPH n'est pas directement nommé, mais l'allusion est implicite : « El interés que en nuestro país tienen estas investigaciones ha sido universalmente reconocido, como lo prueban las intensas exploraciones que en las más célebres cavernas del territorio cantábrico [notamment Altamira] se están haciendo por especialistas extranjeros[46]. »

L'institution, qui par un Ordre royal du 26 mai 1913 prend son nom définitif de CIPP, est placée sous la direction d'Enrique de Aguilera y Gamboa, marquis de Cerralbo[47], tandis qu'Eduardo Hernández-Pacheco est nommé chef des travaux. Dans le monde universitaire madrilène, il faut cependant attendre 1922 pour voir apparaître une chaire de préhistoire. Cette année-là, H. Obermaier, qui a quitté la CIPP en 1919 (suite à un conflit avec Hernández-Pacheco), met à profit les liens qu'il a tissés avec les milieux aristocrates et conservateurs espagnols (notamment le duc d'Albe qui dirige alors la RAH), et obtient la création de la chaire d'histoire primitive de l'homme, rattachée à la faculté de philosophie et lettres de l'Université centrale[48].

Nous voyons ainsi qu'entre 1910 et 1922, les jalons sont posés pour permettre le développement d'une École madrilène d'archéologie : autour de

44. M. de la Rasilla Vives, « La Comisión de Investigaciones Paleontológicas y Prehistóricas y la arqueología prehistórica en España », *in* M. Díaz-Andreu, G. Mora, *La cristalización del pasado*, p. 431-437. Plus largement, cf. A. Moure Romanillo, *Escritos sobre historiografía y patrimonio arqueológico*, Santander, Servicio de publicaciones de la Universidad de Cantabria, 2006, notamment p. 23-28, 53-71, et 105-130.

45. *Gaceta de Madrid*, « Real Orden disponiendo que se cree, bajo la dependencia de la Junta para Ampliación de Estudios e Investigaciones Científicas, una Comisión de Exploraciones Espeológicas », 151 (30/05/1912), p. 498-499.

46. *Ibid.*, p. 499.

47. M. Barril & M.L. Cerdeño, « El marqués de Cerralbo : un aficionado que se institucionaliza », in M. Díaz-Andreu, G. Mora, *La cristalización del pasado*, p. 515-527, ainsi que C. Jiménez Sanz, E. García-Soto Mateos, « Juan Cabré, Enrique de Aguilera y el Museo Cerralbo : apuntes sobre una relación científica y humana intemporal », *in* J. Blánquez Pérez, B. Rodríguez Nuere (éd.), *El arqueólogo Juan Cabré (1882-1947), la fotografía como técnica documental*, Madrid, UAM, 2004, p. 88-103.

48. *Gaceta de Madrid*, « Real Orden nombrando a D. Hugo Obermaier catedrático de historia primitiva del hombre en la Facultad de Filosofía y Letras de la Universidad Central de Madrid », 107 (17/04/1922), p. 215.

M. Gómez-Moreno et E. Tormo se regroupent les spécialistes de l'archéologie protohistorique et classique, toujours très liée à la philologie et à l'histoire de l'art, alors que les préhistoriens se forment à l'intérieur de la CIPP et de la chaire d'histoire primitive de l'homme d'Obermaier. Les liens entre l'université et la JAE sont d'ailleurs bien plus étroits que les historiens ne l'ont reconnu jusqu'à présent, puisque les figures de proue du CEH et de la CIPP sont aussi des professeurs de l'Université centrale.

L'École catalane d'archéologie, un réseau alternatif : pour la science et la patrie… catalane (1915-1939)

Cependant, le réseau madrilène n'a pas le monopole de l'élaboration du discours archéologique. Dans le contexte de résurgence des mouvements nationalistes « périphériques », les grands centres politiques et culturels comme le Pays Basque, la Catalogne ou le Pays Valencien, vont à leur tour se doter d'institutions pionnières en matière de recherche scientifique. Loin de dépendre du centre madrilène, ces organismes régionaux cherchent au contraire à se développer en dehors de la sphère d'influence de la capitale, produisant un discours identitaire et un modèle historique alternatif, répondant aux nécessités locales. De cette époque datent les Services pour la recherche préhistorique de Valence (fondé en 1927 par Isidro Ballester Tormo) et Madrid (créé en 1929 par José Pérez de Barradas)[49], ainsi que le Service pour la recherche archéologique de catalogne. Nous ne saurions présenter l'ensemble du dispositif institutionnel qui couvre peu à peu la péninsule dans les années 1910-1930. Aussi, nous privilégierons l'étude de ce qui est resté dans l'histoire sous le nom d'École catalane d'archéologie, une école qui est parvenue à s'imposer comme une référence en matière de recherche archéologique, aussi bien sur la scène espagnole qu'internationale.

La mise en place de l'École catalane d'archéologie ne peut se comprendre en dehors du contexte culturel et politique qui est celui de la Catalogne des années 1910-1930. Dans le cadre du *Noucentisme* s'élabore une politique culturelle locale, destinée à appuyer les projets des nationalistes qui mettent à profit la faiblesse de l'État central[50]. Avant même que ne surgissent

49. J. Baena Preysler, « El paleolítico en Madrid durante el periodo 1916-1936 », *in* J. Panera Gallego, S. Rubio Jara (éd.), *Bifaces y elefantes. La investigación del paleolítico inferior en Madrid*, Alcalá de Henares, Museo Arqueológico Regional, 2002, p. 80-107 ; H. Bonet Rosado *et alii* (éd.), *Arqueología en blanco y negro. La labor del SIP (1927-1950)*, Valencia, Diputación de Valencia, 2006.

50. Cf. J. Álvarez Junco, *Mater dolorosa. La idea de España en el siglo XIX*, Madrid, Taurus, 2005 (9e éd.). Les revendications politiques catalanes ne sont pas ignorées par Madrid, grâce à l'action du dirigeant de la *Lliga Regionalista*, Enric Prat de la Riba, président de la Députation provinciale de Barcelone à partir de 1907. C'est lui qui, pour la première fois, propose d'intégrer les quatre Députations dans une structure d'autogouvernement. Le 6 avril 1914, se forme ainsi la *Mancomunitat de Catalunya*, présidée par Prat lui-même. Ce dernier meurt en 1917 et est remplacé par Josep Puig i Cadafalch. En 1925, la dictature de Primo de Rivera supprime la nouvelle institution, qui aura constitué un précédent à la *Generalitat de Catalunya* qu'instaurera la IIe République.

la JAE et ses instituts, sont créées, en 1903, les Études universitaires catalanes (*Estudis Universitaris Catalans*), en marge de l'université et chargées de former la nouvelle élite locale. En 1907, année de création de la JAE, Josep Puig i Cadafalch et Josep Pijoan fondent l'Institut des études catalanes (l'IEC, *Institut d'Estudis Catalans*), afin de stimuler la recherche scientifique – en dehors de l'université et des institutions de l'État. L'IEC se propose de coordonner le travail de reconstruction de la culture régionale, grâce à la création de quatre sections spécialisées, dont deux consacrées à l'histoire et à l'archéologie.

Dans ce projet, l'archéologie tient une place prépondérante, finalement bien plus grande que dans le réseau « régénérationiste » madrilène, davantage centré sur les études médiévales et modernes. La première grande intervention du *Noucentisme* dans ce domaine date de 1908, lorsque la *Junta de Museus i Belles Arts*, créée en 1902 par la Ville et la Députation de Barcelone, décide d'entreprendre des fouilles sur le site de la ville grécoromaine d'Ampurias. La direction du chantier est confiée à Puig i Cadafalch[51]. Dans le même temps, les fouilles reprennent à Numance, sous la conduite d'Eduardo Saavedra, José Ramón Mélida et Adolf Schulten. Chacun des deux mouvements nationalistes va ainsi disposer d'un lieu historique emblématique, permettant d'ancrer son discours dans le passé le plus lointain.

Les résultats obtenus à Ampurias décident la *Mancomunitat* à fonder, en 1915, le Service pour la recherche archéologique (*Servei d'Investigacions Arqueològiques*), afin de la coordonner, aussi bien en Catalogne que dans les autres régions de langue catalane[52]. Sa direction est confiée à un jeune chercheur prometteur de vingt-quatre ans, tout juste rentré d'Allemagne où, grâce à un financement de la JAE, il s'est formé aux côtés des plus éminents spécialistes de l'*Altertumswissenschaft*[53] : Pere Bosch Gimpera. Depuis son poste, le préhistorien pourra « treballar intensament per la pàtria[54] ». En effet, ce dernier est chargé par Puig i Cadafalch d'organiser, aux côtés de Josep Colominas, le Service pour la recherche archéologique, dépendant de l'IEC. Dans le même temps il collabore aux travaux du CEH, et devient membre de la CIPP (1915). Commence pour le jeune chercheur une ascension qui lui permettra de se rendre maître des principales institutions catalanes qui cultivent les sciences de l'Antiquité. À partir des différents postes

51. Sur les fouilles d'Ampurias entre 1908 et 1936, cf. J. Ruiz de Arbulo, « Excavaciones en Ampurias (1908-1936) », *in* J. Arce, R. Olmos, *Historiografía de la arqueología*, p. 167-172.

52. F. Gracia Alonso, J. Cortadella, « La institucionalización de la arqueología en Cataluña : el *Servei d'Investigacions Arqueològiques* del *Institut d'Estudis Catalans* », *in* M.B. Deamos, J. Beltrán Fortes, *Las instituciones*, p. 257-321.

53. Sur la formation de Bosch en Allemagne : M. Díaz-Andreu, « Arqueólogos españoles en Alemania en el primer tercio del siglo XX. Los becarios de la Junta para Ampliación de Estudios : Bosch Gimpera », *Madrider Mitteilungen* 36 (1995), p. 79-89, et J. Cortadella, « Historia de un libro que se sostenía por sí mismo : la *Etnologia de la península ibèrica* de Pere Bosch Gimpera », *in* P. Bosch Gimpera, *Etnologia de la península ibèrica*, J. Cortadella (éd.), Pamplona, Urgoiti, 2003, p. xxxvi-liii.

54. « *Que bell és que un jove es llanci a descobrir el món i que després torni, enriquit el seu esperit, a treballar intensament per la pàtria* », lettre de Joan Maragall à Bosch Gimpera, citée dans J. Cortadella, *in* P. Bosch Gimpera, *Etnologia*, p. xxxix.

qu'il occupe jusqu'en février 1939, date à laquelle il est contraint à l'exil, Bosch s'emploie à rassembler autour de lui de jeunes chercheurs à l'avenir prometteur, donnant ainsi naissance à un réseau catalan dynamique, ouvert aux nouvelles techniques et méthodes que l'ancien boursier de la JAE en Allemagne introduit en Espagne[55]. De 1915 à 1917, il enseigne la préhistoire de la Catalogne dans le cadre des Études universitaires catalanes. En 1916, il obtient la chaire d'histoire universelle ancienne et médiévale de l'université de Barcelone[56], où il fonde un séminaire de préhistoire (1917) qui formera l'essentiel de ses disciples. L'événement est important : pour la première fois, cette branche de l'archéologie est introduite dans une université espagnole (rappelons que la chaire d'histoire primitive de l'homme de l'Université centrale n'est créée qu'en 1922). Précisons en outre que Bosch Gimpera est aussi un archéologue engagé, même si son activisme politique est tardif, apparaissant seulement à partir de 1931. À la veille de la guerre civile, on le retrouve dans l'*Acció Catalana Republicana*, et c'est comme membre de ce parti qu'il est nommé Conseiller pour la justice en Catalogne, le 29 juin 1937, en plein conflit.

Tel est le contexte politique et culturel dans lequel se forme, entre 1916 et 1939, l'École catalane d'archéologie (ou École de Barcelone), Bosch Gimpera parvenant à rassembler autour de lui un nombre restreint de disciples[57]. Dès 1916, apparaît ainsi parmi ses élèves un certain Luis Pericot. Le séminaire de préhistoire que Bosch tente de maintenir tant bien que mal – et malgré l'opposition d'un certain nombre de professeurs –, sera en effet l'instrument qui lui permettra de découvrir les futures étoiles de l'archéologie catalane. Parmi elles, Pericot bien sûr, mais aussi les frères Serra Ràfols, Elías et José, Alberto del Castillo, et même Julio Martínez Santa-Olalla, qui recevra à la fois l'enseignement de Bosch et d'Obermaier. Malgré l'hostilité que suscitent le séminaire et son maître, Pere Bosch Gimpera tente d'assurer l'implantation de l'école et la réussite professionnelle de ses membres : assistant à l'université de Barcelone en 1922, Luis Pericot obtient, en 1926, la chaire d'histoire ancienne et médiévale d'Espagne de l'université de Saint-Jacques de Compostelle, avant d'obtenir sa mutation à Valence,

55. Nous renvoyons avant tout aux travaux de F. Gracia Alonso, notamment « Pere Bosch Gimpera y la formación de l'*Escola de Barcelona* (1915-1939) », *in* J. Barberà Farras, J. García Roselló (coord.), *L'arqueologia a Catalunya durant la República i el franquisme (1931-1975)*, Mataró, Museo de Materó, 2003, p. 31-91 ; « Bosch Gimpera, rector de l'Autònoma (1933-1939). 1 : els fets d'octubre i la supressió de l'autonomia », *L'Avenç*, 287 (2004), p. 13-20 ; « Bosch Gimpera, rector de l'Autònoma (1933-1939). 2 : la Guerra civil i la desfeta d'un somni », *L'Avenç* 288 (2004), p. 13-20. Voir également A. Mederos Martín, « El joven Bosch Gimpera y la primera estructuración de la prehistoria en España », *Boletín del Seminario de Estudios de Arte y Arqueología* 55 (1999), p. 9-28.

56. En 1930, le ministre de l'Instruction publique, Elías Tormo, directeur de la section d'art du CEH, approuve le changement de nom de la chaire occupée par Bosch, qui devient ainsi « préhistoire et histoire ancienne ».

57. L. Pericot, « La escuela arqueológica barcelonesa », in *Problemas de la prehistoria y de la arqueología catalanas, II Symposium de prehistoria peninsular, 8-11 de octubre de 1962,* Barcelona, Instituto de Arqueología, 1963, p. xvii-xxviii, et P. Bosch Gimpera, « 1916. Una escuela de prehistoria », *Pyrenae* 2 (1966), p. 1-11.

où il travaille entre 1927 et 1933, contribuant à la création du Service pour la recherche préhistorique de la ville. Il rejoint ensuite Barcelone où il occupe une chaire d'ethnologie, puis celle d'histoire ancienne et médiévale en 1943, avant d'obtenir celle de préhistoire en 1954 (il succède à Martín Almagro). De son côté, Elías Serra Ràfols remporte, en 1926, le concours destiné à pourvoir la chaire d'histoire de l'Espagne de l'université de La Laguna, aux Canaries. Son frère, José de Calasanz, fait carrière au sein du Musée archéologique de catalogne. Quant à Alberto del Castillo, dès 1931, il est professeur d'histoire universelle ancienne et médiévale à Saint-Jacques de Compostelle, avant d'occuper un poste identique à Barcelone, à partir de 1942. Assurément, le prestige national et international dont bénéficie le maître contribue à renforcer l'implantation de l'École, alors que Valence, Saint-Jacques et les Canaries reçoivent l'influence du grand frère catalan. Cependant, outre les figures que nous venons de mentionner, le séminaire de Bosch ne forme guère d'autres grands archéologues, si l'on excepte Juan Maluquer de Motes, à une époque où Bosch est accaparé par les charges publiques qu'il exerce et par sa participation à de grandes réunions scientifiques internationales. Son départ pour l'exil et l'arrivée de Martín Almagro Basch, qui met à profit son engagement politique phalangiste pour conquérir les postes jadis occupés par Bosch Gimpera, brisera durablement l'élan impulsé par ce dernier, alors que l'École disparaît presque complètement après 1939.

Le legs des écoles madrilènes et barcelonaises

Nouveau paradigme et renouvellement théorique

Regroupés autour des principes généreux et modernes de l'Institution libre d'enseignement, la période qui va de 1900 à 1936 est marquée par une spectaculaire modernisation institutionnelle et scientifique. Grâce au modèle que fournit la science allemande, à laquelle les jeunes archéologues se confrontent lors des séjours que la JAE leur permet de faire en Allemagne, de nouvelles méthodes et techniques sont introduites en Espagne.

La période est d'abord marquée par un profond renouvellement des paradigmes théoriques, l'historicisme culturel de l'école allemande pénétrant progressivement les esprits. Les séjours que font les jeunes étudiants à l'étranger, l'Allemagne étant leur destination favorite[58], sont sans doute le facteur principal permettant d'expliquer l'utilisation nouvelle de ces concepts théoriques en Espagne, tout comme le labeur des grands maîtres formés en Allemagne, à l'image d'Hugo Obermaier ou Pere Bosch Gimpera. Tous deux incitent d'ailleurs leurs élèves à parachever leur for-

58. M. Díaz-Andreu, « Arqueólogos españoles en Alemania en el primer tercio del siglo XX. Los becarios de la Junta para Ampliación de Estudios : Bosch Gimpera », *Madrider Mitteilungen* 36 (1995), p. 79-89, et « Arqueólogos españoles en Alemania en el primer tercio del siglo XX. Los becarios de la Junta para Ampliación de Estudios », *Madrider Mitteilungen* 37 (1996), p. 205-224.

mation à l'étranger : Telesforo de Aranzadi, Encarnación Cabré Herreros et son père, Juan Cabré Aguiló, Alberto del Castillo, Luis Pericot, Teresa Andrés Zamora, Martín Almagro, Antonio García y Bellido[59], autant de personnalités qui ont pu prolonger leur formation outre-Rhin et côtoyer des savants de la stature d'un Wilamowitz, d'un Schmidt, d'un Rodenwaldt ou d'un Kossinna[60]. À leur contact, ils découvrent de nouvelles méthodes et plus largement, une autre façon de faire l'histoire : comme le montrent les fouilles menées par Juan Cabré ou le marquis de la Vega del Sella, les chantiers de fouilles ne sont plus improvisés, mais répondent à un plan d'ensemble élaboré au préalable, tandis que la méthode stratigraphique et l'emploi de la photographie, véritable technique documentaire, se généralisent sur les chantiers. Les pièces découvertes ne sont plus seulement envisagées pour leurs aspects artistiques, le vestige matériel le plus insignifiant étant pris en compte et étudié selon son contexte de découverte[61]. Ces progrès sur le terrain s'accompagnent d'une modernisation des techniques muséographiques. Dans le même temps, l'enseignement universitaire est remis en cause, les nouveaux maîtres de la discipline privilégiant le modèle des séminaires allemands, rompant avec le système oligarchique traditionnel, et la « vieja universidad arcaica y burocrática[62] » : l'activité déployée par Pere Bosch Gimpera à Barcelone, ou par Antonio García y Bellido à Madrid, afin de créer des séminaires composés d'un nombre réduit d'élèves compétents, réunir des archives photographiques et cartographiques, constituer des bibliothèques rassemblant les publications les plus récentes, etc., autant d'éléments qui sont inspirés du fonctionnement des universités germaniques. En 1936, Bosch déclare ainsi au quotidien catalan *La Vanguardia* :

> « He trabajado arduamente por la autonomía de la Universidad de Cataluña y para acabar hasta con el rastro de la vieja universidad arcaica y burocrática. Creo que la universidad debe ser el genuino hogar de la cultura de Cataluña [...]. Y para huir de la universidad burocrática, a la antigua, donde los jóvenes van a justificar una matrícula, y los profesores un sueldo, asistiendo unas horas fijas a unas aulas determinadas, es preciso crear

59. Voir A. García y Bellido, « Impresiones a la llegada de un viaje en tren a Berlín en 1931 », transcription du journal personnel d'Antonio García y Bellido durant son voyage à Berlin comme boursier de la JAE, 1931, archive de la famille García-Bellido, *in* J. Blánquez Pérez, M. Pérez Ruiz (éd.), *Antonio García y Bellido. Miscelánea*, Madrid, UAM, 2004, p. 59-65.

60. Précisons que si Julio Martínez Santa-Olalla ne bénéficie pas d'une bourse de la JAE, il parvient tout de même à séjourner en Allemagne où il occupe, de 1927 à 1931, le poste de professeur de culture espagnole à l'université de Bonn. Il côtoie alors G. Kossinna et H. Weinert. Voir S. Quero Castro, A. I. Ortega, « Julio Martínez Santa-Olalla », *in* J. Panera Gallego, S. Rubio Jara, *Bifaces y elefantes*, p. 196.

61. L. López-Ocón Cabrera, « Manuel Gómez-Moreno », p. 145-153 ; M. de la Rasilla Vives, D. Santamaría Álvarez, « Algunos promotores de la investigación prehistórica hispana a principios del siglo XX : Eduardo Hernández-Pacheco Esteban, conde de la Vega del Sella, marqués de Cerralbo, Juan Cabré Aguiló y Amalio Gimeno Cabañas », *Archaia* 3-5 (2003-2005), p. 209-214 ; S. González Reyero, *La fotografía en la arqueología española (1860-1960). Cien años de discurso arqueológico a través de la imagen*, Madrid, RAH, 2006.

62. P. Bosch Gimpera, « La autonomía universitaria. El nuevo rector de la universidad ; sus ideales y sus proyectos. Las culturas ibéricas y las funciones del Patronato. La toma de posesión », *La Vanguardia*, 15/12/1933, p. 6.

seminarios, laboratorios, llenar de libros las bibliotecas, organizar viajes de estudios; infundir, en fin, al organismo universitario, esa vitalidad que es la que informa la universidad moderna[63]. »

La Guerre civile brisera l'effort entrepris par ces pionniers durant les années 1920-1930, comme le rappellera García y Bellido vers 1953 :

> « Desde que en 1931 fui nombrado profesor ordinario en la universidad de Madrid pude crear en el seminario de arqueología un seminario bien dotado. El año 1936 tenía la mejor biblioteca de arqueología de toda la península, incluyendo Portugal. Libros, fotografías, diapositivas en abundancia. Estalló la guerra y el frente se estabilizó en Madrid. La Ciudad Universitaria cayó parte en manos de los nacionales. La facultad de filosofía y letras quedó en la de los rojos y en ella se establecieron las brigadas internacionales. Éstas aniquilaron materialmente las bibliotecas de todos los seminarios. Cuando en 1939 se rindió Madrid no quedaba un solo libro de mi seminario. Todo había sido quemado y destruido por los internacionales[64]. »

De nouvelles institutions pour d'ambitieux projets

À cette modernisation scientifique s'ajoute, comme nous l'avons vu, une modernisation institutionnelle qui permet d'adapter les structures dans lesquelles se déroulent la recherche et l'enseignement : le CEH, la CIPP, les différents Services pour la recherche archéologique ou préhistorique, autant d'institutions qui font la fierté de la science espagnole des années 1910-1930. Pour la première fois dans l'histoire du pays, la préhistoire dispose ainsi de structures dans lesquelles se développer.

À cela s'ajoute l'œuvre d'Obermaier (chapelain du duc d'Albe), du marquis de Cerralbo (chef du parti carliste) et de Cabré, lui aussi lié aux milieux traditionalistes, qui, par leur intégration aux milieux conservateurs et catholiques, contribuent à vaincre les réticences de ces secteurs réactionnaires, et à faire accepter une science jusque-là considérée comme portant atteinte au dogme catholique[65].

C'est encore Obermaier qui permet d'imposer la conception de la préhistoire comme une véritable science historique, détachée des sciences naturelles, même si ce basculement ne s'est pas opéré sans susciter la polémique. C'est ainsi que naît la chaire, au nom étrange mais révélateur, d'histoire primitive de l'homme, rattachée à la faculté de lettres de l'Université centrale de Madrid (1922), tandis qu'est fondé, à Barcelone, le séminaire de préhistoire de Bosch Gimpera, lui aussi rattaché aux études historiques (1915).

---

63. *Ibid.*, p. 6.
64. J. Blánquez Pérez, M. Pérez Ruiz, *Antonio García y Bellido*, p. 53.
65. Cf. J. Estévez, A. Vila, « Obermaier y la construcción del paleolítico español : una perspectiva desde el siglo XXI », *Zona Arqueológica* 7-1 (2006), p. 49-57. Et plus largement, F. Blázquez, « Entre Darwin y Teilhard. Notas sobre paleontología y evolucionismo en España (1939-1966) », *Zona Arqueológica* 4-2 (2004), p. 97-107.

Dans ce contexte favorable, de grands projets voient le jour. La création du CEH et de la CIPP fournit un cadre institutionnel qui permet la mise en place d'une communauté scientifique structurée, disposant d'outils efficaces pour mener à bien sa mission scientifique, la diffuser et dialoguer. C'est là que se publient des œuvres aussi importantes que *El problema de la cerámica ibérica* de Bosch (1915), *El arte rupestre en España* de Cabré (1915), *El hombre fósil* d'Obermaier (1916), tandis que Pere Bosch Gimpera publie à Barcelone, en 1932, son *Etnologia de la Península ibèrica*, qui paraît alors que la cité comtale est engagée dans la bataille pour obtenir de Madrid son statut d'autonomie. L'important travail de catalogage et la création de *corpora* de sources, qui continueront à être manipulées par les archéologues pratiquement jusqu'à nos jours, sont aussi à souligner : apparaissent des projets comme le *Fichero de arte antiguo*, réalisé sous la direction de l'historien de l'art Ricardo de Orueta, le *Catálogo monumental de españa*, à la tête duquel se trouve Gómez-Moreno, ou encore les *Fontes Hispaniae Antiquae*, élaborées sous la direction d'Adolf Schulten et auxquelles collaborent Pere Bosch Gimpera, Luis Pericot et Antonio García y Bellido. Dans le même temps, le CEH fonde en 1925 la première revue consacrée exclusivement à l'archéologie et à l'histoire de l'art : *Archivo Español de Arte y Arqueología*[66]. L'*Anuari de l'Institut d'Estudis Catalans*, plus généraliste, accueille également les articles relatifs à l'archéologie, y compris les productions de savants étrangers (Pierre Paris y collabore à plusieurs reprises).

À partir des années 1930, les projets se multiplient d'autant que plusieurs personnalités liées au réseau madrilène se lancent en politique, bénéficiant ainsi de moyens nouveaux. En 1930 en effet, Elías Tormo est ministre de l'Instruction publique du gouvernement Berenguer. Gómez-Moreno, son collègue du CEH et chef de la section d'archéologie, est nommé Directeur général des Beaux-arts. Un an plus tard, ce dernier est remplacé par son disciple, Ricardo de Orueta, qui occupera le poste jusqu'en décembre 1933, puis à nouveau en 1936. L'action de ce dernier, si elle ne se limite pas au domaine archéologique, reste importante. En 1933, une nouvelle Loi de protection du trésor artistique national vient compléter le dispositif de 1911 (elle restera en vigueur jusqu'en 1985) ; les textes normatifs en matière de protection du patrimoine se multiplient. Le projet *Fichero de arte antiguo* est lancé en 1931, tandis que de nombreux sites et monuments antiques sont déclarés « monuments historico-artistiques ». En 1931, le MAN est doté d'un *Patronato* : Mélida en est le président, et parmi ses membres figurent Orueta, Francisco Alvarez Ossorio, Gómez-Moreno, Obermaier, José Ferrandiz. L'année suivante, le *Cuerpo Facultativo* est restructuré. Les créations de musées se multiplient : un soutien est apporté à l'installation du *Museu d'Arqueologia de Catalunya*, le projet novateur du *Paseo Arqueológico de Tarragona* est inauguré en 1933, un musée épigraphique est fondé à

66. G. Mora, « *Archivo Español de Arqueología*. Notas para una historia de la revista », *Archivo Español de Arqueología* 75 (2002), p. 5-20.

Barcelone, un Musée celtibère à Soria (1932), et un Musée archéologique provincial à Almería (1933), etc.[67].

La science au service de la patrie

L'ensemble de ces mesures permettent d'élaborer un discours historique qui recueille l'héritage de l'historiographie du XIXe siècle, mais qui en diffère par l'esprit scientifique et positiviste qui anime les projets. Ces derniers, consacrés à l'écriture de l'*historia patria*, sont marqués par un très fort sentiment nationaliste, un nationalisme inquiet, ébranlé par la défaite de 1898, l'instabilité sociale et politique et le renforcement des nationalismes périphériques qui menacent l'unité du pays. Dans ce contexte, le labeur d'une institution comme le CEH est mis au service de la régénération de l'Espagne, comprise comme le redressement et le renforcement de sa tradition culturelle unitaire. Toute l'œuvre de Menéndez Pidal et des archéologues présents au sein du CEH, vise donc à partir à la recherche de l'essence de l'Espagne, de ses qualités éternelles et immuables. Cette recherche incessante de la tradition, du caractère distinctif de la culture espagnole, est le dénominateur commun à toutes les activités du CEH. C'est ce qui poussera Luis G. de Valdeavellano à affirmer, au cours de l'éloge funèbre de Menéndez Pidal qu'il prononce en 1968, devant la RAH, que « al impulso de don Ramón Menéndez Pidal, el Centro de Estudios Históricos llegó a ser en poco tiempo algo así como el hogar del más sereno y reflexivo patriotismo. [...] Se tenía la sensación de que allí estaba encerrado, para mejor conocerlo, el espíritu mismo de España. Porque si todo amor supone conocimiento, el esfuerzo de don Ramón y de los investigadores del Centro sólo se movía a un impulso que no era otro, en fin de cuentas, que el de conocer mejor a España para mejor amarla[68] ».

Plus qu'une volonté délibérée de mettre l'histoire au service de la politique, il faut y voir la marque du contexte politique, culturel, et intellectuel qui est celui de l'Espagne des années 1898-1936 : dans un pays marqué par la crise politique du régime monarchique de la Restauration, la marginalisation du pays sur la scène internationale, et la résurgence des nationalismes « historiques » (notamment basque et catalan), les savants madrilènes cherchent dans le passé les essences de la patrie et une justification de l'existence d'un État espagnol unitaire et centralisé, reposant sur une culture, un passé, une langue, et une « race » (sans connotation biologique) communs à tous les Espagnols[69]. Le discours historique qui s'élabore dans les murs

67. M. Cabañas Bravo, « La Dirección General de Bellas Artes republicana y su reiterada gestión por Ricardo de Orueta (1931-1936) », *Archivo Español de Arte* LXXXII-326 (2009), p. 169-193.

68. L.G. de Valdeavellano, « En la muerte de don Ramón Menéndez Pidal (1869-1968) », *in Seis semblanzas de historiadores españoles*, Sevilla, Publicaciones de la Universidad de Sevilla, 1978, p. 147-148.

69. Parmi une abondante bibliographie : C.R. Boyd, *Historia patria. Política, historia e identidad nacional en España : 1875-1975*, Barcelona, Ediciones Pomares-Corredor, 2000 ; F. Wulff Alonso, *Las esencias patrias : historiografía e historia antigua en la construcción de la identidad española (siglos*

du CEH est donc celui de l'État-nation, et ne diffère des *Historias generales de España*[70] élaborées au siècle précédent, que par le scientisme qui anime les auteurs de ce modèle. À ce titre, les fouilles archéologiques menées à Numance au début du siècle, sous la direction de Saavedra puis de Mélida (Schulten doit se contenter de travailler sur le site du camp romain établi par Scipion Émilien) sont exemplaires, la geste de la cité celtibère, qui résista à l'envahisseur romain jusqu'à la mort, constituant un symbole identitaire puissant[71]. Finalement, ce modèle historique trouvera son expression la plus aboutie dans les prologues que rédige Ramón Menéndez Pidal pour les deux premiers volumes de l'*Historia de España*, monumental projet éditorial qu'il dirige et qui est publié à partir de 1935 chez Espasa-Calpe[72]. Il y affirme « algunos caracteres hispanos que consideramos como raíz de los demás[73] », et grâce auxquels il pense trouver l'existence d'une « nación con imperfecto sentido de nacionalidad[74] ».

En revanche, dans le cadre du *Noucentisme*, l'École de Barcelone propose un modèle interprétatif de l'histoire nationale alternatif. Ses travaux montrent qu'il existe bien, en cette première moitié de xxe siècle, une autre façon d'interpréter les sources archéologiques. Le débat dépasse les clivages politiques (Progressistes contre Traditionalistes), et finalement, ce sont deux manières de concevoir « el Ser de España » et l'organisation même de l'État qui s'affrontent. La première, reconnaissant la pluralité ethnique de la péninsule, est favorable à un état décentralisé qui reconnaîtrait les particularismes locaux (galiciens, basques, catalans, aragonais, valenciens, andalous, etc.). La seconde, en revanche, défend l'existence d'une Espagne unitaire par essence, construite autour des deux piliers séculaires que sont la monarchie et l'Église catholique. À cette Espagne unitaire défendue par Pidal dans *El imperio romano y su provincia*, et par Juan Cabré et Manuel Gómez-Moreno à travers le concept de « culture hispanique » qu'ils substi-

XVI-XX), Barcelona, Crítica, 2003 ; M. Díaz-Andreu, « Nacionalismo y arqueología : el contexto político de nuestra disciplina », *Eres Arqueología/Bioanthropología* 12 (2004), p. 143-168.

70. Notamment l'*Historia general de España* de Modesto Lafuente et celle publiée par les membres de la *Real Academia de la Historia* sous la direction d'Antonio Cánovas del Castillo. Cf. M. Lafuente, *Historia general de España. Discurso preliminar*, J. S. Pérez Garzón (éd.), Pamplona, Urgoiti, 2002 ; B. Pellistrandi, « Escribir la historia de la nación española : proyectos y herencia de la historiografía de Modesto Lafuente y Rafael Altamira », *Investigaciones Históricas* 17 (1997), p. 137-159, et « Reflexiones sobre la escritura de la historia de la nación española. Los discursos preliminares de las *Historias generales de España* desde Modesto Lafuente (1850) hasta Ramón Menéndez Pidal (1947) », *in* O. Gorsse, F. Serralta (coord.), *El siglo de Oro en escena : homenaje a Marc Vitse*, Toulouse, PUM, 2006, p. 747-757.

71. A. Jimeno Martínez, J.I. de la Torre Echávarri, *Numancia, símbolo e historia*, Madrid, Akal, 2005.

72. R. Menéndez Pidal, « El imperio romano y su provincia », in *Historia de España*, t. ii, *España romana*, Madrid, Espasa-Calpe, 1935, p. ix-xliii, et « Los españoles en la Historia. Cimas y depresiones en la curva de su vida política », *Historia de España*, t. i, vol. I. *España Prehistórica*, Madrid, Espasa-Calpe, 1947, p. ix-ciii. Sur ce vaste projet, cf. J.M. Jover Zamora, « Menéndez Pidal y la historiografía española de su tiempo », in *El legado cultural de España al siglo XXI*, vol. 1, *Pensamiento, historia y ciencia*, Barcelona, Círculo de lectores, 1992, p. 43-103. Nous nous permettons de renvoyer à G. Reimond, « L'*Hispania aeterna* de Ramón Menéndez Pidal. Histoire et Antiquité dans la pensée pidalienne », *Anabases* 9 (2009), p. 147-172.

73. R. Menéndez Pidal, « Los españoles en la historia », p. ix.

74. *Ibid.*, p. liii-liv.

tuent à celui de « culture ibérique[75] », répond ainsi la « théorie des superstructures » de Pere Bosch Gimpera qui, tout en stigmatisant l'histoire « tradicional, oficial, ortodoxa de España[76] », ne reconnaît que l'existence d'une unité géographique de la péninsule. Celle-ci crée peut-être « una solidaridad, una hermandad, una cierta cultura común. Pero una Nación unitaria y menos la necesidad de admitir la identificación de determinado pueblo y de determinada cultura con el todo, de ninguna manera[77] ». Bosch Gimpera revendique au contraire la diversité des peuples hispaniques. Elle est pour lui une constante dans l'histoire nationale. Les assimilations successives et les tentatives d'unification ne sont qu'apparentes : la personnalité des peuples de la péninsule subsiste toujours, de façon latente. Ainsi s'explique la configuration de l'Espagne médiévale (fragmentée en plusieurs royaumes correspondant plus ou moins aux ethnies primitives selon Bosch), de même que « las actuales regiones más caracterizadas[78] ». Les « superstructures » politiques qui se superposent à la mosaïque péninsulaire ne font que dénaturer, perturber, briser, le processus ascensionnel des peuples primitifs qu'elles tentent d'homogénéiser et d'unifier. Il en distingue cinq : la romaine, la wisigothique, la musulmane, celle de la monarchie habsbourgeoise, et enfin, celle de l'État libéral. Nous sommes bien en présence d'un modèle historique alternatif, qui sera naturellement rejeté après 1939.

L'entrée au **Parliament of science**[79]

Un des principaux acquis des réseaux savants qui se mettent en place au début du XXe siècle est d'être parvenu à inverser les rapports de force qui présidaient aux relations entre savants étrangers et espagnols. D'une archéologie « impérialiste », dominée par les Français et les Allemands, on passe peu à peu à une archéologie « nationaliste », à l'intérieur de laquelle les scientifiques étrangers ont leur place, mais où ils doivent désormais collaborer avec leurs confrères hispaniques. Cette collaboration se matérialise à travers plusieurs projets éditoriaux : dès 1912, Alcalde del Río, Breuil, et Sierra publient *Les cavernes ornées de la région cantabrique*, tandis que Raymond Lantier et Juan Cabré font paraître, sous le patronage de la CIPP, leur monographie sur *El santuario ibérico de Castellar de Santisteban* (1917). Dans le même temps, Pierre Paris collabore à l'*Anuari* de l'IEC, et ce dès

75. Cf. notamment : J. CABRÉ, « Arquitectura hispánica. El sepulcro de Toya », *Archivo Español de Arte y Arqueología* 1 (1925), p. 73-102 ; M. GÓMEZ-MORENO, *Misceláneas*, Madrid, CSIC, 1949. Ainsi que J.P. BELLÓN, A. RUIZ, A. SÁNCHEZ, « El archivo Gómez-Moreno : ibérico versus hispánico », in *Los archivos de la arqueología ibérica : una arqueología para dos Españas*, Jaén, Servicio de Publicaciones de la Universidad de Jaén, 2006, p. 53-65.
76. P. BOSCH GIMPERA, « España. Lección de apertura de curso en la Universidad de Valencia », *in* P. RUIZ TORRES (éd.), *Discursos sobre la historia. Lecciones de apertura de curso en la Universidad de Valencia (1870-1937)*, Valencia, Publicaciones de la Universidad de Valencia, 2000, p. 342.
77. *Ibid.*, p. 343.
78. *Ibid.*, p. 350.
79. T. MURRAY, « Prehistoric archaeology in the "Parliament of science" 1845-1884 », *in* N. SCHLANGER, J. NORDBLADH, *Histories of archaeology*, p. 59-71.

la parution du premier numéro. À partir de 1917, il prend la direction des fouilles de Belo, concédées à l'École des hautes études hispaniques par le Conseil supérieur des fouilles et des antiquités. Paris s'assure la collaboration de l'Anglais Georges Bonsor, fondateur du Musée de Carmona (et correspondant de la RAH), et celle de Cayetano de Mergelina, membre de la JAE[80] (l'Américain Archer Milton Huntington[81] assure une partie du financement des fouilles).

Ces années sont aussi celles où l'archéologie péninsulaire acquiert une véritable projection internationale, favorisée par l'intégration de ses maîtres aux réseaux savants français et allemand, à l'image de José Ramón Mélida, Pere Bosch Gimpera, ou Hugo Obermaier : dans les années 1920-1930, plusieurs chercheurs du CEH participent au projet international coordonné par le géographe Crawford, qui, depuis 1934, porte le nom de *Tabula Imperii Romani*. Les archéologues du CEH y collaborent, même si les interlocuteurs officiels de Crawford en Espagne sont la Société royale de géographie et l'Institut géographique national. Dans le même temps, Mélida est chargé par Edmond Pottier de publier les volumes relatifs à l'Hispanie dans le cadre du projet international du *Corpus Vasorum Antiquorum*, initié dès 1919-1920[82]. L'incorporation des réseaux espagnols au monde scientifique européen est un souci constant des maîtres de la discipline, comme le montre la fondation, en 1910, de l'École espagnole d'histoire et d'archéologie de Rome, placée sous la direction de Menéndez Pidal et José Pijoán. L'année suivante, l'Espagne participe à l'Exposition internationale de Rome, organisée pour célébrer le cinquantième anniversaire de la proclamation du Royaume d'Italie. José Pijoán prend la tête de la délégation, tandis que Gómez-Moreno est chargé de parcourir l'Espagne pour récolter les pièces qui seront envoyées à Rome[83]. L'École de Barcelone est loin de rester en marge de ce phénomène, Pere Bosch Gimpera étant précisément le scientifique espagnol qui bénéficie de la plus grande projection internationale. Il voyage beaucoup, donnant des conférences et participant aux travaux de

80. Cf. È. Gran-Aymerich, *Les chercheurs de passé*, p. 308-315. Voir aussi S. Dardaine *et alii*, *Belo II. Historique des fouilles. Belo et son environnement (détroit de Gibraltar). Étude physique d'un site antique*, Madrid, Collection de la Casa de Velázquez (12), 1985.

81. M. Bendala *et alii*, « Archer M. Huntington y la arqueología española », *in* J. Beltrán Fortes, B. Caciotti, B. Palma Venetucci (éd.), *Arqueología, coleccionismo y antigüedad. España e Italia en el siglo XIX*, Sevilla, Universidad de Sevilla, 2006, p. 65-81.

82. Sur l'implication de l'Espagne dans les projets de la *TIC* et du *CVA*, voir : R. Olmos, « El *Corpus Vasorum Antiquorum*, setenta años después : pasado, presente y futuro del gran proyecto internacional de la cerámica antigua », *Archivo Español de Arqueología* 62 (1989), p. 292-303 ; du même auteur, « Una utopía de postguerra : el *Corpus Vasorum Hispanorum* », *in* J. Blánquez Pérez, L. Roldán Gómez, *La cultura ibérica a través de la fotografía*, p. 155-166 ; A. Cepas, « La *Tabula Imperii Romani*. Antecedentes de un proyecto científico de documentación arqueológica », *Archivo Español de Arqueología* 75 (2002), p. 333-348 ; R. Olmos, « Historiografía de las primeras cartas arqueológicas en España », in *Inventarios y cartas arqueológicas*, Valladolid, Ediciones de la Junta de Castilla y León, 1993, p. 45-56 ; enfin, dans le même volume, D. Plácido, J. Sánchez-Palencia, A. Cepas, « El mapa del mundo romano », p. 57-64.

83. J. Salas Álvarez, J. Sánchez Gil de Montes, « La Escuela Española de Historia y Arqueología en Roma y la presencia española en la Exposición Internacional de Roma de 1911 », *in* M. Ayarzagüena Sanz, G. Mora, *Pioneros*, p. 401-406, ainsi que M. Espadas Burgos, *La Escuela Española de Historia y Arqueología en Roma. Un Guadiana junto al Tiber*, Madrid, CSIC, 2000.

divers séminaires : dans les années 1920, il visite ainsi le Portugal, l'Allemagne, la France (où il présente les résultats de ses travaux sur le Paléolithique à Paris et à Toulouse), la Belgique, la Grande-Bretagne, etc. En 1927, il fait partie de la Commission internationale constituée pour authentifier les découvertes de Glozel (France), tandis qu'en 1929 se déroule l'Exposition universelle de Barcelone, où est organisée l'exposition *El arte en España*, pour laquelle Bosch est chargé de veiller aux questions touchant à la préhistoire et à l'archéologie classique. Au même moment a lieu dans la capitale catalane le IVe Congrès international d'archéologie. Parmi les membres du comité organisateur figurent Mélida, Obermaier, Alvarez Ossorio, et Bosch Gimpera lui-même. Il participe également au Congrès d'Alger, où il retrouve Hugo Obermaier, Cayetano de Mergelina, Blas Tarracena, et José de Calasanz de Serra Ráfols.

La collaboration qui s'instaure, d'une part entre chercheurs espagnols et étrangers, ensuite entre madrilènes et catalans, est aussi marquée par les conflits personnels et les ruptures. Nous n'allons pas en dresser une liste exhaustive mais retenir quelques exemples significatifs, à commencer par la rupture entre Henri Breuil et Juan Cabré[84]. Leur collaboration scientifique prend fin dès 1913, alors que la concurrence entre archéologues espagnols et étrangers ne cesse de se renforcer : à la création de l'IPH (1910) a suivi celle de la CIPP (1912), tandis qu'est promulguée la Loi sur les fouilles archéologiques et les antiquités en 1911. L'hostilité entre les deux institutions apparaît explicitement dans une lettre, datée du 4 février 1914, adressée par H. Breuil à G. Bonsor :

> « Supongo que no se ha enterado de la conducta que tuvo para conmigo el año pasado el señor Cabré, que hasta entonces me había servido fielmente : en la última campaña abusó de mí confianza amistosa hasta el punto de sobornar a uno de mis investigadores, exclusivamente para su provecho, para atribuirse los descubrimientos de un yacimiento (en la provincia de Almería) a donde le llevé en numerosas ocasiones como colaborador en los productos de nuestro Instituto [l'IPH]. Esta hipócrita conducta, cuando estaba en mi tienda y recibía de mí buenas subvenciones, y una ocasión única de ver países nuevos para él, recibió de mis jefes el castigo que se merecía, se le excluyó inmediatamente de entre los colaboradores de nuestro Instituto, por ser una falta contra el honor y la lealtad. Por otro lado estoy persuadido de que quienes le han dirigido están situados más arriba que él, y de que él no es más que un instrumento. Como consecuencia de esta situación no he informado de mi viaje a nadie de Madrid, y le agradeceré que no diga nada a las personalidades españolas sobre mi visita a esta región ; la experiencia me ha enseñado a desconfiar de la envidia madrileña[85]. »

84. J. Maier Allende, *Jorge Bonsor (1855-1930). Un académico correspondiente de la Real Academia de la Historia y la arqueología española*, Madrid, RAH, 1999, p. 235-237, et M. Díaz-Andreu, *Historia de la arqueología*, p. 110-113.

85. J. Maier Allende, 1999, p. 236. Autre exemple significatif, G. Bonsor écrit, dans une lettre du 28/05/1926 adressée à P. Paris : « Il faut écrire sur cette pierre un souvenir des fouilles : Casa de Velázquez, Madrid, 1926... Je crois cela préférable à l'inscription *Escuela Francesa de Estudios Superiores Hispánicos*, d'abord parce que c'est trop long pour la pierre et ensuite, je crois qu'il conviendra de ne pas rappeler aucune nationalité... ni *francés*, ni *británico* et surtout ni *alemán*,

Barcelone et Madrid aussi entrent en concurrence, comme le prouve le conflit qui survient entre Cabré et l'IEC pour le contrôle des fouilles en Bas-Aragon, ainsi que les propos très durs adressés par Manuel Gómez-Moreno à Pere Bosch Gimpera, peu après la publication de l'*Etnologia de la península ibèrica*, le premier reprochant au second d'avoir ignoré son œuvre et méprisé ses théories sur la culture ibérique : « Mi querido amigo. Acabo de hojear con algún detenimiento su último y magnífico libro sobre la Etnología de la península ibérica. Enhorabuena ! Y dispénseme que acuse recibo del general menosprecio que sin reserva alguna hace de toda mi pequeña labor arqueológica : el absoluto silencio de mi nombre casi hasta el final del libro y la nota que a la postre me dedica, son, por omisión y por comisión, una prueba contundente[86]. » Rappelons en outre, que la création de la chaire d'histoire primitive de l'homme pour Obermaier, en 1922, s'est faite dans un climat de vive polémique, qui a consacré la rupture entre Obermaier, la CIPP, et Eduardo Hernández-Pacheco[87]. Dans le même temps, on assiste à une lutte des maîtres de la discipline pour rassembler autour de leur personne les futurs grands noms de l'archéologie. L'hostilité entre Manuel Gómez-Moreno et Antonio García y Bellido est connue, Gómez-Moreno ne lui pardonnant pas d'avoir rejoint le clan de José Ramón Mélida. L'obtention de la chaire d'archéologie de l'Université centrale par Bellido, en 1931, acquise face à Carriazo, le candidat de Gómez-Moreno, ne contribue pas à améliorer les relations entre les deux hommes[88].

Ce type de conflit ne peut être évité, alors que se constituent de véritables généalogies savantes, organisées autour de Gómez-Moreno et Mélida en archéologie classique, et d'Obermaier et Bosch Gimpera en préhistoire : Francisco Alvarez-Ossorio, Blas Taracena, Antonio García y Bellido, Cayetano de Mergelina, etc., autant de pères fondateurs de l'archéologie moderne en Espagne qui reçoivent l'enseignement, et le legs, de Mélida[89], les deux premiers étant rattachés à l'histoire du MAN, les seconds à l'institution universitaire (Bellido succède à Mélida dès 1931 à la tête de la chaire d'archéologie classique de l'Université centrale). Ce dernier n'hésite pas, en 1945, à dédier son livre *La arquitectura entre los Iberos*, à celui qu'il considère comme son maître[90] : « A la memoria de D. José Ramón Mélida,

---

pour ne pas obliger la *Junta de Excavaciones* à se décider un jour à faire comme en Italie et de ne plus permettre les fouilles qu'au gens du pays. » Cité dans J. Maier Allende, « En torno a la génesis de la arqueología protohistórica en España. Correspondencia entre Pierre Paris y Jorge Bonsor », *Mélanges de la Casa de Velázquez*, 32 (1996), p. 29-30.

86. Lettre du 26/01/1933, citée dans J. Cortadella, *in* P. Bosch Gimpera, *Etnologia*, p. xiii.
87. A. Moure Romanillo, *Escritos sobre historiografía*, p. 114-115.
88. J. Blánquez Pérez, A. Pérez Ruiz, *Antonio García y Bellido*, p. 36.
89. D. Casado Rigalt, *José Ramón Mélida y la arqueología española*, Madrid, RAH, 2006, p. 390-393.
90. Certains ont questionné l'existence d'une école réunie autour de Mélida, mettant en évidence l'oubli dans lequel est resté le savant espagnol jusqu'à une date récente. Le fait qu'il ne participe pas aux travaux du CEH, comme sa difficile relation avec Gómez-Moreno, ont sans doute joué. Autant d'éléments qui poussent Margarita Díaz-Andreu à mettre en doute la filiation scientifique entre Mélida et García y Bellido (M. Díaz-Andreu, « Mélida : génesis, pensamiento y obra de un mastro », p. xv et xcvi-cvii).

profesor cordial y sapientísimo, del que proceden mis primeros estímulos arqueológicos, gracias a los cuales el alumno pudo luego suceder al maestro en la cátedra universitaria. Con el perenne agradecimiento y recuerdo de su discípulo y continuador[91].» Quant à Martín Almagro Basch, Julio Martínez Santa-Olalla, José Pérez de Barradas ou García y Bellido lui-même, tous appartiennent au «grupo de Obermaier[92]». À titre d'exemple, nous renvoyons à l'éloge que lui consacre Barradas en 1948, deux ans après sa mort: «Contribuyó como nadie al florecimiento de los estudios prehistóricos y etnológicos, tanto por su labor docente en la Universidad de Madrid como por su labor investigadora. Los que hemos tenido la honra de haber sido sus discípulos sentimos su muerte y consideramos como un honor el rendirle este tributo a su memoria». Et Pérez de Barradas de conclure: «No en balde fue mi maestro, y a él debo todo lo que soy y valgo[93].»

Assurément, l'organisation du voyage d'étude en Méditerranée, organisé par l'Université centrale au cours de l'été 1933, est l'occasion de renforcer des liens tissés à l'intérieur du milieu universitaire[94] (fig. 2). Étudiants et professeurs[95] s'y mêlent pour partir à la découverte de l'archéologie, de l'histoire, et de l'art méditerranéen, berceau de la culture occidentale, le voyage étant conçu comme une véritable classe pratique destinée à prendre contact avec les principaux sites du bassin méditerranéen, dans le plus pur esprit éducatif promu par l'Institution libre d'enseignement et la JAE. Les maîtres de la discipline, Gómez-Moreno, Tormo, Obermaier (Mélida, âgé, est absent – il décédera en décembre de la même année), y retrouvent leurs disciples: García y Bellido, Pericot, Mergelina, Taracena, Carriazo, Lafuente Ferrari, Martínez Santa-Olalla, etc. Le *Crucero* est le moment privilégié où se matérialisent les généalogies scientifiques, les disciples se réunissant autour de leurs maîtres respectifs, révélant parfois les tensions et les luttes académiques. Ainsi, se regroupent autour de Gómez-Moreno: Mergelina, Carriazo, ou Antonio Tovar, les deux premiers étant considérés comme ses disciples. Au contraire, Pericot, García y Bellido ou Almagro Basch se retrouvent aux côtés d'Obermaier (les deux premiers font connaissance

91. Cité dans J. Blánquez Pérez, M. Pérez Ruiz, 2004, p. 33. Le lecteur trouvera une vision nuancée sur cette dédicace de García y Bellido à Mélida dans Díaz-Andreu, «Mélida: génesis, pensamiento y obra de un mastro», p. CI-CII.

92. J. Caro Baroja, *Los Baroja. Memorias familiares*, Madrid, Caro Raggio, 1997, p. 338. Voir également les allusions faites sur les liens entre Santa-Olalla, Pérez de Barradas, García y Bellido et Obermaier, p. 318, 338, 382.

93. J. Pérez de Barradas, «Hugo Obermaier y Grad», *Trabajos del Instituto Bernardino de Sahagún de Antropología y Etnología* 6 (1948), p. 9 et 12.

94. F. Gracia Alonso, J. Mª. Fullola i Pericot, *El sueño de una generación. El crucero universitario de 1933*, Barcelona, Universitat de Barcelona, 2006, en particulier le chapitre 28: «El viaje de los arqueólogos», p. 353-379; S. González Reyero, «*Ex Mediterraneo Lux*: el crucero universitario de 1933 y Antonio García y Bellido», *in* J. Blánquez Pérez, M. Pérez Ruiz, *Antonio García y Bellido*, p. 67-92. Le lecteur trouvera le témoignage d'une participante dans M.H. Gómez-Moreno, *Manuel Gómez-Moreno Martínez por María Helena Gómez-Moreno*, Madrid, Fundación Ramón Areces, 1995, p. 407-464.

95. Remarquons l'absence de Pere Bosch Gimpera. Les raisons avancées sont multiples. Parmi les plus probables: l'impossibilité d'abandonner sa charge de recteur de l'université de Barcelone et son conflit avec Gómez-Moreno.

à cette occasion). Outre les témoignages directs dont nous disposons sur le *Crucero*, ces généalogies apparaissent aussi dans les archives photographiques qui nous sont parvenues, à travers lesquelles se matérialisent les différents groupes d'affinités (fig. 3 et 4).

Conclusion

L'archéologie espagnole des années 1910-1930 est donc principalement l'œuvre des réseaux madrilènes et barcelonais. Laquelle bénéficie de la plus grande autorité scientifique ? Il n'est pas facile de trancher, même s'il semble que le poids de l'École catalane d'archéologie ait été supérieur à celui de Madrid[96], au moins dans le domaine de l'archéologie préhistorique : pour preuve, la capacité d'attraction du milieu catalan sur la capitale, qui amène un Santa-Olalla ou un Almagro, à s'intéresser à l'enseignement dispensé par Bosch Gimpera. Le premier bénéficie même d'une codirection de Bosch et Obermaier au moment de présenter sa thèse doctorale. Ensuite, il faut reconnaître que si l'École de Bosch parvient à essaimer dans l'ensemble de la péninsule, ses disciples obtenant rapidement des chaires universitaires, il n'en est pas de même pour les fidèles d'Obermaier. Les postes qu'occupent Santa-Olalla, Almagro, ou Pérez de Barradas dans les années 1930 sont, avant tout, marqués par l'instabilité professionnelle, à tel point qu'Almagro choisit dans un premier temps de se tourner vers le *Cuerpo Facultativo de Archiveros, Bibliotecarios y Arqueólogos*, et que Barradas quitte le Service pour la recherche préhistorique de Madrid qu'il a fondé, et accepte l'invitation du ministère de l'Instruction publique de Colombie pour mener des recherches outre-Atlantique, ne retrouvant Madrid qu'au début de l'année 1939. Pour ces trois disciples d'Obermaier, il faut finalement attendre la fin de la guerre civile et la victoire du franquisme, pour voir leurs positions académiques et professionnelles se consolider, grâce à leur engagement phalangiste. Il faut reconnaître que les perspectives sont visiblement meilleures pour les disciples de Gómez-Moreno ou de Mélida, lesquels obtiennent assez rapidement une chaire universitaire ou un poste dans un musée archéologique.

Entre 1910 et 1939, deux réseaux savants se sont donc constitués autour des deux principaux pôles où l'archéologie a amorcé son institutionnalisation et sa professionnalisation : Madrid et Barcelone. Chacun partage le même désir de modernisation scientifique, d'ouverture sur la science européenne, d'adaptation aux techniques, aux méthodes et aux concepts théoriques modernes incarnés par l'*Altertumswissenschaft* allemande, un modèle auquel les jeunes archéologues se confrontent grâce aux séjours que les financements de la JAE leur permettent d'effectuer en Allemagne. Ce bouillonnement intellectuel et scientifique a conduit de nombreux historiens à envisager cette période en termes très positifs. Manuel Tuñon

96. J.M. Quesada López, « El árbol de la ciencia. Escuelas de la arqueología prehistórica y protohistórica española durante el primer tercio del siglo XX », *Archaia* 3-5 (2003-2005), p. 181.

de Lara et José María Jover Zamora ont ainsi parlé d'« Âge d'argent de la culture espagnole[97] », en référence au « Siècle d'or » de l'époque moderne, tandis que Margarita Díaz-Andreu n'hésite pas à évoquer les « décennies d'or » de l'archéologie espagnole[98]. Il est vrai que ces années 1900-1936 apparaissent à nos yeux comme une période de félicité pour la science espagnole. À ce titre, les années qui suivent, marquées par la guerre civile et de la mise en place du régime franquiste, ne peuvent être envisagées qu'en termes de profonde et violente rupture, un virage marquant la fin de l'ère libérale et modernisatrice dans laquelle était entrée l'Espagne au tournant des XIXe et XXe siècles[99]. Nos réseaux d'archéologues ne sortiront pas indemnes de cette période sombre de l'histoire péninsulaire.

97. Il semblerait que l'expression ait été forgée, pour qualifier la littérature de cette période, par J.C. Mainer, *La Edad de Plata (1902-1939)*, Madrid, Cátedra, 1987, avant d'être reprise par d'autres historiens. Cf. par exemple P. Lain Entralgo (coord.), *La Edad de Plata de la cultura española (1898-1936)*, 2 vol., Madrid, Espasa-Calpe, 1993.

98. M. Díaz-Andreu, *Historia de la arqueología*, p. 42.

99. G. Pasamar Alzuria, *Historiografía e ideología en la postguerra española : la ruptura de la tradición liberal*, Zaragoza, Prensas Universitarias de Zaragoza, 1991.

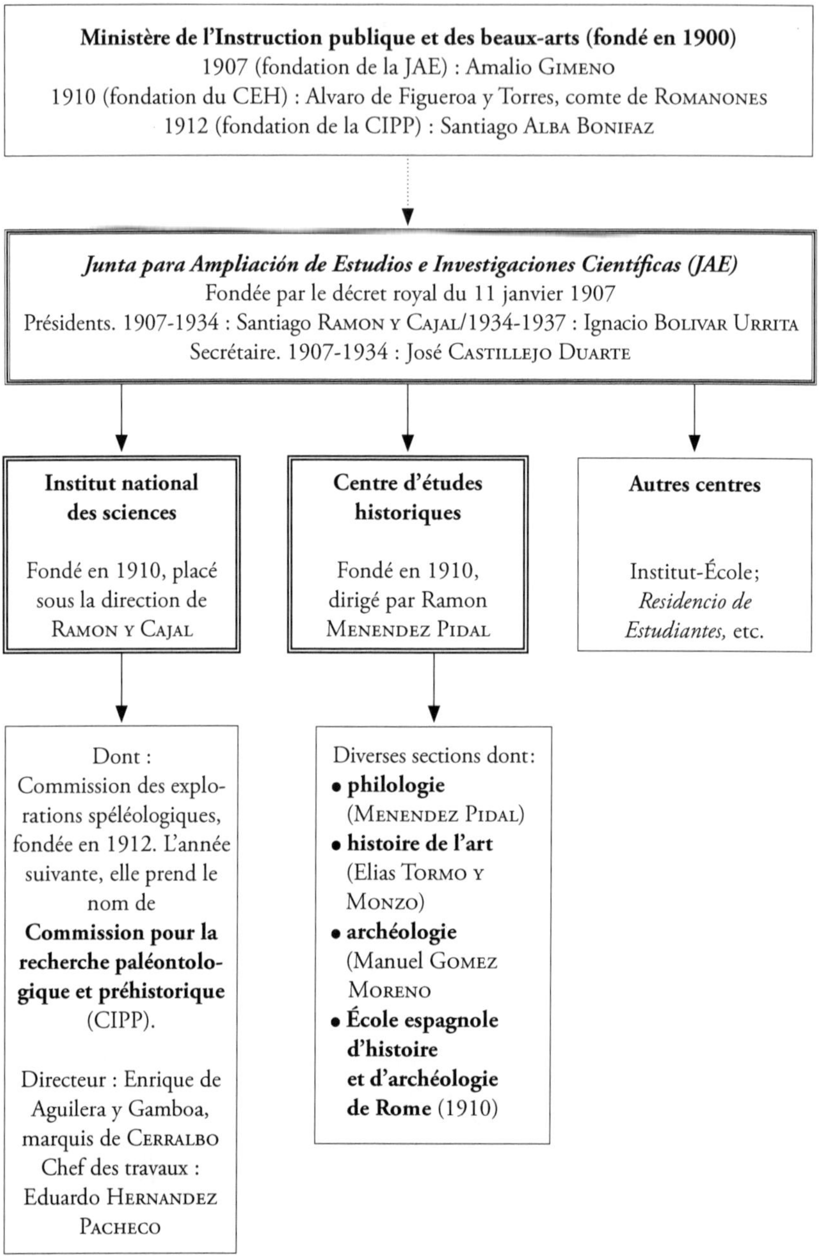

Figure 1. – L'archéologie dans la *Junta para ampliación de estudios e investigaciones científicas* (1910-1937). Graphique de l'auteur.

Figure 2. – Été 1933. Photographie de groupe scellant la fin du *Crucero*. Élèves et professeurs sont rassemblés sur les marches de la cathédrale de Palma. On reconnaît notamment, au centre, García Morente (en blanc), l'un des organisateurs du voyage. Derrière lui, en costume sombre, H. Obermaier. Plus à droite, au centre, avec la barbe blanche, M. Gómez Moreno (?). Au 7e rang, 2e en partant de la droite, L. Pericot. Source : F. Gracia Alonso, J. Mª. Fullola i Pericot, 2006.

Figure 3. – 19 juin 1933, Malte, mégalithes de Hagiar Kim. On reconnaît, à gauche, Obermaier ; au centre, tenant un appareil photographique, García y Bellido. Assise sur l'une des pierres, sa future épouse, Carmen García de Diego. Source : F. Gracia Alonso, J. Mª. Fullola i Pericot, 2006.

Figure 4. – 27 juin 1933, Saint-Sépulcre. À droite, on distingue : C. García de Diego (portant un voile) ; à ses côtés, en costume sombre, García y Bellido. Derrière eux, Pericot. À l'extrême droite, vêtu de blanc, Almagro Basch. Source : F. Gracia Alonso, J. Mª. Fullola i Pericot, 2006.

Les auteurs

Damien Agut-Labordère	Docteur en égyptologie (EPHE-IV). ATER Collège de France, chaire d'Histoire et civilisation du monde achéménide et de l'empire d'Alexandre.
Marianne Altit-Morvillez	Doctorante à l'université de Paris I.
Gilles Bastin	Institut d'Études Politiques, Grenoble.
Corinne Bonnet	Université de Toulouse (UTM), PLH-ERASME.
Odile Cavalier	Musée Calvet, Avignon.
Johann Chapoutot	Université de Grenoble II-Pierre Mendès France.
Annick Fenet	Docteur ès lettres (université Paris X), chargée de missions, Société asiatique. Membre associé de PLH-ERASME (UTM).
Philippe Foro	Université de Toulouse (UTM), PLH-ERASME.
Clémentine Gutron	Docteur de l'EHESS (Paris). Chargée de missions au ministère des Affaires étrangères et européennes,
Véronique Krings	Université de Toulouse (UTM), PLH-ERASME.
Sandra Péré-Noguès	Université de Toulouse (UTM), TRACES.
Grégory Reimond	Membre associé de PLH-ERASME (UTM).
Sarah Rey	Docteur de l'UTM, PLH-ERASME. ATER à l'université Paris-Est Marne-la-Vallée.
Aurélie Rodes	Professeur agrégée. Doctorante à l'UTM, PLH-ERASME.
Maria Teresa Schettino	Université de La Rochelle, FLASH.
Catherine Valenti	Université de Toulouse (UTM), PLH-ERASME.

Index

C

D

E

F

P

Q

R

S

T

V

W

Y

Z

Table des matières

Achevé d'imprimer
sur les presses de la reprographie
de l'université Rennes 2
en novembre 2010

Imprimé en France